● 基礎物理学選書5A

新装版

● 編集委員会
金原寿郎
原島 鮮
野上茂吉郎
押田勇雄
西川哲治
小出昭一郎

量子力学(I)

小出昭一郎 著
Shoichiro Koide

Quantum Mechanics (I)

裳 華 房

本書は 1990 年刊, 「量子力学（Ⅰ）（改訂版)」を"新装版"として刊行するものです.

編　集　趣　旨

　長年，教師をやってみて，つくづく思うことであるが，物理学という学問
は実にはいりにくい学問である．学問そのもののむつかしさ，奥の深さとい
う点からいえば，どんなものでも同じであろうが，はじめて学ぼうとする者
に対する“しきい”の高さという点では，これほど高い学問はそう沢山はな
いと思う．

　しかし，それでも理工科方面の学生にとっては物理学は必須である．現代
の自然科学を支えている基礎は物理学であり，またいろいろな方面での実験
も物理学にたよらざるを得ないものが少なくないからである．

　物理学では数学を道具として非常によく使うので，これからくるむつかし
さももちろんある．しかしそれよりも，中にでてくる物理量が何をあらわす
かを正確につかむことがむつかしく，その物理量の間の関係式が何を物語る
か，真意を知ることがさらにむつかしい．そればかりではない．われわれの
日常経験から得た知識だけではどうしても理解のでき兼ねるような実体をも
対象として扱うので，ここが最大の難関となる．

　学生諸君に口を酸っぱくして話しても一度や二度ではわかって貰えないし，
わかったという学生諸君も，よくよく話し合ってみると，とんでもない誤解
をしていることがある．

　私達はさきに，大学理工科方面の学生のために“基礎物理学”という教科
書（裳華房発行）を編集したが，その時にも以上の事をよく考えて書いたつ
もりである．しかし，頁数の制限もあり，教科書には先生の指導ということ
が当然期待できるので，説明なども，ほどほどに止めておいた．

今度，"基礎物理学選書"と銘打って発行することになった本シリーズは上記の"基礎物理学"の内容を 20 編以上に分けて詳しくしたものである．いずれの編でも説明は懇切丁寧を極めるということをモットーにし，先生の助けを借りずに自力で修得できる自学自習の書にしたいというのがわれわれの考えである．

各編とも執筆者には大学教育の経験者をお願いした上，これに少なくとも一人の査読者をつけるという編集方針をとった．執筆者はいずれも内容の完璧を願うために，どうしても内容が厳密になり，したがってむつかしくなり勝ちなものである．このことがかえって学生の勉学意欲を無くしてしまう原因になることが多い．査読者は常に大学初年級という読者の立場に立って，多少ともわかりにくく，程度の高すぎるところがあれば，原稿を書きなおして戴くという役目をもっている．こうしてでき上がった原稿も，さらに編集委員会が目を通すという，二段三段の構えで読者諸君に親しみ易く，面白い本にしようとした訳である．

私共は本選書が諸君のよき先生となり，またよき友人となって，基礎物理学の学習に役立ち，諸君の物理学に抱く深い興味の源泉となり得ればと，それを心から願っている．

昭和 43 年 1 月 10 日

編 集 委 員 長 　 金 原 寿 郎

改訂版序

　「量子力学 I，II」を書いてから 20 年が経過してしまった．幸い多くの読者の好評を得て版を重ねることができたのは，非常に有難いことだと思っている．あちこちの本の切りばりでなく，自分なりにできるだけ咀嚼した内容を，自分の言葉で書こうと努力したのがよかったのではないかと思っている．その代り，説明が我流になるわけなので，こんな書き方でよいのかという一抹の不安が伴うはずであるが，その点は原島 鮮先生，野上茂吉郎先生という勿体ないような立派な査読者に原稿を読んでいただけたので，安心して勝手なことを書くことができたのである．

　版も古くなり活字も今の傾向からいうと小さ過ぎるので，改訂することになったが，結果としてみると旧版とあまり違わないものになってしまった．旧版を読み返してみると，20 年前に全力投球をしただけあって，自分でいうのもおかしいが，我ながらよく書けていると感心して，そのままにしたいところが大部分だったのである．量子力学も生誕から 60 年以上たって，もはや古典の域に達しているということもある．

　この 20 年で一番違ったことは，コンピューターの普及であろう．量子力学の多くの問題も，むずかしい特殊関数の式をひねくり回すより，数値計算にかけたほうがてっとり早く結果をグラフに描かせ，眼で見ることができるようになった．本書を抜本的に現代化するとしたら，そういう点であろう．しかし，そのような目的のためには，筆者よりずっと適任の桜井捷海氏による「パーソナルコンピューターを用いた 量子力学入門」のようなよい書物が裳華房から出されたので，読者はぜひ本書と併用していただきたい．

　この 20 年の間に，上記査読者の両先生も，本選書の編集委員長の金原寿郎先生も，みな故人となってしまわれた．これら諸先生の御助言は本書にとってまことに貴重であった．それを大切にしたかったので改訂個所が少なくなってしまったのだといったら，著者のものぐさに対する言いわけじみているだろうか．原稿の整理や面倒な校正など，いろいろお世話になった裳華房の真喜屋実孜氏，野村孝子氏に厚く感謝したい．

　1990 年 9 月

小 出 昭 一 郎

初 版 序

　先に本選書2として刊行された「量子論」は，量子論に対する一般教養的な本として，あるいは本格的に勉強を始める前に大体の概念を得るオリエンテーションの目的で書かれたものである．最初に書いた原稿はこの目的のためには程度が高すぎるというので，編集委員長の金原先生のおすすめに従い，思い切ってかなりの部分を割愛した．そして，その切り捨てた部分をもとにして生まれたのが，この「量子力学」である．従って，本書は「量子論」に比べるとやや程度が高く，将来使うために本格的に量子力学を勉強しようという人の入門のために書かれたものである．

　現在では，物理の専門家でなくても量子力学を必要とする分野は多いのであるから，大学一般教養課程の古典物理学と同程度で，しかも実用になる量子力学の参考書は当然要求されている．"量子力学は古典物理学よりずっとむずかしく，かなり程度の高い力学や電磁気学をおえてからでなければ手のつけられないものである"というような神話か伝説（?）があるとしたら，もうこの辺でこれを打破したいというのが著者の願いである．

　そこで本書では，予備知識としては，大学理科初年級の一般物理学と数学のみを要求するにとどめ，大学2年生や高専上級の読者でも好学の士ならば楽に読み通せるようにした．この点には，査読者の原島 鮮先生も非常に気をつけて下さったので，自信をもってそう言いうると思う．そのために，特殊関数を使い慣れないと理解しにくい記述は避け，その代り本質的なことは初等的な例から説きおこしてくわしく説明を加えた．計算もできるだけ具体的な例をとって式の変形なども省略せずに記した．省いたところは読者自ら紙と鉛筆をとって試みられればできるはずであり，そうすることによって理

解が定着するから，必ず試みていただきたい．また，前の方を参照するところには，できるだけそのページ数を記しておいたから，見るべきところは見ていただきたい．

「量子論」に使った原稿のところは新たに書き直して補ったが，その際，なるべく記述の仕方を変えるよう努力し，「量子論」を終えて本書に進まれる読者が損をしたような気にならないよう留意した．しかし，同じ対象を同じ人間が時期を隔てず書くので，似たような記述や若干の重複は避けられなかった．ご了承をお願いする．

量子力学では，扱う対象によって，使う方法がいろいろである．波動関数の形を問題にすることもあるし，行列ばかりいじくりまわす場合もある．しかし，量子力学の骨組みは一貫しているので，表面に気をとられてそれを見失うことがあってはならない．そのための配慮は他書にはないくらい行ったつもりである．

最初の章には，簡単な量子力学史を記したが，量子力学そのものを知らないと何のことかわからない所も多いと思う．そういう所は気にせずに読みとばして欲しい．後の方へ進んでから，頭の疲れたときの気晴らしにでも読み返していただければよいと思って書いたのである．

執筆にあたっては，第1章を除き，あまり他書を見ないようにし，切りばり式の本になることを避けたので，記述には我流のところが多い．それによってひとりよがりの誤りをおかすと困るのであるが，幸い野上茂吉郎先生と原島 鮮先生が実にていねいに査読して下さっているので，安心して書くことができた．両先生に厚く感謝申し上げる次第である．

「量子論」のときと同様，今回も裳華房の遠藤恭平氏，菅沼洋子氏には一方ならぬお世話になった．厚くお礼申し上げたい．

　　昭和44年3月

　　　　　　　　　　　　　　　　　　　　　小 出 昭 一 郎

目　　次

1　量子力学の誕生

2　1粒子の波動関数

3　波動関数と物理量

4　中心力場内の粒子

5　粒子の散乱

6　行列と状態ベクトル

7　摂動論と変分法

8　電子のスピン

1

量子力学の誕生

　この章では，次章以下で量子力学を学ぶための導入として，量子力学がどのように形成されたかを概観する.* 新しい理論を建設した人達の考え方を学ぶことは非常に有益なことである. しかし，当時の考え方をそのままたどることは，予備知識の相違もあり，容易なことではない. ページ数も限られているので，整理して表面的な展望にとどめた. 内容に理解困難なことも少なくないと思うが，後で学ぶことも多いので，あまり気にしないで読み通してほしい.

§1.1 量子論の始まり

　量子論の起源は，プランク** が 1900 年 12 月 14 日に発表した，放射に関する量子仮説である. これは，温度 T の壁で囲まれた空洞内に充満している放射（電磁波）のエネルギーと振動数の関係を説明するために提唱された仮説であって，振動数が ν の電磁波の放出・吸収に際しては，エネルギーは $h\nu$ という値を単位として，その整数倍でしかやりとりが許されないという考えである. h は後に**プランクの定数**とよばれるようになった基礎定数で

---

　*　量子力学史の参考書として入手しやすいのは，天野 清:「量子力学史」（中央公論新社），高林武彦:「量子論の発展史」（筑摩書房），高林武彦:「現代物理学の創始者」（みすず書房），F. フント（山崎和夫訳）:「量子論の歴史」（講談社），武谷三男，長崎正幸:「量子力学の形成と論理（Ⅰ・Ⅱ・Ⅲ）」（勁草書房）.

　**　Max Planck（1858 - 1947）はドイツの物理学者. ミュンヘン大学，キール大学を経て，1889 年ベルリン大学助教授ののち正教授となる（1892～1928）. 1918 年に熱放射の研究でノーベル物理学賞を受けた.

$$h = 6.626070 \times 10^{-34} \text{ J·s}$$

という値をもつ.

　プランクは，上のような仮説を，このよ
うに考えれば空洞放射の実験結果が完全に
説明できるという理由で提出したが，それ
のもつ革命的な意義はすぐには誰にも理解
されなかった．その後プランク自身は，古
典物理学とは本質的に矛盾する彼の仮説を，
何とかして古典的に説明しようと苦心し，
その後の量子論の進歩からはむしろ取り残
されてしまったといわれる.

1-1 図　Max Planck
(1858 - 1947)

　量子仮説をさらに前進させ，電磁波を**光
量子**（最近は**光子**とよぶことが多い）の集まりと考えることによって**光電効
果**が見事に説明できることを示したのは，相対性理論で名高いアインシュタ
イン* である（1905 年）.

　紫外線を当てた金属表面から放出される電子の最大速度が入射紫外線の強
度には無関係でその波長だけできまる，という実験事実は，連続的な電磁場
理論では説明が不可能であったが，振動数がνの光は 1 個のエネルギーが
$h\nu$ の**光量子**（Lichtquanten，この名は 1906 年の第 2 論文で初めて用いられ
た）の集まりであると考えて簡単に説明された．アインシュタインはこうし

---

　*　Albert Einstein (1879 - 1955) はドイツで生まれ，アメリカに移ったユダヤ人の物理
　　　学者．スイスのチューリッヒ工業大学を出てベルン特許局技師となった．1905 年
　　　に特殊相対性理論，ブラウン運動の理論，光量子仮説を相ついで発表した．後にプ
　　　ラハ大学，チューリッヒ工大の教授を経てベルリン大学教授となった．1921 年に光
　　　量子仮説でノーベル物理学賞を受けた．1933 年にナチスに追われて渡米し，プリン
　　　ストン高等研究所員となった．平和主義者，音楽愛好家（バイオリンとピアノをよ
　　　く弾く）としても有名．アインシュタインに関連した著作はおびただしく出されて
　　　いるが，伝記として最も充実しているのは，A. パイス（西島和彦監訳）:「神は老獪
　　　にして…」（産業図書）である.

てプランク仮説の意義を明確化するとと
もに，同じ考えを固体の比熱の理論にま
で拡張適用し，低温で比熱がデューロン
－プチの法則からはずれて $T \to 0$ とと
もに 0 に近づく理由を説明した（1906
年）．この理論は 1912 年にデバイによっ
て改良され，低温の比熱が T^3 に比例す
ることまで正しく実験と一致することが
確かめられた．

1-2 図 Albert Einstein
（1879 - 1955）

　しかし，量子仮説もなかなかすぐに受
けいれられたわけではなかった．その意義が認識されるようになったのは
1911 年の第 1 回ソルベイ会議＊ 以後である．上記の固体の比熱に関するア
インシュタインの理論をはじめ，いくつかの量子仮説の正しさを立証する報
告が，この会議で行われたのである．

　アインシュタインは 1916 年に，エネルギーが $h\nu$ の光子は大きさが $h\nu/c$
の運動量をもつことを結論し，これは 1923 年のコンプトン効果の実験で確
証された．コンプトンは，気体に X 線を当てると，当てた X 線より波長の
長い X 線が出てくることを発見したのであるが（1922 年），これは X 線の光
子が電子と衝突して，そのエネルギーを一部分失って出てくるものとして説
明され，1923 年にウィルソンの実験で，散乱された X 線の光子の方向と波
長の変化との関係が計算と一致することによって確かめられた．

　量子論の原子への適用は 1913 年にデンマークのボーアによって始められ
た．原子がその中心に正電荷をもつ重い核を有するということは，1911 年に

＊　ソルベイ法という炭酸ソーダの新製法の発明で巨富を得たベルギーの Ernest Sol-
　vay（1838 - 1922）が，私財を投じて開いた物理学の国際会議．1911 年以後，3 年お
　きに開かれ，1927 年の量子力学誕生後最初の会議では，量子力学の解釈に関する A.
　Einstein と N. Bohr の有名な論争が行われた（§1.5 を参照）．

ラザフォード* によって確認され
た．しかし，原子核のまわりを電子
が回っていると考えて古典力学と電
磁気学を適用すると，電子は絶えず
電磁波を出し続けながらエネルギー
を失って，ついには核と合体してし
まうことになり，このときに出す光
は連続スペクトルをもつはずであっ
て，実験事実と全く矛盾する．この
矛盾は，放射の場合と同様に，古典
物理学がそのままでは原子のような
ミクロの系に適用できないためであ

1-3図　Niels Bohr（1885 - 1962）

るとボーア** は考えた．彼は基本的な仮定として次の2つを置いて彼の量
子論 —— 今では**前期量子論**とよばれる —— を建設した．

　　　I．原子系が長くとることのできる状態は，一連のとびとびのエ
　　ネルギー値に対応する一定の状態だけに限られる．その結果，電磁
　　放射の放出や吸収をともなう系のエネルギー変化は，そのような
　　2つの状態の間の完全な遷移によって生じる．これらの状態を系の
　　"定常状態"とよぶことにしよう．

---

　*　Ernest Rutherford（1871 - 1937）はイギリスの物理学者．放射性物質を研究して α,
　　β 線を発見し，F. Soddy とともに原子崩壊説を立て（1902 年），ついで原子構造の研
　　究に進み，α 線散乱の実験と比較して原子の有核構造を明らかにした．1908 年ノー
　　ベル化学賞（！）を受け，1932 年には Lord of Nelson の位を授けられた．
　**　Niels Henrik David Bohr（1885 - 1962）はデンマークの物理学者．1911 年コペン
　　ハーゲンで学位をとり，渡英して J. J. Thomson や E. Rutherford の下で学び，1916 年
　　コペンハーゲン大学教授，1920 年に同大学に新設された理論物理学研究所長となっ
　　た．1922 年にノーベル物理学賞受賞．彼の研究室には世界中から数多くの学者が
　　集まり，量子論発展の中心となった．わが国から留学した仁科芳雄博士は N. Bohr
　　の研究室の空気をもち帰って理化学研究所に新しい雰囲気の研究室をつくり，そこ
　　から多数の指導的原子物理学者を輩出した．

Ⅱ. 2つの定常状態の間の遷移の際に吸収または放出される電磁放射は"振動数が一定"であり，その値 ν は次の関係式

$$E' - E'' = h\nu$$

によって与えられる．ただし，h はプランクの定数，E' と E'' は考えている2つの状態におけるエネルギーの値である．

> ボーアがそれまでの彼の理論を1918年にデンマークの学会誌にまとめて出した論文 *"On the Quantum Theory of Line-Spectra"* からの引用を和訳．

つまり，原子のような系が安定して存続しうるような運動状態 —— **定常状態** —— は，エネルギーの特定な値（エネルギー**固有値**という）$E_1, E_2, E_3, \cdots$ に対応する一連のものだけに限られ，ある1つの定常状態 E_i から別の定常状態 E_j へ移る —— **遷移**するという —— ときは，$|E_i - E_j| = h\nu$ で与えられる振動数 ν をもった光子を1個吸収または放出するというのである．古典的に可能なすべての運動のうちから，**量子条件**というものを満たす状態として，ボーアは引用文のⅠにあげた定常状態を選び出し，上の**振動数条件**（引用文のⅡ）を用いて，水素原子のスペクトル系列の説明に成功した．

このように**とびとび**のエネルギー固有値の存在を示す有名な実験に，1914年に行われた**フランク‒ヘルツの実験**がある．

電圧をかけて加速した電子のうち，一定のエネルギー値以上のものだけを捕集するようにしておいて電圧を増せば，捕集される電子数は増加する．ところが，途中に気体を入れておくと，気体原子の定常状態間のエネルギー差以上のエネルギーをもつ電子には，原子との衝突によってエネルギーを失うものがでるから，捕集される電子数はそれだけ減る．このために，加速電圧と捕集される電子数との関係を調べてみると，1‒4図のようになって，定常状態間のエネルギー差に対応する電圧（およびその正整数倍）のところに極小を生じることになる．この実験結果は，スペクトルの研究から得られた

エネルギー差の値と完全に一致したのである.

　ボーアの理論では水素原子内の電子に円運動を仮定し, 定常状態を選び出す量子条件として

　　　　　（運動量の大きさ）
　　　　　　　×（円周の長さ）
　　　　　　＝ h の正整数倍

を課したのであるが, これはその後いろいろに拡張されてもっと広く他の原子のスペクトルにも適用が試みられた. しかし, 上の条件 ―― 電子の

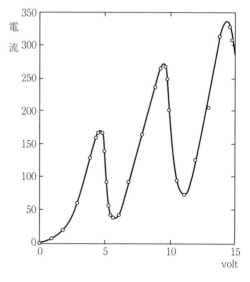

1-4図　　フランク – ヘルツの実験結果
（気体は水銀の蒸気）

もつ角運動量の大きさが $h/2\pi$ の正整数倍に限られるといっても同じ ―― が何によって生じるのかは不明であったし, 拡張に際してはさまざまな仮定も必要になるなど, 理論の不完全さも次第に明らかになっていった.

§1.2　行列力学の誕生

　新しい本格的な量子力学の建設は, 2つの一見全く異なる流れに沿って行われた. その1つは, 光のもつ**二重性**（波動性と粒子性）を, それまで単なる粒子と考えられていた電子などにまで拡張してはどうかと提唱したド・ブロイ* に始まる**波動力学**である. **ド・ブロイ波**（**物質波**）が従うべき方程式

---

*　Louis Victor de Broglie（1892 – 1987）はフランスの物理学者. 1923 年に物質波の考えを出し, それによって 1929 年にノーベル物理学賞を受けた. 名門の公爵でもある彼は, 長くフランスの物理学界に君臨した. 著書に, 河野与一訳:「物質と光」（岩波書店）などがある.

は，1926 年にオーストリアのシュレーディン
ガー* によって見出され，水素原子の問題等
に適用されて実験とよく合う結果を導くこと
が示された．これについては次節以下でくわ
しく説明する．

1-5 図　Werner Heisenberg
（1901 - 1976）

　もう 1 つの流れは，ハイゼンベルク** 等
によって確立された**行列力学**である．ハイゼ
ンベルクの考え方のすじ道を追うことは，相
当の予備知識を必要とすることでもあるので，
本書では省略し，簡単な歴史的経過のみを記
すにとどめよう．行列力学から説き起こして
いる名著に，朝永振一郎：「量子力学 I，II」（みすず書房）がある．

　ボーアの量子論が古典理論と全く異なる点の 1 つは，光（電磁波）の放出
と吸収の機構である．古典理論では，電子の周期的な運動をいろいろな単振
動の重ね合せで表す．電子の単振動は周囲に振動電場をつくるが，これは電
子が光を放出しているということである．逆に，光の吸収は光の振動電場に
よる電子の強制振動の励起として理解される．いずれにしても，ある 1 つの
運動状態（どんな運動状態であるかを指定するのに文字 n を使うことにす

＊　Erwin Schrödinger（1887 - 1961）はウィーン生まれの物理学者．1933 年に P. A. M.
　　Dirac とともにノーベル物理学賞を受けた．チューリッヒ，オックスフォード，グ
　　ラーツ，ベルリン等の大学教授を経て，1940 年にダブリン高等研究所教授となった．
　　著書に，鎮目恭夫訳：「生命とは何か」（岩波書店），自伝として，中村，早川，橋本
　　訳：「わが世界観」（筑摩書房）などがある．

＊＊　Werner Heisenberg（1901 - 1976）はドイツの物理学者．行列力学の創始者として
　　ばかりでなく，強磁性の量子論の基礎を与えたり（1928 年），W. Pauli とともに場の
　　量子論を築いたり（1929 年），原子核や宇宙線にも優れた業績を残すなど，常に現代
　　物理学の指導的役割を果たしてきた．1932 年，ノーベル物理学賞を受けた．戦後マ
　　ックス・プランク研究所長として，素粒子統一理論研究の第一線に立ち，宇宙方程
　　式を提唱したりして壮者をしのぐ活躍をした．なお，ピアノをよく弾くことでも有
　　名である．著書のいくつかが訳出されているほか，伝記として，村上陽一郎：「ハイ
　　ゼンベルク」（岩波書店）がある．

る）における電子の x 座標をフーリエ級数で

$$x(t) = \sum_{\alpha=-\infty}^{\infty} a_{\alpha}^{(n)} \exp(i\alpha\omega_n t)$$

のように表したときの係数 $a_{\alpha}^{(n)}$ によって，この状態の電子がどのように光を放出したり吸収したりするかが決定される．ただし，$x(t)$ の周期を T_n とするとき，角振動数 $\omega_n = 2\pi/T_n$ である．

　これに対しボーアの量子論では，光の放出や吸収は必ず2つの定常状態の間の"遷移"によって起こる点が古典理論といちじるしく異なっている．そして，電子の運動に関する情報は，このような光の放出・吸収によって得られるものがすべてである．電子のように小さなものに何の変化（＝遷移）も与えずに，光を連続的に当てて運動の道すじを観測するなどということはできないことである．$x(t)$ はそのような観測が可能だとした場合にのみ意味をもつに過ぎないから，こういうものに固執するのは誤りである．その証拠に，角振動数が ω_n やその整数倍の光など，放出も吸収もされないではないか．

　そこで，正しい量子力学では，測れるはずのない電子の軌道のようなものの存在を仮定することはやめ，物理量はすべて遷移を通して実測にかかると考える．そうすると，物理量（位置とかエネルギーなど）はすべて，上記のような古典的表現に対応してこれを一般化した

$$a(n, m) \exp(i\omega_{nm} t)$$

という項の1組で表されるのではなかろうか，とハイゼンベルクは考えたのである．ここで n, m は遷移の前後の定常状態を指定する文字であって，ω_{nm} はボーアの振動数条件 $h\nu_{nm} = E_n - E_m$ から

$$\omega_{nm} = 2\pi\nu_{nm} = \frac{2\pi}{h}(E_n - E_m)$$

によって求められる量である．定常状態にはエネルギーの低い方から適当に通し番号をつけたとすれば $n = 1, 2, 3, \cdots$，$m = 1, 2, 3, \cdots$ となるから，すべ

ての n, m に対する上記のような量の1組は

$$\begin{pmatrix} a(1,1)\exp{(i\omega_{11}t)} & a(1,2)\exp{(i\omega_{12}t)} & \cdots \\ a(2,1)\exp{(i\omega_{21}t)} & a(2,2)\exp{(i\omega_{22}t)} & \cdots \\ \cdots\cdots\cdots\cdots\cdots \end{pmatrix}$$

という形に並べて表すことができよう.

　さて, 物理量をこのように表し, <u>量子数 n や m が大きい状態間の遷移で放出または吸収される光の振動数は古典理論で計算したものと一致する</u>という**対応原理**を手がかりとして, ハイゼンベルクは原子スペクトルの振動数を正しく計算する方法を確立し, 論文として発表した（1925年）. 本格的な量子力学の最初の論文である.

　上記のような量が, 当時すでに数学で使われていた**行列**に他ならないことに気づいたのは, ハイゼンベルクが助手として勤務していたゲッティンゲン大学の教授ボルンであった.* ボルンはただちに, もう一人の助手であったヨルダン** およびハイゼンベルクとともに, ハイゼンベルクの理論を行列を使ったきれいな形に書き直すことに成功した. **行列力学**の誕生である.

　同様なことは, ハイゼンベルクの原論文の校

1-6図 Paul Adrien Maurice
Dirac（1902 - 1984）

---

　*　Max Born（1882 - 1970）はドイツ → イギリスの物理学者. ゲッティンゲン大学教授（1921年）として, 量子物理学の建設と発展に多大の寄与をした. 門下からE. Fermi, W. Heisenberg, J. Oppenheimer 等を輩出. ナチスに追われて1933年に渡英し, 1936～1953年の間エジンバラ大学教授, 1954年ノーベル物理学賞受賞. 著書 *Atomic Physics*（鈴木, 金関訳：「現代物理学」（みすず書房））, その他.
**　Ernst Pascual Jordan（1902 - 1980）はドイツの理論物理学者. 行列力学の体系化のほか, 量子生物学, 宇宙進化論等にも業績がある.

正刷を見たイギリスのディラック* によっても行われた．彼はボルンたち
とは独立に非可換（$ab \neq ba$ であること．a と b が行列ならば一般に ab と ba
とは等しくない）な量についての計算法を考察し，古典力学の式に出てくる
物理量を一般に非可換な量とみなすことを提唱した．そして，解析力学に現
れるポアソン括弧式というものを適当な交換関係（$ab - ba$ が何に等しいか
という関係）で置き換えることによって，新しい力学（＝行列力学）の方程
式が得られることを示した．これを水素原子に適用すると，水素のスペクト
ル線の規則が正しく導き出されることも示された（1925 年）．

　同じことはパウリ** によっても独立に行われた．このようにして，行列
力学という形式での量子力学が次第に確立されていった．

§1.3 物質の波動論

　量子力学のもう 1 つの流れは，1924 年〜1925 年にド・ブロイが発表した彼
の学位論文 "量子論に関する研究" にその源を発する波動力学である．光に
ついて明らかになった二重性を何とか統一しようと考える代りに，同じ二重
性がそれまで粒子と考えられていた電子などにもありうるのではないか，と
ド・ブロイは考えた．

　光の古典的粒子説を唱えたニュートンは，ニュートン環などに見られるよ
うな干渉現象を説明するために，光の粒子が運動するときにはそのまわりに

---

*　Paul Adrien Maurice Dirac（1902 - 1984）はイギリスの理論物理学者．放射場の量
　　子論（1926 年），相対論的電子論（1928 年）などを建設し，1933 年 E. Schrödinger と
　　ともにノーベル物理学賞を受けた．著書 *The Principles of Quantum Mechanics*（朝
　　永，玉木，木庭，伊藤，大塚訳：「量子力学」（岩波書店））は名著として名高い．

**　Wolfgang Pauli（1900 - 1958）はウィーンで生まれチューリッヒで亡くなった理論物
　　理学者．若くして相対性理論の発展に寄与し（著書 *Relativitätstheorie*（1921 年）），
　　量子論の体系化に貢献した．1924 年に有名なパウリの原理を発見し，量子電磁力学
　　や中間子論の研究にも寄与した．1945 年にノーベル物理学賞を受けた．大抵の理
　　論物理学者は実験装置にさわるとこれをこわすものであるが，G. Gamow（17 ペー
　　ジ脚注参照）によれば，大理論物理学者のパウリが近くに来ただけで実験装置が動
　　かなくなることがしばしばあったという．これをパウリ効果とよぶ．

ある種の波をともなうと考えた．ド・ブロイも
これに似た考えをもち，粒子には何かある種の
波が付随すると仮定し，これをパイロット波と
よんだ．電子の波動性を予言した点ではド・ブ
ロイの正しさは後に立証されたが，その波の本
性に関する彼の解釈は遂に学界の主流（確率波
と見る考え方，§2.1 を参照）とはなりえなかっ
た．したがって，その紹介は省略する．

1-7 図 Louis Victor de Broglie
(1892 – 1987)

光子の場合に，そのエネルギー ε と運動量の
大きさ p は，光速 c を用いて

$$\varepsilon = h\nu, \quad p = \frac{h\nu}{c}$$

で与えられることがアインシュタイン等によっ
て示されていた．光の波長を λ とすれば

$$\varepsilon = h\nu, \quad p = \frac{h}{\lambda} \tag{1}$$

と書くこともできる．ド・ブロイは，物質波に対してもこの (1) 式の関係が
そのまま成立すると考えた．そこでこれを**アインシュタイン－ド・ブロイの
関係式**という．

ただし，光の場合には $\varepsilon = cp$ であるが，物質粒子ではそうではなく，たと
えば光速よりずっと遅い自由粒子ならば

$$\varepsilon = \frac{p^2}{2m}$$

である．したがって，V V の電圧で加速した陰極線では，電子（質量 m，電
荷 $-e$）の得たエネルギーは eV であるから

$$\frac{p^2}{2m} = eV$$

より

$$p = \sqrt{2meV}$$

となり，(1) の第2式から陰極線の波
長 λ は

$$\lambda = \frac{h}{p} = \frac{h}{\sqrt{2meV}}$$

と計算されることがわかる．m と e
に数値を代入すれば，

$$\lambda = \sqrt{\frac{150}{V}} \text{ Å} \qquad (1 \text{ Å} = 10^{-10} \text{ m})$$

となる．$V \sim 100$ V の程度では陰極線
の波長は 1 Å の程度になる．

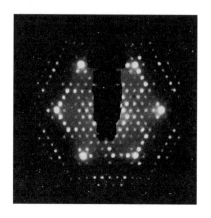

1-8図　Si 単結晶（111）表面の低速電子
線回折写真（入射エネルギー 43 eV）
（村田好正氏（東京大学名誉教授）によ
る）

　この程度の波長の波ならば，X 線と
同様に，結晶内に規則正しく並んだ原
子によって回折現象を起こすはずである．事実，アメリカのデヴィッスンと
ガーマーはニッケルの単結晶で電子線を反射させ，X 線のときと同様な干渉
図形を得た（1927 年）．また，わが国の菊池正士は薄い雲母膜で，イギリスの
トムソンは薄い金属膜で，電子線の回折像を得て，ド・ブロイの予言の正し
いことを実験的に立証した．

　ド・ブロイの原論文では，相対論的考察が用いられているが，$p = h/\lambda$ は
以下の非相対論的な議論でもそのまま使われる．エネルギーの方は，普通の
非相対論的な計算では付加定数を適当にとるので，$\varepsilon = h\nu$ から求めた ν の値
そのものにはあまり意味がない．しかし，実際に測定値と比較されるのはい
つも $\nu_n - \nu_m$ という差の形になるので，不定の付加定数を気にする必要はない．

§1.4　波動力学の形成

　よく知られているように，張られた弦や膜とか管内の空気の振動のように
有限の範囲内に局在する波は定常波（固有振動）をつくり，そのときの振動

数（固有振動数）は $\nu_1, \nu_2, \nu_3, \cdots$ というように特
定のとびとびの値をとる．原子の中のような限
られた空間内を運動する粒子に対するド・ブロ
イ波も，このような定常波をつくると考えられ
よう．そうすればその振動数はとびとびになり，
これと $\varepsilon = h\nu$ の関係にあるエネルギーの値も
とびとびになるはずである．ボーアが量子条件
によって求めた固有状態とか固有値を，このよ
うな定常波およびその固有振動数として求める

1-9 図 Erwin Schrödinger
(1887 – 1961)

ことができるのではあるまいか，というのが
ド・ブロイの考えであった．固有振動数を知るためには，その波の伝わり方
── 数学的にいえば，その波が従うべき波動方程式 ── を知っていなければ
ならない．ド・ブロイの着想が発表されてから約1年後，その方程式はオー
ストリアの物理学者シュレーディンガーによって発表された（1926 年）．

　波が伝わるということは，空間および時間の関数で表される量（光波なら
電場と磁場，音波なら空気の密度）の変化が空間を次々と伝わる現象である．
ド・ブロイ波の場合にその量が何であるか，しばらくわからなかった．とに
かくその量を $\psi(\boldsymbol{r}, t)$ と書くことにしよう（これから，空間座標 x, y, z をまと
めて $\boldsymbol{r}$ と表すことにする）．これを**波動関数**とよぶ．光波では，これに対応
する量は電磁場というベクトル量であるが，ここでは ψ をスカラー量と考え
ることにする．

　さて，（位相）速度 v で空間を伝わる波の方程式は

$$\nabla^2\psi - \frac{1}{v^2}\frac{\partial^2\psi}{\partial t^2} = 0$$

で与えられる．ただし

$$\nabla^2 \equiv \frac{\partial^2}{\partial x^2} + \frac{\partial^2}{\partial y^2} + \frac{\partial^2}{\partial z^2}$$

は**ラプラシアン**とよばれる演算子で，Δ で表すことも多い．特に振動数 ν が
きまっている単色波（光の場合との類推で“色”という言葉を用い，英語で
は monochromatic wave）の場合には

$$\psi(\boldsymbol{r}, t) = \varphi(\boldsymbol{r})\,\mathrm{e}^{-2\pi i \nu t} \tag{1}$$

とおくと，$\varphi(\boldsymbol{r})$ に対する方程式として

$$\nabla^2 \varphi + \frac{4\pi^2 \nu^2}{v^2}\varphi = 0$$

が得られる．$v/\nu = \lambda$ とおくと

$$\nabla^2 \varphi + \frac{4\pi^2}{\lambda^2}\varphi = 0$$

となる．λ は波長であるから，運動量の大きさ p との間にド・ブロイの関係
式 $\lambda = h/p$ がある．したがって，上の式は

$$\nabla^2 \varphi + \frac{4\pi^2 p^2}{h^2}\varphi = 0$$

となる．ところで，非相対論的な場合には，エネルギー ε は運動エネルギー
と位置エネルギー $V(\boldsymbol{r})$ の和として

$$\varepsilon = \frac{p^2}{2m} + V(\boldsymbol{r})$$

のように表される．ゆえに $p^2 = 2m\{\varepsilon - V(\boldsymbol{r})\}$ と書いて上の式に代入すると

$$\nabla^2 \varphi + \frac{2m}{\hbar^2}\{\varepsilon - V(\boldsymbol{r})\}\varphi = 0$$

が得られる．ただし，$\hbar$ は

$$\hbar = \frac{h}{2\pi}$$

である．上の式を

$$\left\{-\frac{\hbar^2}{2m}\nabla^2 + V(\boldsymbol{r})\right\}\varphi(\boldsymbol{r}) = \varepsilon\varphi(\boldsymbol{r}) \tag{2}$$

と書く場合が多い．シュレーディンガーは，波動関数が (1) 式のように書け

る場合には，その空間部分 $\varphi(\boldsymbol{r})$ は（2）式に従うと考えた．この方程式のことを，**時間を含まないシュレーディンガー方程式**という．

エネルギーに関するド・ブロイの式 $\varepsilon = h\nu$ を（1）式に入れると

$$\psi(\boldsymbol{r}, t) = \varphi(\boldsymbol{r})\,\mathrm{e}^{-i\varepsilon t/\hbar}$$

と書けるから，これを t で微分してみれば

$$i\hbar \frac{\partial \psi}{\partial t} = \varepsilon \psi \tag{3}$$

となることは容易にわかる．（2）式の両辺に右から $\mathrm{e}^{-i\varepsilon t/\hbar}$ を掛け，右辺に（3）式を用いれば

$$\left\{ -\frac{\hbar^2}{2m} \nabla^2 + V(\boldsymbol{r}) \right\} \psi(\boldsymbol{r}, t) = i\hbar \frac{\partial \psi(\boldsymbol{r}, t)}{\partial t}$$

が得られる．これは $\psi(\boldsymbol{r}, t)$ が（1）式のように書ける場合には（2）式と同じ内容の方程式であるが，シュレーディンガーは，V が t にも関係して $\psi(\boldsymbol{r}, t)$ が（1）式のように書けない一般的な場合にも，これが成り立つと仮定した．すなわち，ポテンシャル $V(\boldsymbol{r}, t)$ で表される力を受けて運動する質量 m の粒子に対する波動関数 $\psi(\boldsymbol{r}, t)$ は，方程式

$$\left\{ -\frac{\hbar^2}{2m} \nabla^2 + V(\boldsymbol{r}, t) \right\} \psi(\boldsymbol{r}, t) = i\hbar \frac{\partial \psi(\boldsymbol{r}, t)}{\partial t} \tag{4}$$

に従う．これを**時間を含むシュレーディンガー方程式**という．

上の議論ではいかにも（2）や（4）式を導き出したように思えるかもしれないが，実はそうではない．普通の波動方程式にド・ブロイの関係式を適当に組み合わせて，もっともらしい形の式を出し，これが物質波の従うべき方程式なのではあるまいか，と想定しただけである．自然が果してこの方程式の示す法則に従っているものかどうかは，これを具体的な問題に適用してみて，その結果が実測と合うかどうかによって確かめられる．シュレーディンガーは，この方程式を水素原子の問題やその他に適用して，その結果が正しく実験と合うことを示した．ゆえに，われわれはシュレーディンガー方程式（4）および（2）を自然の基本法則として認めることにしよう．一般的なのは

（4）式であって，（2）式は ϕ が（1）式のように書ける特別な場合（定常状態，§2.4 を参照）に成り立つ.

　シュレーディンガー方程式を基礎とする波動力学と，§1.2 で述べたハイゼンベルクの行列力学とは，一見全く異なるように見えるのに，水素原子や調和振動子などの具体的な問題に適用すると完全に同じ結果を与えるのは驚きであった．しかし，この一致は決して偶然ではなく，この2つの理論は同じ内容を違う数学形式で表したに過ぎないことがシュレーディンガーによって証明された（1926 年）．続いてヨルダンとディラックが変換理論とよばれるものを展開し，これによって波動力学と行列力学は完全に統一されて1つの量子力学となった.*

§1.5 量子力学の解釈

　ハイゼンベルクの考えがボルンらによって整理されて行列力学が生まれたことは，すでに述べたとおりである．ところで，**行列**というのは，ベクトル（3 次元に限らない）を他のベクトルに変化させる**演算子**を具体的に表したものである（§6.1 を参照）．ハイゼンベルクの行列力学でエネルギー固有値を求めることが，このような演算子の固有値問題とよばれる数学の問題に他ならないことに，ボルンは気がついたわけである．しかし，そのベクトル（実は無限次元のベクトル）が物理的に何を表すのかは不明であった．シュレーディンガーの理論が現れて，このベクトルが実は波動関数に他ならないことがわかったのである．後に述べるように，波動力学では粒子（もっと一般には力学系）の運動状態を波動関数という形に表すのであるが，適当な方法を用いると（無限次元の）ベクトルという形に表すこともできるのである．3 次

---

　*　変換理論はディラックの本（10 ページ脚注）にくわしいが，これをもっと数学的に厳密にしたものは，数学者 John von Neumann（フォン・ノイマン）（1903 – 1957）によって与えられた.
　　J. von Neumann: *Mathematische Grundlagen der Quantenmechanik* （Springer），井上，広重，恒藤訳：「量子力学の数学的基礎」（みすず書房）.

元空間で，座標軸のとり方によって同じベクトルでも異なる成分の組で表されるように，無限次元空間（**ヒルベルト空間**という）でも座標変換を行うことができる．ディラックらの変換理論は，このような考え方で量子力学の基礎概念を確立したものである．

このような数学的な整理はできたが，それと物理的な測定結果との対応づけ，あるいは数学的な諸量の物理的な解釈もしくは意味づけを行うことは容易でなかった．形式が古典力学とはあまりにも違っていたからである．以下波動力学についていえば，波動関数の意味について，シュレーディンガーは粒子が波のように広がり，ψはその密度分布を表すという解釈をした．ド・ブロイもこれに近い考えをもっていたが，これらの解釈はいろいろな困難を含み，一般に認められてはいない．アインシュタインは比較的彼らに同情的な立場をとり続けた人であるが，1927年のソルベイ会議で次の困難を指摘した．空間的に広がった波動関数ψで記述されるような状態の粒子を考えよう．その位置を測定して粒子がある点にあることを確認した瞬間に，ψはその点に収縮する．電子も光子も，それ1個の位置を測る実験 —— たとえば螢光板に当てて光らせる —— を行うと，必ず1点に見出され，広がった分布を見出すことはないからである．そこで，もし波動関数ψが物質の密度を表すなら，この収縮は超光速度で行われることになり不合理である．

波動関数の正しい意味づけと今日考えられているものは，1926年にボルンによって与えられた．彼は，波動力学による電子線の散乱の計算と，波動光学による回折や干渉の計算とを比較し，rとtの関数としての$|\psi(r,t)|^2 \equiv \psi^*(r,t)\psi(r,t)$が粒子の存在に関する確率分布を与えると考えた（§2.1を参照）．この考え方で，ガモフ* は原子核のα崩壊の現象を説明することに成

---

* George Gamow（1904 - 1968）ロシア生まれの理論物理学者．N. Bohr，E. Rutherford 等のところで研究，1934年以来アメリカに永住し，ワシントン大学教授を経て晩年はコロラド大学教授．原子核のα崩壊の理論で有名であるが，「不思議の国のトムキンス」等の科学啓蒙書の著者としてもよく知られている．

功し（1928年），ボルンの考えの有効性を立証した．

　粒子の運動が，古典力学における軌道のような幅のない空間曲線で与えられる代りに，広がりをもった波動関数できめられるということは，位置を求めようとしたときに，その値が確定しないということである．古典的に考えれば，そのような理論ははなはだ不完全なものといわなければならない．しかし，微視的な粒子の運動をどうやって実験的に測定するか，ということをよく考えてみると，光（光子）を当てて位置を確かめる，というような観測手段によって粒子の運動状態は乱され，その変化は決して無視できない．ハイゼンベルクはこのような考察をもとにして，1927年の春に**不確定性原理**というものを提唱した．彼は，いくつかの思考実験によって，粒子の位置と運動量のうちのどちらか一方を定めようとすれば，どうしても他方が不確定になることを示した．つまり，微視的粒子の軌道を完全に求めることは実験的にも不可能なのである．波動力学ならびに量子論は，こういう測定精度の限界と矛盾しないようにできており，決して理論として不完全なものではないことがわかる．このことは，1927年秋の国際会議で，ボーアが**波束**（波の塊）を用いて具体的に説明し，粒子・波動の二重性を統合解消するものとして歓迎された．また，不確定性原理は，波動力学においてだけでなく，行列力学においても，行列で表される物理量の非可換性（$ab \neq ba$）と関連させられることが示された．

　これらのことを説明するために，ボーアは**相補性**という概念を導入して用いた．この考え方によれば，電子も光も，ある実験では粒子のように振舞い，ある実験では波動のような性質を示す実在である．粒子とか波とかいう言葉は不完全なもので，巨視的現象を表すのには使えるが，微視的な世界の現象を表現するのには用いられない．電子に対しても光に対しても，粒子像や波動像はその一面を示すに過ぎず，その両方を合わせて完全になるという意味で相補的なものである．ある実験で粒子的特徴が示されるなら，そのとき波動的特徴は表に出ない．この逆もいえる．また，たとえば位置と運動量は，

一方を正確に求めようとするときには他方を犠牲にしなければならないという意味で相補的である.

上のような考え方は,ボーアやハイゼンベルクなどコペンハーゲン学派とよばれる人達によって確立され,量子力学の解釈の主流とみなされているものである.この考え方では,実験測定にかかる量に重きを置き,それらの量の間の関係を自然法則として捉えるという立場をとる.このような考え方があまり行き過ぎると,現象の数学的記述が科学であると考えたり,測定結果のみがすべてであると考えて,その奥にある実在をさらに深く探究することを忘れたり,認識に重きを置き過ぎた観念論になる,等の批判を招くようになるから気をつけなければいけない.

"正統派"に対する批判は,量子力学の創始者ともいうべき,アインシュタイン,シュレーディンガー,ド・ブロイらの人々からもいろいろになされている.たとえば,アインシュタインは 1927 年 10 月にブリュッセルで行われた第 5 回ソルベイ会議で,現象の因果性の問題および 2 本のスリットによる干渉縞の問題に関して,ボーアと議論をした.同様な論争は 1930 年の次のソルベイ会議でも行われ,エネルギーと時間の不確定性について,これが成り立たない例がアインシュタインによってあげられたが,ボーアは他ならぬアインシュタインの相対性理論を用いてこれを論破した.この 2 人の共通の友人であったエーレンフェスト* は,"アインシュタインの態度は,かつての相対性理論の反対者たちのそれとよく似ている"と冗談めかして述べ,"だが,アインシュタインが納得するまでは自分も安心できそうもない"といったということである.以上のような論争を通じて,不確定性原理に基づく量子力学の解釈は矛盾がないことが次第に明らかとなり,人々の理解も深まったのである.

---

* Paul Ehrenfest (1880 - 1933) はオランダの理論物理学者.ウィーン生まれで,ウィーン大学に学び L. Boltzmann の感化を受けた.1912 年以後ライデン大学教授.気体論,相対論,量子論,その他に貢献した (§2.3 を参照).

正統派の解釈に対するもう
1つの有名な批判の例として，
"シュレーディンガーの猫"
の話をあげておこう．シュ
レーディンガーは，1935年に
Naturwissenschaften という

1-10図　「量子力学の基礎に関する国際シンポジウム」（1983年から3年ごとに東京で開催）のシンボルマーク．波動関数を表す Ψ と猫を組み合わせたもの．観測の理論なども話題になっている．

雑誌に書いた論文の中で，正統派の解釈を巨視的な現象に適用すると*，はなはだ妙なことになるとして，次の例を示した．

『1匹の猫が鉄の箱に入れてあって，これに次のようなしかけがしてある．まずガイガー計数管があって，その中にきわめて少量の放射性物質が入っている．これは，1時間のうちに1個の原子が崩壊する確率が1/2であるというほどに微量であるとする．もし1個の原子が崩壊して放射線を出すと，計数管がはたらき，それと連動して槌が動いて青酸カリのいれ物を割り，猫が死ぬようになっている．いまこの装置を1時間放置したとする．その間に原子が崩壊する確率としない確率は等しく，1個でも原子が崩壊すれば猫は毒殺される．したがって，1時間後のこの系の Ψ は，猫が生きている状態と猫が死んでいる状態とを同じ割合で含むものとなる．』

　この類のパラドックスは他の何人かの人たちによっても提出され，量子力学の基本的な考え方に対する疑問として，いまでも解けたような解けないような状態になっている．これらは，量子力学における観測の問題 —— 不確定性が測定操作と密接に関連しているので，どこまでを観測装置とみなし，どこからを観測される力学系と考えるべきか，というような問題 —— と関係した意地の悪い疑問なので，とてもここでは論じつくせないが，興味あるエピソードとして紹介した．

＊　いままで波動関数は1個の粒子の状態を記述すると述べてきたが，後の章で学ぶように，多粒子系の場合にも，その量子状態を多変数の波動関数というもの（本書では Ψ で表す）で表すことができる．

2

1粒子の波動関数

　この章では1個の粒子の場合について，波動関数の意味をまず調べる．そこでは確率の波という大変に抽象的でわかりにくい考え方が登場する．これについては，あまり無理をして一度にわかろうとしないで，むしろ新しい考え方に慣れるように努力することをおすすめする．不確定性原理というのもあまりすっきりとしない原理であるが，この辺のところはもっと慣れてからもう一度復習するとよいと思う．§2.3では古典力学との関係を示すエーレンフェストの定理を紹介する．古典力学と本格的に別れを告げるのは§2.4の定常状態からである．§2.5と§2.6では定常状態の波動関数の最も簡単な具体例として，古典力学の等速往復運動と単振動に対応するものを学ぶ．

§2.1　確率の波

　物質波の波動関数 $\psi(\boldsymbol{r}, t)$ が何を表すかを推測するために，同じように二重性をもつ光の場合を考えてみよう．

　光の場合に波として伝わるのは電場の強さを表すベクトル $\boldsymbol{E}(\boldsymbol{r}, t)$ と，それにともなう磁場である．干渉縞や回折模様を計算と比べようと思ったら，波動方程式を解いて $\boldsymbol{E}(\boldsymbol{r}, t)$ を求め，スクリーンやフィルムの位置での $|\boldsymbol{E}|^2$ を算出すれば，そこに当たる光の強さが場所の関数として得られる．これは，もちろん実験結果と一致する．それでは，このことは光の粒子性とどう関係づけられるのだろうか．

　光のエネルギーが光子という形で運ばれるということは，フィルムに当た

ったときに，フィルム面のどこか1点の分子に化学作用を起こさせることを意味している．1つの分子を壊すには一定量以上のエネルギーが必要である．光子の $h\nu$ がその一定量以上ならば，化学変化（すなわち感光）が起こるわけである．そこで，いまきわめて弱い光をきわめて短時間送ったとすると，少数個の光子がフィルムに到達する．このとき，感光によってどんな模様が得られるだろうか．送り込まれた光子数が10個ならば，フィルム上には10個の感光点ができることは，上のことから明らかであろう．光を次々と送れば感光点の数が次第に増し，それの分布が波動論で計算される縞模様や斑点になるのである．普通の光ではその数がきわめて大きいので，分布は連続的と考えてよい．位置の連続関数として波動光学で計算されるのは，このような関数である．しかし，感光の仕方は上述のようであって，光子が1個でもきわめて薄く広がった縞模様状に感光し，光子数が増すと次第にそれが濃くなっていく，というようなものではない．

　可視光でもこのような実験はできるが，結晶による弱いX線の回折では実行が容易である．この場合，フィルムの代りに，1つ1つの光子を検出できるガイガー計数管を用いればよい．フィルムが強く感光するような位置に計数管を置けば1秒あたりのカウント数は多く，弱く感光するところに置けば毎秒のカウント数は少ない．統計的なばらつきがなくなるほど十分に長い時間，各点のカウントを数えれば，位置の連続関数としてのカウント数の分布が得られよう．波動論を用いて計算したX線の強度分布というのは，実はこれなのである．

　この場合に，個々の光子についてそれがフィルムのどの点にくるかは予知できない．多数の光子を観測してはじめて規則性が得られる．だからといって，個々の光子のたどる道が全然でたらめだというのではない．たくさん集まれば干渉縞をつくるという規則性を各光子がもっているのである．波動論で求めた強度が0のところには決して行かない，つまり行く確率が0である．これに対し，大きな強度が得られる位置へは行く確率が高い．各光子につい

てその道すじを求めることはできないが, 行く可能性（確率）の大きいところ, 小さいところは波動論で計算できるのである.

さて, §1.3でも述べたように, 電子線についてド・ブロイの関係式から波長を求め, それによって算出される結晶での回折効果は, 同じ波長のX線のものとほとんど全く同じであることが実験的に立証された. 1-8 図は, その一例である. 違いは, 主として電子の方がX線ほど良くは物質を貫通しないという点から生じる. こういったことから, ボルンはド・ブロイ-シュレーディンガーの波動関数に対して, 次のような意味づけを与えた. すなわち, シュレーディンガー方程式を解いて波動関数 $\phi(\boldsymbol{r}, t)$ が求められたとすると,

時刻 t にその粒子の位置を測定した場合に, 点 $\boldsymbol{r}$ を含む微小体積 $d\boldsymbol{r}$ 内に粒子が見出される確率は

$$|\phi(\boldsymbol{r}, t)|^2 \, d\boldsymbol{r} \qquad\qquad (1)$$

に比例する.

ϕ の値の大きいところには粒子を見出す確率が大きく, $\phi = 0$ のところには粒子が見出されることはない. シュレーディンガー方程式（§1.4（3）式, 15 ページ）は, その両辺に同じ定数を掛けても成り立つから, ある ϕ が解ならば, それに定数を掛けたものも解である. そこで, ϕ に適当な数を掛けて

$$\iiint |\phi(\boldsymbol{r}, t)|^2 \, d\boldsymbol{r} = 1 \qquad\qquad (2)$$

のようにするのが普通である. ただし, 積分の領域は粒子が存在しうる全空間（箱の中に閉じ込められている粒子ならば, その箱の中全体）について行う. これを**規格化**という. このときには (1) 式は相対確率ではなくて絶対確率を表す. 以下では特に断らない限り ϕ は規格化されたものとする. なお, 規格化のときに掛ける定数は, $e^{i\alpha}$（α は勝手な実数）を掛けても $|e^{i\alpha}|^2 = 1$ であるから, この因子だけ不定である. これはどうとってもよいが, 一度きめ

たら計算の途中で変更してはいけないことを注意しておく．一度規格化しておけば，時間が経っても（2）式は変化しないことが示される（§3.8を参照）．

　$\psi(\boldsymbol{r}, t)$ の波は確率の波であって，シュレーディンガーが最初に考えたように物質粒子が雲のように広がり，その密度が $|\psi|^2$ で表されるのではないことをもう一度確認しておこう．粒子はそれを検出する際にはあくまで点状であって，雲の一部を捕えることによって，粒子のかけらを観測するようなことは決してない．結晶による回折の模様も，多数の電子を送り込んだとき，フィルムに多数の点が感光し，それらの点の分布が2-1図のような模様をつくるのである．1個の電子による感光はフィルムの上の1点だけであって，きわめて薄い回折縞などではない．

　しかし，$\psi(\boldsymbol{r}, t)$ の計算が与えるのは，多数の粒子を同じ条件で多数送り込んだときに得られる濃淡の回折模様であって，個々の粒子がどこの点に到達してそこを感光させるかの予言ではない．

　たとえ話で説明してみよう．いま，どこかで選挙の投票があって，多くの

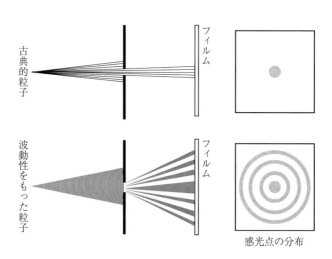

2-1図　光や電子が古典的な粒子ならば上側の図のようになるが，
　　　　波動性のために，小さな穴によって回折が起こるので，実際は
　　　　下側の図のようになる．

有権者が，A 候補者に入れようか B 候補者にしようか，C 候補者のような人も必要ではなかろうか，と迷っていたとする．全く同じように迷っている人がたくさんいたとすると，開票結果の票の分布にそれが反映されてくるが，個々の人は A か B か C かのどれかに 1 票入れる以外にしようがない．1/3票ずつ 3 人に入れることは許されていないからである．いろいろな結果を与える確率が 0 でない状態というのは，この迷っている浮動票有権者の 1 人のようなものであり，観測というのは投票に相当すると考えればよい．どこそこへ来る確率がいくら，別のどこそこへ到達する確率がいくら，…という確率をあわせてもっている粒子について位置の測定を行ってしまえば，見出された場所以外に存在する確率は消滅する．投票用紙に B の名を記入してしまえば，A や C を支持する可能性はなくなってしまうのと同じである．

　幾何光学では光は光束で表され，光束は光線の集まりとみなされる．光線については反射や屈折の法則が成り立ち，それで光の進む経路が決定されると考える．しかし，実際の光は必ず有限の幅をもった光束で表される．もしも光束を非常に細くしようと思って，きわめて小さい穴を通したとすると，幾何光学は成り立たなくなり，細い光束を得るどころか，光の波動性による回折のためにかえって光は広がったものになってしまう．無理をして B に投票したあとで，この次のときはどうしようかと，迷いがかえって大きくなったりするようなものである．

　それでは物質粒子ではどうであろうか．粒子の運動が $\psi(\boldsymbol{r}, t)$ のような空間の連続関数で表されるということは，光が有限の幅をもった光束で表されるのと同じことである．これをもし幾何光学的に考えたとすれば，個々の粒子の経路は幾何学的な幅のない曲線で表されるが，初期条件の可能性にある程度の幅があるために，そのような曲線の束として有限の幅のものが得られるのだ，ということになる．しかし，これは正しくない．このような考え方では，干渉や回折などの実験的に確かめられている事実は説明できない．確率が有限な幅に広がっているのは，単に初期条件の誤差に起因する不確かさ

のためではなく，もっと本質的な波動性に由来しているのである．物質波も非常に小さな穴を通すと回折して広がり，穴の正面だけでなく影に相当する部分に粒子が回り込む確率が増す．また，2つのスリットを通したとすれば，両方のスリットを通った波が干渉を起こし，縞模様ができることになる．

　この場合に注意しなければいけないのは，多数の粒子のうちで一方のスリットを通ったものと他方のスリットを通ったものとの相互作用が干渉の原因であると考えるのは誤りだということである．前にも述べたように，われわれの確率波はただ1個の粒子に対する波であって，その1個の粒子に対し2つのスリットの両方を通る可能性を残しておいたときにのみ，この両スリットを通った可能性の波が干渉して縞模様をつくるのである．もしどちらのスリットを通ったかを確かめる実験をしたとすると話は全く変わってしまい，干渉縞はなくなる．つまり，第1のスリットを通ったことを適当な実験装置によって確認したとすると，ψは第2のスリットのところでは完全に0であって，第1のスリットだけがあるとして求めた波になってしまう．1個の粒子の“可能性”だけが両方のスリットを通るからといってそれが干渉するというのは，何とも妙で合点がいかない読者が多いと思う．しかし，これが厳然たる自然法則なのである．

　先にも断ったように，1個の粒子の場合には，干渉縞を求める位置にフィルムを置いたとしても，どこか1点に感光するに過ぎない．次々と粒子を送ると感光点の数が増し，多数になったときにその分布が縞模様になる．これは，古典的に考えると誠に不思議なことであるが，実際にやってみるとそうなっているのだから仕方がない．自然がそのようにできていることを素直に認め，巨視的粒子についての経験をそのまま微視的粒子にもあてはめようという考えは放棄しなければならない．

§2.2 不確定性原理

　さて，波動力学で計算される粒子の運動がこのように奇妙で不確かなもの

であるとしたら，それは干渉や回折を説明することができても，粒子の運動
経路をきめるような他の実験とは矛盾するのではないだろうか．事実われわ
れは霧箱や泡箱というもので粒子の飛跡を見ることができるし，磁場や電場
によるその曲がり具合から，粒子のもつ電荷や質量などを古典力学的に計算
している．これはどう考えたらよいことなのだろうか．

　$|\psi(\boldsymbol{r}, t)|^2$ が確率密度に比例するのであるから，粒子の軌道が確定するとい
うことは，ちょうど光線のように幅のない幾何学的な 1 本の曲線に沿っての
み $\psi(\boldsymbol{r}, t) \neq 0$ で，それ以外のところでは $\psi(\boldsymbol{r}, t) = 0$ であることを意味する．
しかし，$\psi(\boldsymbol{r}, t)$ が波を表すということは，光の場合と同様に，それが不可能
なことを示している．小孔を通した光が回折して散らばってしまうように，
粒子を表す波の $\psi(\boldsymbol{r}, t)$ も回折を起こす．また仮に非常に細い粒子線束が得
られたとしても，光線上のどこに光子がいるかがわからないのと同様に，そ
の細い線束の上のどこに粒子がいるのかわからない．それまでわかるように
しようとしたら，小孔をきわめて短時間だけ開いてすぐに閉じ，線束を短く
切る必要がある．このように，幅も長さも狭い範囲内にのみ限られた波のこ
とを**波束**という．幅はとにかくとして，長さだけが限られた波なら，衝撃音
の音波とか津波のようなものをわれわれはよく知っている．このような波は，
あとで学ぶように，無限に多くの，波長が少しずつ異なる正弦波を重ねたも
のである．

　ところで，正弦波の位相速度（山や谷の進む速さ）は $v = \lambda\nu$ で与えられる
が，アインシュタイン−ド・ブロイの関係式（§1.3（1）式）によると $\lambda =$
$h/p, \nu = \varepsilon/h$ であるから，$v = \varepsilon/p$ となる．真空中の光ならこれは c に等し
く一定値である．ところが，自由な空間を伝わる物質波では，$\varepsilon = p^2/2m$ で
あるから，$v = p/2m$ となり*，ド・ブロイの関係式 $p = h/\lambda$ を再び用いるな
らば $v = h/2m\lambda$ となる．つまり，波束を正弦波の重ね合せで表したとき，

---

　* $v = p/m$ でないことに注意．この v は運動量の大きさが p の粒子の進む速さでは
　　ない．これについては§3.6を参照．

波長の異なる各成分はすべて速さが違うのである．このことは，波束を正弦波に分けて考え，少し時間が経ってから再び重ね合わせると，波長の違う波が互いにずれているために，合わせたものは元の形にはならないことを示している．つまり，物質波の波束は動きながら次第に形を変えていくのである．具体的な例として，ガウス関数形（$\exp(-x^2/\alpha)$ の形）の波束の場合に，幅が時間の経過とともにどう変化するかを§3.6で説明する．それによれば，粒子を見出す範囲の幅の2乗は時間の2乗に比例して増すことがわかる．

　以上のように，$\psi(\boldsymbol{r}, t)$ が空間に広がった関数であるということは，粒子の位置が各時間ごとに確定して与えられず，測定ごとに ばらつき がありうることを意味している．この ばらつき を少なくしようと思って粒子線を短く切ると，それは広い範囲の波長の波を重ね合わせたものになる．波長の異なる波ということは，ド・ブロイの関係式 $p = h/\lambda$ により，運動量の大きさ p の異なる波ということである．また，小穴による回折で波の方向が散らばるということは，$\boldsymbol{p}$ の方向にもいろいろなものが出てくるということである．このように $\psi(\boldsymbol{r}, t)$ の広がりで位置 $\boldsymbol{r}$，λ と波の進行方向で運動量 $\boldsymbol{p}$ がきまるのだとすると，一般にはどちらの値にも不確定さがつきまとうことになる．

　波動力学のこのような結果は，古典力学的に考えると誠に不正確で不満足なものである．これでは実験結果を満足に記述し，説明することができないのではあるまいかと思われよう．この点に深い洞察を加え，微視的な粒子に対しては，位置と運動量を同時に正確にきめ，それ以後の軌道を確定することは，どんな実験手段を考えてみても原理的に不可能であるということを示したのはハイゼンベルクである．彼はいろいろな**思考実験**を考え，粒子の座標 x, y, z の不確定さ $\Delta x, \Delta y, \Delta z$ と，それに対応する運動量の成分 p_x, p_y, p_z の不確定さ $\Delta p_x, \Delta p_y, \Delta p_z$ との積には

$$\Delta x \cdot \Delta p_x \gtrsim h, \qquad \Delta y \cdot \Delta p_y \gtrsim h, \qquad \Delta z \cdot \Delta p_z \gtrsim h \qquad (1)$$

という越えられない限界があることを示した．

　最も簡単で，多くの本に書いてあるのは2-2図のような実験である．波長

がλの光をPにある粒子に当て，これで散乱され
た光がレンズを通ってスクリーン上に像を結ぶ．
スクリーン上の感光点の位置からPの正確な位
置を求めようとすると，光の波動性による回折現
象のために

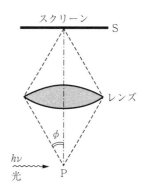

2-2図

$$\Delta x \sim \frac{\lambda}{\sin \phi}$$

以上の精度は不可能であることが知られている
（顕微鏡の分解能）．また，光子は運動量 $h\nu/c =$
h/λ をもって粒子に衝突して進路を変えるのであ

るが，図の破線で示した範囲内のどこを通ってスクリーンに達したかは全く
不明である．したがって，衝突のときに粒子に与える運動量には，

$$\Delta p \sim \frac{h}{\lambda} \sin \phi$$

の程度の不確かさがある．ゆえに $\Delta x \cdot \Delta p \sim h$ が得られる．

なお，(1) 式をさらに拡張し，エネルギーの測定誤差 $\Delta \varepsilon$ と，その測定に要
した時間 Δt との間にも

$$\Delta \varepsilon \cdot \Delta t \gtrsim h \tag{2}$$

という限界があることが示される．

このように，何か物理量の値をきめるためには，観測手段として必ず対象
となる系（上の場合は粒子）にある作用をおよぼし，それに対する応答を知
らねばならない．微視的な系であると，このような作用から受ける攪乱が無
視できず，そのために系の状態が変化してしまう．しかもその変化が，上の
反跳による粒子の運動量変化のように，計算できないものである．このため，
どのように理想的な装置を考えても，測定精度には上記のような限界がある
ということである．

しかし，以上の説明は少し誤解を招きやすいから注意を要する．というの

は，観測で相手の状態を乱してしまうので誤差を生じるというと，"観測で乱
さなければ本来はっきりとした曲線で表されるような軌道を描いていたはず
である"と聞こえるからである．ところが，これは誤りである．本当は確定
しているのにわれわれが知りえない，というだけならば話は幾何光学的にな
るはずであって，複スリットで干渉が起こる現象などは到底理解できない．
量子論全体を学べばわかるように，不確定性というのはもっと自然の本性に
深く根ざしたものであり，それが波動関数によって適確に表現されていると
考えるべきものなのである．思考実験でわかるのは，波動力学（一般的には
量子力学）が与える以上にくわしく運動を知る実験的手段はありえないとい
うことである．

　つまり量子力学は，実際にわれわれが実験的に知りうることはすべて，
ちゃんと与えてくれるようにできているという意味で"完全な"理論である．

§2.3 波束の運動

　以上を前置きとして，波動力学の話を進める．しばらくは，粒子の速度が
小さくて相対論的効果を考えなくてもよい場合に限定し，1個の粒子の運動
だけを扱うことにする．この場合，自然界の基本法則として

ポテンシャル $V(\boldsymbol{r}, t)$ から導かれる力
$$\boldsymbol{F}(\boldsymbol{r}, t) = -\operatorname{grad} V(\boldsymbol{r}, t) \tag{1}$$
の場の中で運動する質量 m の粒子の振舞を表す波動関数 $\psi(\boldsymbol{r}, t)$ は，一
般には時間を含むシュレーディンガー方程式
$$\left\{-\frac{\hbar^2}{2m}\nabla^2 + V(\boldsymbol{r}, t)\right\}\psi(\boldsymbol{r}, t) = i\hbar\frac{\partial}{\partial t}\psi(\boldsymbol{r}, t) \tag{2}$$
の解として与えられる

ということを認めることにしよう．粒子のいろいろな振舞が $\psi(\boldsymbol{r}, t)$ からど
のようにして求められるかについては，以下で順次説明する．

このシュレーディンガー方程式は，古典力学におけるニュートンの運動法則に対応した量子力学における基本法則であって，なぜそうなっているのかと問われれば，自然がそうできているらしい，としか答えようのないものである．これが正しいか否かは，それから導かれる結論が実験事実と一致するかどうかで立証される．

(2) 式の左辺の { } の中は，普通 H で表す．

$$H \equiv -\frac{\hbar^2}{2m} \nabla^2 + V(\boldsymbol{r}, t) = -\frac{\hbar^2}{2m} \left(\frac{\partial^2}{\partial x^2} + \frac{\partial^2}{\partial y^2} + \frac{\partial^2}{\partial z^2} \right) + V(\boldsymbol{r}, t)$$

$$(2a)$$

これは一種の演算子であって，§1.4 (2) 式 (14 ページ) の右辺の ε に対応することからもわかるように，粒子のエネルギーを表すものと考えられる．この演算子 H のことを 1 粒子の場合の**ハミルトニアン**とよぶ．この名前は，解析力学（付録1を参照）のハミルトン関数に由来している．力がポテンシャル $V(\boldsymbol{r})$ から導かれるとき，古典的粒子のエネルギーは

$$\frac{m}{2} \left\{ \left(\frac{dx}{dt} \right)^2 + \left(\frac{dy}{dt} \right)^2 + \left(\frac{dz}{dt} \right)^2 \right\} + V(\boldsymbol{r})$$

で与えられる．よく知られているように運動量には保存則が成り立つが，速度には成り立たない．このことからもわかるように，運動量 $\boldsymbol{p} = m(d\boldsymbol{r}/dt)$ の方が速度 $d\boldsymbol{r}/dt$ よりも本質的な物理量なので，エネルギーを $\boldsymbol{p}$ を使って表すと

$$H_{\text{cl}}(\boldsymbol{r}, \boldsymbol{p}) = \frac{1}{2m} (p_x{}^2 + p_y{}^2 + p_z{}^2) + V(\boldsymbol{r})$$

となる．これが古典力学のハミルトン関数である．これと (2a) 式とを比べてみると，H は H_{cl} において

$$p_x \longrightarrow -i\hbar \frac{\partial}{\partial x}, \quad p_y \longrightarrow -i\hbar \frac{\partial}{\partial y}, \quad p_z \longrightarrow -i\hbar \frac{\partial}{\partial z} \quad (2b)$$

ベクトルとしてまとめて

$$\boldsymbol{p} \longrightarrow -i\hbar \nabla$$

という置き換えを行ったものになっていることがわかる．この H を用いる

と (2) 式は

$$H\psi = i\hbar \frac{\partial \psi}{\partial t}$$

と書かれる．H はエネルギーを表す演算子であるが，これが $i\hbar(\partial/\partial t)$ に対応することを示すのが上の式であると考えられる．したがって

> 古典物理学的像を描くことのできるような系（水素原子内電子の軌道運動など）については，まず古典力学のハミルトン関数を書き下してそれを $H = \varepsilon$ とおき，左辺の $\boldsymbol{p}$ を $-i\hbar\nabla$ に，右辺の ε を $i\hbar(\partial/\partial t)$ に置き換え，それらを ψ に作用させた方程式をつくれば，それが時間を含むシュレーディンガー方程式である．

ここで古典物理学的像と断ったのは，それが不可能で最初から量子論的に扱わねばならない場合が後に出てくるからである．また，$p_x \to -i\hbar(\partial/\partial x)$ に対し $\varepsilon \to +i\hbar(\partial/\partial t)$ となるのは，古典力学で x に正準共役なのは p_x であるのに対し，t に正準共役なのは ε でなく $-\varepsilon$ だからである．

　さて，シュレーディンガー方程式の正しさは以下の議論で次々と立証されるのであるが，ここではそれが古典力学とどういう関係にあるかを示すことで，§2.2のはじめ（26〜27ページ）にあげた疑問を解決しておくとしよう．つまり，広い空間における電子，その他の荷電粒子の運動が古典力学の法則に従っていることは波動力学でどう説明されるのかを考えよう．電子の比電荷 e/m をきめる実験などでは，電場や磁場による陰極線の曲がり具合を観測し，古典力学で計算したものと比較する．ブラウン管オシロスコープや粒子加速器などを設計するときにも同様である．このようなときには，粒子の位置に関しては巨視的な測定をするので，微視的に見れば非常に大きい誤差，たとえば 10^{-2} mm が許容される．不確定性原理から，これに対する運動量の誤差を見積ると，

$$\Delta p \sim \frac{h}{\Delta x} = 10^5 h \sim 6.6 \times 10^{-29} \text{ J·s/m}$$

となる．ところで，§1.3（11〜12ページ）で行った計算によると，150 V で加速された電子の波長は 1 Å $= 10^{-10}$ m，その運動量の大きさは $p = h/\lambda = 10^{10} h$ J·s/m) である．ゆえに

$$\frac{\Delta p}{p} = \frac{10^5 h}{10^{10} h} = 10^{-5}$$

すなわち，相対誤差は 10 万分の 1 程度である．これは，1 km 進んだときに 1 cm 前後左右上下に広がるという程度のものであるから，完全に無視してよいであろう．つまり，10^{-2} mm もある巨大な（？）波束は，ほとんど広がらずにそのままの大きさで進むと考えてよい（1 m 進んで 2 倍くらい）．

ところで，巨視的な観測では位置に対する 10^{-2} mm くらいの誤差は無視してしまうことが多い．そうすると，$|\phi|^2$ が 0 でないような範囲の中心を追いかければ，そのまわりの 10^{-2} mm くらいの範囲（1 km も行くと 1 cm 程度に広がるが…）の中には粒子が見出されるのであるから，その中心の軌跡が"粒子"の軌道であると考えてもよいであろう．

上で"中心"というややあいまいな言葉を用いたが，もっと正しくは，存在確率 $|\phi|^2 d\boldsymbol{r}$ を重みとした，粒子の位置の期待値をとった方がよいであろう．すぐわかるように，粒子の

x 座標の期待値は $\quad \bar{x} = \iiint x |\phi(\boldsymbol{r}, t)|^2 \, d\boldsymbol{r}$ \hfill (3a)

y 座標の期待値は $\quad \bar{y} = \iiint y |\phi(\boldsymbol{r}, t)|^2 \, d\boldsymbol{r}$ \hfill (3b)

z 座標の期待値は $\quad \bar{z} = \iiint z |\phi(\boldsymbol{r}, t)|^2 \, d\boldsymbol{r}$ \hfill (3c)

で与えられる．ベクトルとしてまとめて

$$\bar{\boldsymbol{r}} = \iiint \phi^*(\boldsymbol{r}, t) \, \boldsymbol{r} \, \phi(\boldsymbol{r}, t) \, d\boldsymbol{r} \tag{4}$$

と記してもよい．積分範囲は ϕ が定義されている（つまり，粒子が存在しうる）全域にわたるものとする．上の式で $|\phi|^2$ を ϕ^* と ϕ に分けて間に $\boldsymbol{r}$ をはさんだのは，後の便宜のためである（36〜37ページの［例題］を参照）．

$\psi(\boldsymbol{r}, t)$ は独立変数として t も含むから，$\boldsymbol{r}$ で定積分した後の $\bar{\boldsymbol{r}}$ やその各成分 $\bar{x}, \bar{y}, \bar{z}$ は t だけの関数である．そこで，これらの時間変化の様子を調べてみよう．まず，

$$\frac{d}{dt}\bar{x} = \frac{d}{dt}\iiint \psi^* x\psi \, d\boldsymbol{r} \tag{5}$$

において t と x, y, z とは独立であるから，t についての微分を積分の中に入れて先に行ってよい．

$$\frac{d}{dt}\bar{x} = \iiint \left(\frac{\partial \psi^*}{\partial t} x\psi + \psi^* x \frac{\partial \psi}{\partial t}\right) d\boldsymbol{r}$$

　ところが，シュレーディンガー方程式により

$$\frac{\partial \psi}{\partial t} = \frac{1}{i\hbar} H\psi \tag{6}$$

であり，この式の複素共役をとると

$$\frac{\partial \psi^*}{\partial t} = -\frac{1}{i\hbar} H\psi^* \tag{7}$$

となるから

$$\frac{d}{dt}\bar{x} = \frac{1}{i\hbar}\iiint \{\psi^* xH\psi - (H\psi^*)x\psi\} \, d\boldsymbol{r}$$

が得られる．H に (2a) 式

$$H = -\frac{\hbar^2}{2m}\nabla^2 + V(\boldsymbol{r}, t)$$

を入れると

$$\psi^* xV\psi = V\psi^* x\psi$$

であるから，ポテンシャルエネルギーの項は消えて

$$\frac{d}{dt}\bar{x} = \frac{i\hbar}{2m}\iiint \{\psi^* x\nabla^2\psi - (\nabla^2\psi^*)x\psi\} \, d\boldsymbol{r}$$

が残る．ところが

$$\frac{\partial^2}{\partial x^2}(x\psi) = \frac{\partial}{\partial x}\left(\psi + x\frac{\partial \psi}{\partial x}\right) = 2\frac{\partial \psi}{\partial x} + x\frac{\partial^2\psi}{\partial x^2}$$

であるから

$$\psi^* x\nabla^2\psi = \psi^*\nabla^2(x\psi) - 2\psi^*\frac{\partial \psi}{\partial x}$$

となるので

$$\frac{d}{dt}\bar{x} = \frac{i\hbar}{2m}\iiint \{\psi^*\nabla^2(x\psi) - (\nabla^2\psi^*)x\psi\}\,d\boldsymbol{r} + \frac{1}{m}\iiint \psi^*\left(-i\hbar\frac{\partial}{\partial x}\right)\psi\,d\boldsymbol{r}$$

が得られる．この式の右辺第 1 項はグリーンの定理

$$\iiint (u\nabla^2 v - v\nabla^2 u)\,dx\,dy\,dz = \iint (u\nabla v - v\nabla u)_n\,dS$$

によって，左辺の積分領域を包む閉曲面上の面積分（右辺）に直すことができる．
われわれの問題では一般には積分領域は無限に広い空間なのであるが，波束は十分
に局在集中していて遠いところでは 0 になっているので，$u = \psi^*, v = x\psi$ としたと
きの右辺の面積分の項は消えてしまう．したがって

$$m\frac{d}{dt}\bar{x} = \iiint \psi^*\left(-i\hbar\frac{\partial}{\partial x}\right)\psi\,d\boldsymbol{r} \tag{8}$$

が得られる．

　この式をもう一度 t で微分して同様の手続きを行う．

$$m\frac{d^2}{dt^2}\bar{x} = -i\hbar\iiint \left(\frac{\partial\psi^*}{\partial t}\frac{\partial\psi}{\partial x} + \psi^*\frac{\partial}{\partial t}\frac{\partial}{\partial x}\psi\right)d\boldsymbol{r}$$

$$= \iiint \left\{(H\psi^*)\frac{\partial\psi}{\partial x} - \psi^*\frac{\partial}{\partial x}(H\psi)\right\}d\boldsymbol{r}$$

$$= -\frac{\hbar^2}{2m}\iiint \left\{(\nabla^2\psi^*)\frac{\partial\psi}{\partial x} - \psi^*\frac{\partial}{\partial x}(\nabla^2\psi)\right\}d\boldsymbol{r}$$

$$+ \iiint \left\{V\psi^*\frac{\partial\psi}{\partial x} - \psi^*\frac{\partial}{\partial x}(V\psi)\right\}d\boldsymbol{r}$$

$$= -\frac{\hbar^2}{2m}\iiint \left\{(\nabla^2\psi^*)\frac{\partial\psi}{\partial x} - \psi^*\nabla^2\frac{\partial\psi}{\partial x}\right\}d\boldsymbol{r} - \iiint \psi^*\frac{\partial V}{\partial x}\psi\,d\boldsymbol{r}$$

前と同様にグリーンの定理を用いると最後から 2 番
目の積分は面積分になって消えるので，結局

$$m\frac{d^2}{dt^2}\bar{x} = \iiint \psi^*\left(-\frac{\partial V}{\partial x}\right)\psi\,d\boldsymbol{r} \tag{9}$$

を得る．$-\partial V/\partial x$ は粒子にはたらく力の x 成分に
他ならないから，(9) 式の右辺は力の x 成分の期待
値である．

　もしも力が巨視的な力で，$V(\boldsymbol{r})$ の変化が十分に
ゆるやかであるならば，ψ が 0 でない範囲が小さい
ときには，そのいたるところで $V(\boldsymbol{r})$ をほぼ一定と
みなしてよいであろう．このとき $-\partial V/\partial x = F_x(x,$
$y, z)$ をその波束の重心のところの値 $F_x(\bar{x}, \bar{y}, \bar{z})$ で置
き換え，積分の外に出してしまってよい．ψ は規格

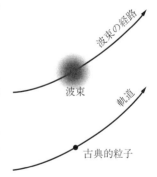

2-3 図　ポテンシャルの変化が
ゆるやかならば，波束の重心
の運動経路は古典的な粒子
として求めた軌道に一致する．

化されているとしているから，このとき (9) 式は

$$m \frac{d^2}{dt^2} \bar{x} = F_x(\bar{x}, \bar{y}, \bar{z}) \tag{10}$$

となる．$\bar{y}, \bar{z}$ についても同様である．まとめて書けば

$$m \frac{d^2}{dt^2} \bar{r} = F(\bar{r}) \tag{11}$$

となる．これは質量が m の古典的な粒子が力の場 $F(r) = -\mathrm{grad}\, V(r)$ の中で運動しているとき，その位置（時間の関数）を $\bar{x}, \bar{y}, \bar{z}$ と書くことにした場合のニュートンの運動方程式に他ならない．

　以上によって，

> 粒子の位置決定に相当程度の誤差を許せば，粒子の運動はその誤差程度の広がりをもった確率波の波束で表され，その波束の重心の運動は粒子が古典力学に従うとした場合の運動に一致する

ことがわかった．これを**エーレンフェストの定理**という．ゆえに，波束が時間とともにむやみと広がることがない限り，位置の測定にある程度の誤差を認めさえすれば，粒子が古典的軌道を描くとみなしてよいのである．このようにして，波動力学と古典力学との対応がわかり，また広い空間での電子の運動を求めるのに古典力学を用いてよい理由も説明できた．

　　[**例題**]　波束 $\psi(r, t)$ で表される粒子の運動量の期待値は

$$\bar{p} = \iiint \psi^* (-i\hbar \nabla) \psi \, dr$$

で与えられることを示せ．

　[**解**]　(8) 式の左辺は粒子の速度の x 成分の期待値に質量を掛けたものであるから，これは p_x の期待値 $\bar{p_x}$ を表すと考えられる．$\bar{p_y}, \bar{p_z}$ についても全く同様である．したがって，3 成分をまとめてベクトルとして書けば上式のようになる．

　(4) 式で r を ψ^* と ψ の間にはさんだのは，ここで $-i\hbar \nabla$ が ψ^* と ψ の間にくるので，それと統一をとるためである．r のときはどこにあってもよいが，微分演算子 ∇ は，むやみと順序を入れ換えるわけにいかない．

　上のことからも，(2b) 式の置き換え $\boldsymbol{p} \to -i\hbar\nabla$ には本質的な意味のあることがわかる．📌

§2.4　定常状態

　それでは，どのような場合に粒子の波動性が本質的に重要性を発揮するのであろうか．波の塊（波束）があまり形を崩さずに動くときには，それを動く雲の塊のようにみなし，その中のどこに粒子が存在するかを問題にしなければ，雲塊は古典粒子と同じ軌道をたどるというのが前節の結果であった．

これは 2-4 図のような綱の波に相当するわけである．ところが，バイオリンやギターの弦などのようなもので，2-4 図のような進行する波束をつ

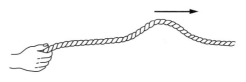

2-4図　波束

くることはむずかしい．無理につくってもたちまち形が崩れてしまうし，固定した両端での反射がめまぐるしく起こるので，いま波がどちら向きに動いているなどということは識別できない．このような場合にわれわれが観察できるのは，2-5 図のような定常波（弦の固有振動）である．全く同様なことが，狭い範囲，たとえば原子の中に束縛された電子などの物質波についても起こるのである．このとき，電子の定常波は原子内に広がっており，原子の中のさらに小さい領域にか

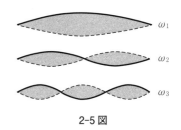

2-5図

たまっているということはないから，電子がいま原子内のどの辺にいて，どこを通ってどっちの方へ動いたなどという追跡は近似的にも不可能である．それではどんな波が起こっているのであろうか．

　弦の場合を考えてみると，一般にはその運動は複雑であって単振動のように簡単なものではない．しかし，初期条件を適当に与えて 2-5 図のような定

常波（固有振動）を起こさせた場合には，その運動は

$$u_n(x, t) = A \sin\left(\frac{n\pi}{l} x\right) \cos\left(\frac{n\pi}{l} ct\right) \quad (n = 1, 2, 3, \cdots)$$

（l は弦の長さ，c はこの弦を伝わる横波の速さ）

で表されることが知られている．つまり，場所 x によって $A \sin(n\pi x/l)$ の
ように振幅は異なるが，すべての部分がそろって単振動を行っているのである．同じことが物質波でも起こらないであろうか．

　物質波の波動関数 $\psi(\boldsymbol{r}, t)$ は複素数であり，シュレーディンガー方程式

$$H\psi = i\hbar \frac{\partial \psi}{\partial t} \tag{1}$$

の右辺が弦の場合（$\partial^2 u/\partial t^2$ に比例する）などとは違って i を含むことを考えて，$\sin \omega t$ や $\cos \omega t$ の代りに $\mathrm{e}^{-i\omega t}$ を用い

$$\psi(\boldsymbol{r}, t) = \varphi(\boldsymbol{r}) \mathrm{e}^{-i\omega t} \tag{2}$$

とおいてみると，H には t を含まないので

$$H\psi = H\varphi(\boldsymbol{r})\mathrm{e}^{-i\omega t} = \{H\varphi(\boldsymbol{r})\}\mathrm{e}^{-i\omega t}$$

また

$$i\hbar \frac{\partial \psi}{\partial t} = \varphi(\boldsymbol{r}) i\hbar \frac{\partial \mathrm{e}^{-i\omega t}}{\partial t} = \hbar\omega\varphi(\boldsymbol{r})\mathrm{e}^{-i\omega t}$$

となるから，(1) 式に代入してから両辺を $\mathrm{e}^{-i\omega t}$ で割れば

$$H\varphi(\boldsymbol{r}) = \hbar\omega\varphi(\boldsymbol{r})$$

という式が得られる．

$$\hbar\omega = \varepsilon \tag{3}$$

とおけば，この式は

$$H\varphi(\boldsymbol{r}) = \varepsilon\varphi(\boldsymbol{r}) \tag{4}$$

あるいは

$$\left\{-\frac{\hbar^2}{2m}\left(\frac{\partial^2}{\partial x^2} + \frac{\partial^2}{\partial y^2} + \frac{\partial^2}{\partial z^2}\right) + V(\boldsymbol{r})\right\}\varphi(\boldsymbol{r}) = \varepsilon\varphi(\boldsymbol{r}) \tag{5}$$

となる．この (4) 式または (5) 式は $\psi(\boldsymbol{r}, t) = \varphi(\boldsymbol{r})\mathrm{e}^{-i\omega t}$ の空間部分 $\varphi(\boldsymbol{r})$ を

きめる方程式で，§1.4 で少し触れた**時間を含まないシュレーディンガー方程式**である．(2) 式の形の ψ に対しては

$$|\psi(\boldsymbol{r}, t)|^2 = \varphi^*(\boldsymbol{r})\,\mathrm{e}^{+i\omega t} \times \varphi(\boldsymbol{r})\,\mathrm{e}^{-i\omega t} = |\varphi(\boldsymbol{r})|^2 \tag{6}$$

となるから，粒子の存在確率は時間に無関係であることがわかる．したがって，このような粒子は**定常状態**にあるといわれる．

　このように $|\varphi|^2$ が粒子の存在確率を表すのであるから，原子内に束縛された電子のような場合には，$\varphi(\boldsymbol{r})$ はその原子のところでだけ 0 と異なった値をもち，十分に離れたところでは事実上 0 になるような関数でなければ物理的に無意味である．後に示す例でわかるように，このような条件を満たす $\varphi(\boldsymbol{r})$ を (4) 式または (5) 式から求めることは全く勝手な ε の値に対してでは不可能であって，ε が特定の値をとったときにだけ可能である．これは 2-5 図に示されている弦の固有振動の角振動数が，両端固定という条件の下では

$$\omega_n = \frac{n\pi}{l}c \qquad (n = 1, 2, 3, \cdots)$$

というとびとびの値だけをとり，その中間の ω をもった振動は存在しないのと似ている．いまの場合は複素数の振動であるが $\varepsilon = \hbar\omega$ なので，ε について同様なことが起こるのである．

　物理的に意味のある解を与えるような ε の値を

$$\varepsilon_1,\ \varepsilon_2,\ \varepsilon_3,\ \cdots,\ \varepsilon_n,\ \cdots \tag{7}$$

とし，これらそれぞれに対応する解 $\varphi(\boldsymbol{r})$ を

$$\varphi_1(\boldsymbol{r}),\ \varphi_2(\boldsymbol{r}),\ \varphi_3(\boldsymbol{r}),\ \cdots,\ \varphi_n(\boldsymbol{r}),\ \cdots \tag{8}$$

と記すことにしよう．これらは

$$H\,\varphi_n(\boldsymbol{r}) = \varepsilon_n\,\varphi_n(\boldsymbol{r}) \qquad (n = 1, 2, 3, \cdots) \tag{9}$$

を満たすわけである．一般に，演算子を関数に作用させると別の関数が得られるわけであるが，特にそれがもとの関数の定数倍になる場合に，その関数をその演算子の**固有関数**，その定数を**固有値**とよぶ．固有関数には，その問題に応じた境界条件が課せられ，それを満たすものだけが選ばれる．時間を

含まないシュレーディンガー方程式を解くことは，ハミルトニアン H の固有値（エネルギー固有値）$\varepsilon_1, \varepsilon_2, \cdots$ と固有関数 $\varphi_1(\boldsymbol{r}), \varphi_2(\boldsymbol{r}), \cdots$ を求める**固有値問題**である.

固有関数 $\varphi_n(\boldsymbol{r})$ と固有値 ε_n が求められれば，(2) 式によって

$$\psi_n(\boldsymbol{r}, t) = \varphi_n(\boldsymbol{r}) \exp\left(-\frac{i\varepsilon_n t}{\hbar}\right) \qquad (n = 1, 2, 3, \cdots) \qquad (10)$$

としたものは時間を含むシュレーディンガー方程式 (1) の解になっている. なお，普通 $\varphi_n(\boldsymbol{r})$ は

$$\iiint |\varphi_n(\boldsymbol{r})|^2 \, d\boldsymbol{r} = 1 \qquad (11)$$

のように規格化しておく. (6) 式により，これは ψ_n の規格化にもなっている. $\psi_n(\boldsymbol{r}, t)$ は (10) 式で与えられるが，定常状態の波動関数というときには，時間を含む因子を省略して $\varphi_n(\boldsymbol{r})$ だけを書くのが普通である.

(10) 式の ψ_n は $|\psi_n|^2$ が時間に関係しない定常状態を表すが，(10) 式が (1) 式を満たすときには，いろいろな n についての1次結合

$$\psi(\boldsymbol{r}, t) = \sum_n c_n \varphi_n(\boldsymbol{r}) \exp\left(-\frac{i\varepsilon_n t}{\hbar}\right) \qquad (c_1, c_2, c_3, \cdots は定数) \qquad (12)$$

も (1) 式の解になっていることは (9) 式から容易にわかる. しかし，この場合には

$$|\psi(\boldsymbol{r}, t)|^2 = \sum_n \sum_l c_n^* c_l \, \varphi_n^*(\boldsymbol{r}) \varphi_l(\boldsymbol{r}) \exp\left\{\frac{i(\varepsilon_n - \varepsilon_l) t}{\hbar}\right\}$$

は時間的に変化するので，このような ψ は定常状態を表す関数ではない. 運動する波束を表すのは，このような波動関数である.

これに対し，定常状態を表す ψ_n（あるいは φ_n）は，H の固有関数1つだけを含み，角振動数 $\omega_n = \varepsilon_n/\hbar$ が確定している. $\varepsilon_n = \hbar\omega_n$ はエネルギーを表す演算子 H から $H\varphi_n = \varepsilon_n \varphi_n$ によってきまる一定値であるから，このような ψ_n もしくは φ_n で表されるような運動状態にある粒子のもつエネルギーが ε_n であると解釈できる. そして，定常状態というのは1つの ε_n だけに関係し

ているから，<u>エネルギーが確定値をもっているような状態である</u>と考えられ
るのである．

§2.5 箱の中の自由粒子

時間を含まないシュレーディンガー方程式

$$H\,\varphi_n(\boldsymbol{r}) = \varepsilon_n\,\varphi_n(\boldsymbol{r})$$

を解いて固有値と固有関数を求める最も簡単な例をいくつか考えよう．ここ
では，まず 3 辺の長さが a, b, c の直方体の中に閉じ込められた粒子を考える．
箱の中の粒子には力が全く作用しないとする．そうするとポテンシャルは一
定であるから，その一定値を 0 にとれば，シュレーディンガー方程式は

$$-\frac{\hbar^2}{2m}\nabla^2\varphi(\boldsymbol{r}) = \varepsilon\varphi(\boldsymbol{r}) \tag{1}$$

となる．

(1) 式を解くために，関数 $\varphi(\boldsymbol{r})$ が

$$\varphi(x, y, z) = X(x)Y(y)Z(z) \tag{2}$$

の形に書けるものと仮定する．この仮定によって一般性が失われるものでな
いことは，後に固有関数の完全性ということで理解されるから，さしあたり
(2) 式を承認して先へ進むことにしよう．この (2) 式を (1) 式に代入すると

$$-\frac{\hbar^2}{2m}\left(\frac{d^2X}{dx^2}YZ + X\frac{d^2Y}{dy^2}Z + XY\frac{d^2Z}{dz^2}\right) = \varepsilon XYZ$$

が得られる．両辺の各項を XYZ で割ると

$$\frac{\dfrac{d^2X}{dx^2}}{X} + \frac{\dfrac{d^2Y}{dy^2}}{Y} + \frac{\dfrac{d^2Z}{dz^2}}{Z} = -\frac{2m}{\hbar^2}\varepsilon \tag{3}$$

となる．右辺は定数である．ところで，x と y と z は互いに独立な変数であ
るから，たとえば y と z を固定しておいて x だけを変化させたときにも (3)
式が成り立たなくてはならない．ところがこのとき，左辺の第 1 項以外はす
べて一定であるから，(3) 式が成立しているためには左辺の第 1 項も定数で

なければならない. ゆえに

$$\frac{\dfrac{d^2X}{dx^2}}{X} = 定数 \tag{4}$$

が得られる.

　ここで, 粒子が箱の中に閉じ込められているという条件を考えてみよう. これは粒子が箱の外には出られないということであるから, 箱の外では $\varphi(\boldsymbol{r}) = 0$ であることを意味する. ところで, 波動関数については, それが x, y, z の<u>1価の連続関数でなければならない</u>という要請があるので（理由は後に 124～125 ページで述べる）, 箱の外で 0 ならば箱の壁でも 0 である. すなわち, $\varphi(x, y, z)$ は

$$\varphi(0, y, z) = \varphi(a, y, z) = 0 \tag{5a}$$

$$\varphi(x, 0, z) = \varphi(x, b, z) = 0 \tag{5b}$$

$$\varphi(x, y, 0) = \varphi(x, y, c) = 0 \tag{5c}$$

という**境界条件**を満たさねばならない.

X, Y, Z についていえば

$$\left.\begin{array}{l} X(0) = X(a) = 0 \\ Y(0) = Y(b) = 0 \\ Z(0) = Z(c) = 0 \end{array}\right\} \tag{6}$$

が要求される.

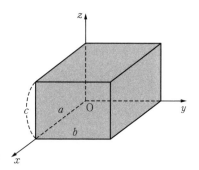

2-6 図

　そこで, $X(0) = X(a) = 0$ になるような (4) 式の解を求めることを考えてみる. まず, 右辺の定数を正数と仮定し, それを κ^2 とおいてみると

$$\frac{d^2X}{dx^2} = \kappa^2 X$$

である. この微分方程式の一般解が, A と B を任意定数として

$$X(x) = A\mathrm{e}^{\kappa x} + B\mathrm{e}^{-\kappa x}$$

と書けることは周知のとおりである。$X(0) = 0$ からただちに $A + B = 0$,
すなわち $B = -A$ を得るから

$$X(x) = A(\mathrm{e}^{\kappa x} - \mathrm{e}^{-\kappa x})$$

となる。ところが,右辺（$2A \sinh \kappa x$ と表せる）は $x = 0$ 以外で 0 になることが決してないので,$X(a) = 0$ という条件を満たせない。ゆえに,(4) 式の定数が正という場合は除外される。

定数が 0 の場合には明らかに (4) 式の解は

$$X(x) = Cx + D \qquad (C, D \text{ は定数})$$

となり,$X(0) = X(a) = 0$ とすると $C = D = 0$ となり,$X(x)$ は恒等的に 0 になってしまう。これでは粒子が存在しないことになって意味がなくなるから,この場合も除外する。

最後に,(4) 式の定数が負の場合を考え,それを $-k_x{}^2$ とおく。

$$\frac{d^2 X}{dx^2} = -k_x{}^2 X$$

の一般解は,A, B を任意定数として

$$X(x) = A \sin k_x x + B \cos k_x x$$

である。$X(0) = 0$ より $B = 0$ を得るが,$X(a) = 0$ から,

$$k_x a = \pi, 2\pi, 3\pi, \cdots$$

すなわち,$n_x = 1, 2, 3, \cdots$（正整数）として

$$k_x = \frac{\pi}{a} n_x$$

を得る。A をきめるのには $\varphi(\boldsymbol{r})$ の規格化条件

$$1 = \iiint |\varphi(\boldsymbol{r})|^2 \, d\boldsymbol{r} = \int_0^a |X(x)|^2 \, dx \int_0^b |Y(y)|^2 \, dy \int_0^c |Z(z)|^2 \, dz$$

を用いる。x, y, z の 3 方向のどれかを特別扱いするのはおかしいから,右辺の 3 つの因子を皆 1 とおくのが常識的であろう。そうすると

$$1 = \int_0^a |X(x)|^2 \, dx = |A|^2 \int_0^a \sin^2 k_x x \, dx = \frac{a}{2} |A|^2$$

から

$$A = \sqrt{\frac{2}{a}}$$

とすればよいことがわかる．ゆえに

$$X(x) = \sqrt{\frac{2}{a}} \sin\left(\frac{\pi}{a}n_x x\right) \qquad (n_x = 1, 2, 3, \cdots) \tag{7a}$$

を得る．このとき（4）式の定数は $-k_x{}^2 = -(n_x\pi/a)^2$ である．

$Y(y), Z(z)$ についても全く同様で，

$$\left.\begin{array}{l} Y(y) = \sqrt{\dfrac{2}{b}} \sin\left(\dfrac{\pi}{b}n_y y\right) \\[3mm] Z(z) = \sqrt{\dfrac{2}{c}} \sin\left(\dfrac{\pi}{c}n_z z\right) \end{array}\right\} \quad (n_y, n_z = 1, 2, 3, \cdots) \qquad \begin{array}{l}(7\mathrm{b})\\[3mm](7\mathrm{c})\end{array}$$

となる．これらをまとめて

$$\varphi(\boldsymbol{r}) = \sqrt{\frac{8}{abc}} \sin\left(\frac{\pi}{a}n_x x\right) \sin\left(\frac{\pi}{b}n_y y\right) \sin\left(\frac{\pi}{c}n_z z\right) \tag{8}$$

が得られる．これが求める固有関数である．（1）式または（3）式からすぐわかるように，固有値は

$$\varepsilon = \frac{\hbar^2}{2m}\left\{\left(\frac{n_x\pi}{a}\right)^2 + \left(\frac{n_y\pi}{b}\right)^2 + \left(\frac{n_z\pi}{c}\right)^2\right\} \tag{9}$$

で与えられる．φ も ε も，3つの正整数の組 (n_x, n_y, n_z) をどう選ぶかによって番号づけられる．ただし，この番号は電話番号のように三重になっている．これを通し番号にすることは不可能ではないが，そのままにしておいた方が便利である．場合によっては，ベクトルを1つの文字で記すように，(n_x, n_y, n_z) をひとまとめにして n などと表すことにする．(8), (9) 式の φ や ε にもその意味の添字をつけて φ_n, ε_n とした方がよいであろう．n_x, n_y, n_z が正整数であるから，(9) 式の値は明らかに**とびとび**なものに限られる．このようにとびとびの固有状態に番号づけをする n_x, n_y, n_z のような数は**量子数**とよばれる．

　上のように，いまの場合に計算が x, y, z の 3 方向に分離できたのはハミルトニアン H が x だけに関係した項，y だけに関係した項，z だけに関係した項の和になっているからである．このようなときには，古典力学でも運動方程式は 3 方向に分解でき，それぞれが独立な等速往復運動になることは容易にわかる．

　(9) 式が最小になるのは $n_x = n_y = n_z = 1$ の場合である．このように，許される定常状態のうちでエネルギーが最低のものを**基底状態**とよぶ．量子数を増やせば，もっとエネルギーの高い**励起状態**が得られる．ここで注意すべきことは，エネルギーが最低の状態でも，その最低エネルギーが正の値をとることである．われわれの粒子は自由運動をしているので，ポテンシャルエネルギーは 0 にとってある．したがって，エネルギーというのは運動エネルギーだけである．これが正の値をとるということは，古典的にいえば動き回っているということである．このように，量子力学的粒子は，最もおとなしくしているときでも，有限の運動エネルギーをもって動き続けるという性質がある．このような運動を**ゼロ点運動**，そのエネルギーを**ゼロ点エネルギー**という．このゼロ点運動という量子論的効果は，(9) 式で $n_x = n_y = n_z = 1$ としたものを見ればわかるように，質量の小さい粒子を狭いところに閉じ込めたときに顕著である．

　たとえば，電子（$m = 9.11 \times 10^{-31}\,\mathrm{kg}$）を $a = b = c = 1\,\text{Å} = 10^{-10}\,\mathrm{m}$ の箱の中に入れたときを考えると，$n_x = n_y = n_z = 1$ の基底状態のエネルギー（ゼロ点エネルギー）は，電子ボルト単位（$1\,\mathrm{eV} = 1.60 \times 10^{-19}\,\mathrm{J}$）で表して

$$\varepsilon_{111} = \frac{\hbar^2 \pi^2}{2ma^2}(n_x{}^2 + n_y{}^2 + n_z{}^2) = 37.6 \times (n_x{}^2 + n_y{}^2 + n_z{}^2)\,\mathrm{eV} = 113\,\mathrm{eV}$$

である．

　なおこの場合に，最も低い励起状態は，n_x, n_y, n_z のうちのどれか 1 つが 2 で，残りが 1 であるような状態で，

$$\varepsilon_{211} = \varepsilon_{121} = \varepsilon_{112} = 226\,\mathrm{eV}$$

となることがわかる．これら (211), (121), (112) で与えられる3つの状態は運動としては明らかに異なるのであるが，エネルギーは同じである．このように，異なる状態が等しいエネルギーをもつ場合に，それらの状態は**縮退**または**縮重**しているという．縮退が起こるのは，上の例で $a = b = c$ であるように，考えている系が何らかの**対称性**をもっている場合であるのが普通である．もし c だけが少し異なる値をとったとすると $(a = b \neq c)$，上の三重の縮退は一部分解けて，二重に縮退した状態（$\varepsilon_{211} = \varepsilon_{121}$）と，縮退のない ε_{112} とに分裂する．エネルギー固有値を図示するときに，その値に比例した高さの横線を用いる慣習なので，エネルギー固有値という代りに**エネルギー準位**という言葉を使うことが多い．2-7 図に，対称性（$a = b = c$）が一部分失われたときの準位の変化，分裂のありさまを示す．

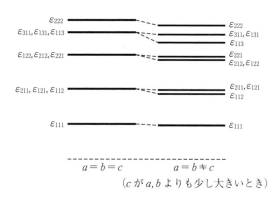

2-7 図　立方体およびそれに近い箱の中に閉じ込められた
自由粒子のエネルギー準位

　$a = b = c$ のときに三重に縮退していた準位は $a = b \neq c$ のときに二重と一重に分裂するが，さらに a, b, c がすべて異なると，3つの縮退のない準位に分かれることは容易にわかる．このように，エネルギー固有値（準位）の縮退と，系のもつ対称性との間には密接な関係があり，この関係を調べるのに**群論**が有効に使われる．たとえば，分子のエネルギー準位を調べるのに，

分子のもつ幾何学的な対称性に着目すると，いろいろなことがわかるのである．

[**例題**] 2-7 図を確かめ，さらに，$a = b = c$ のときのもう 1 つ上のエネルギー準位と，c が a, b より少し大きくなったときのその準位の変化の様子を調べよ．

[**解**] 2-7 図を確かめることは (9) 式によって容易にできるであろうから省略する．

2-7 図に記されているのは

$$n_x{}^2 + n_y{}^2 + n_z{}^2 = 12$$

までであるが，3 つの正整数の 2 乗の和で 12 の次にくるのは，$3^2 + 2^2 + 1^2 = 14$ であるから，$a = b = c$ のとき

$$\varepsilon_{321} = \varepsilon_{231} = \varepsilon_{312} = \varepsilon_{132} = \varepsilon_{213} = \varepsilon_{123} = 14 \times \frac{\hbar^2\pi^2}{2ma^2}$$

が求める準位（六重に縮退）である．c が少し大きくなったとき，これが次の 3 つの二重の準位に分裂することはすぐにわかるであろう．

$$\varepsilon_{321} = \varepsilon_{231} > \varepsilon_{312} = \varepsilon_{132} > \varepsilon_{213} = \varepsilon_{123}$$

§2.6 調和振動子

3 次元空間で，原点 O からの距離に比例する引力

$$F_x = -kx, \quad F_y = -ky, \quad F_z = -kz \tag{1}$$

は，ポテンシャル

$$V(x, y, z) = \frac{k}{2}(x^2 + y^2 + z^2) \tag{2}$$

から導かれる．したがって，このような力を受けている粒子に対するシュレーディンガー方程式は

$$\left\{ -\frac{\hbar^2}{2m}\left(\frac{\partial^2}{\partial x^2} + \frac{\partial^2}{\partial y^2} + \frac{\partial^2}{\partial z^2} \right) + \frac{k}{2}(x^2 + y^2 + z^2) \right\} \varphi(\boldsymbol{r}) = \varepsilon \varphi(\boldsymbol{r}) \tag{3}$$

と表される．この場合のハミルトニアンは

$$H = H_x + H_y + H_z \tag{4}$$

のように書かれる. ただし

$$H_x = -\frac{\hbar^2}{2m}\frac{\partial^2}{\partial x^2} + \frac{k}{2}x^2 \tag{5}$$

で, H_y, H_z も同様である. そこで, 前節のときと同様に

$$\varphi(x, y, z) = X(x)Y(y)Z(z) \tag{6}$$

とおいて (3) 式に代入し, XYZ で割って x だけ, y だけ, z だけを含む項の
和に分けることによって

$$H_x X(x) = \varepsilon_x X(x) \tag{7a}$$

$$H_y Y(y) = \varepsilon_y Y(y) \tag{7b}$$

$$H_z Z(z) = \varepsilon_z Z(z) \tag{7c}$$

のように変数分離ができる. $\varepsilon_x, \varepsilon_y, \varepsilon_z$ は定数で

$$\varepsilon = \varepsilon_x + \varepsilon_y + \varepsilon_z \tag{8}$$

となっていることはすぐわかる.

 (7a), (7b), (7c) 式は皆同じ形の方程式であるから, 1つだけ考えれば十
分である. そこで (7a) 式だけを扱うことにし, ε_x の添字 x を省略すれば

$$\left(-\frac{\hbar^2}{2m}\frac{d^2}{dx^2} + \frac{k}{2}x^2\right)X(x) = \varepsilon X(x) \tag{9}$$

という **1次元調和振動子** ── x 軸上で原点からの距離に比例する引力 $-kx$
を受けて単振動している質点* ── に対するシュレーディンガー方程式を得
る. この式で微分記号に ∂ でなく d を用いたのは, $X(x)$ が x だけの関数だ
からである.

 力 $-kx$ による単振動を古典的に扱うと, $x = A\cos(\omega t + \delta)$ を得るが,
このときの角振動数は

---

* 量子力学では, 一直線上 (たとえば x 軸上) に束縛された運動というのは起こりえ
  ない. なぜなら, そのときには $y = 0, p_y = 0$ か $z = 0, p_z = 0$ となって不確定性原
  理に矛盾するからである. しかし, ここに示したように, もっと一般的な運動のう
  ちの1つの自由度の運動として, 一直線上の単振動と同じものを考えることは可能
  である.

$$\omega = \sqrt{\frac{k}{m}} \tag{10}$$

で与えられる．普通 k の代りに，この式から得られる $k = m\omega^2$ を用いることが多い．そこで，(9) 式にこれを代入して

$$\left(-\frac{\hbar^2}{2m}\frac{d^2}{dx^2} + \frac{m\omega^2}{2}x^2\right)X(x) = \varepsilon X(x) \tag{11}$$

を解くことを考える．以下，式を簡単にし，計算をしやすくするために，変数を変え，x と ε の代りに

$$\xi = \sqrt{\frac{m\omega}{\hbar}}\,x, \quad \lambda = \frac{2\varepsilon}{\hbar\omega} \tag{12}$$

で定義される ξ と λ を用いることにすると，(11) 式は

$$\left(-\frac{d^2}{d\xi^2} + \xi^2\right)X(\xi) = \lambda X(\xi) \tag{13}$$

という形になる．

 (13) 式の解を求めるには次のようにする．まず

$$X(\xi) = f(\xi)\exp\left(-\frac{\xi^2}{2}\right) \tag{14}$$

とおいて (13) 式に代入すると，f に対する微分方程式

$$\frac{d^2f}{d\xi^2} = 2\xi\frac{df}{d\xi} - (\lambda - 1)f \tag{15}$$

が得られる．この方程式の解 $f(\xi)$ を求めるには，これを次の形のべき級数に展開する．

$$f(\xi) = c_0 + c_1\xi + c_2\xi^2 + c_3\xi^3 + \cdots = \sum_{l=0}^{\infty} c_l\xi^l \tag{16}$$

これを (15) 式に代入すると，

$$\frac{d^2f}{d\xi^2} = 1\cdot2c_2 + 2\cdot3c_3\xi + \cdots = \sum_{l=0}^{\infty}(l+1)(l+2)c_{l+2}\xi^l$$

$$2\xi\frac{df}{d\xi} - (\lambda - 1)f = \sum_{l=0}^{\infty}(2l+1-\lambda)c_l\xi^l$$

となるから，両辺が一致するためには ξ の同じべきの項の係数が等しくなくてはならないという条件によって

$$(l + 1)(l + 2) c_{l+2} = (2l + 1 - \lambda) c_l \tag{17}$$

が得られる.

λ の値を与えた場合に, c_0 と c_1 を勝手に選んで (17) 式から $c_2, c_3, c_4, \cdots$ を次々ときめていくことができる. しかし, これが無限に続くとすると, その無限級数は $|\xi|$ の大きいところ $(\xi \to \pm\infty)$ で発散する級数となり, それに $e^{-\xi^2/2}$ を掛けた $X(\xi)$ をつくっても収束しないことが証明される. $X(\xi)$ は $\xi = 0$ の付近でのみ有限の値をもち, $\xi \to \pm\infty$ で急速に 0 になるようなものでなければ, 原点付近に束縛された運動に対する波動関数として意味がない. したがって, (17) 式で c_l の値をきめていったときにどこかで c_l が 0 となり, そこから先の c_l が全部 0 になる必要がある. それには, (17) 式の右辺の ( ) の中が 0 になればよい. すなわち, λ が

$$\lambda = 2l + 1 \tag{18}$$

を満たせば, それから先の $c_{l+2}, c_{l+4}, c_{l+6}, \cdots$ はすべて 0 になる. しかし, $c_{l+1}, c_{l+3}, \cdots$ が別に存在して無限に続いては何にもならないから, それは最初の項 $(c_0$ または $c_1)$ からずっと 0 でなければならない. したがって, 級数は奇数のべきだけか偶数のべきだけを含むものになっていて, (18) 式できまる c_l までで切れる多項式である. λ の小さいいくつかの場合に (17) 式で係数をきめると次のようになる.

$$\lambda = 1, \quad f(\xi) = c_0$$
$$\lambda = 3, \quad f(\xi) = c_1 \xi$$
$$\lambda = 5, \quad f(\xi) = c_0 (1 - 2\xi^2)$$
$$\lambda = 7, \quad f(\xi) = c_1 \left(\xi - \frac{2}{3} \xi^3 \right)$$
$$\lambda = 9, \quad f(\xi) = c_0 \left(1 - 4\xi^2 + \frac{4}{3} \xi^4 \right)$$

$\cdots\cdots\cdots\cdots$

このような多項式のシリーズは, エルミートの多項式とよばれるものと一致する. エルミートの多項式 $H_n(\xi)$ は

$$\exp(-t^2 + 2\xi t) = \sum_{n=0}^{\infty} \frac{1}{n!} H_n(\xi) t^n \tag{19}$$

によって定義され,

$$\left(\frac{d^2}{d\xi^2} - 2\xi \frac{d}{d\xi} + 2n \right) H_n(\xi) = 0 \tag{20}$$

$$\int_{-\infty}^{\infty} H_n(\xi) H_m(\xi) \exp(-\xi^2) d\xi = \begin{cases} 0 & (n \neq m \text{ のとき}) \\ 2^n n! \sqrt{\pi} & (n = m \text{ のとき}) \end{cases} \tag{21}$$

$$H_{n+1}(\xi) \exp\left(-\frac{\xi^2}{2} \right) = \left(\xi - \frac{d}{d\xi} \right) H_n(\xi) \exp\left(-\frac{\xi^2}{2} \right) \tag{22a}$$

$$2n\,H_{n-1}(\xi)\exp\left(-\frac{\xi^2}{2}\right) = \left(\xi + \frac{d}{d\xi}\right)H_n(\xi)\exp\left(-\frac{\xi^2}{2}\right) \tag{22b}$$

などの関係を満たす関数の一群である．これらの導き方は付録2に示すが，(20) 式は $2n = \lambda - 1$ とすれば (15) 式と一致する．したがって，c_0 または c_1 が不定であったことを除けば，$f(\xi)$ は $H_n(\xi)$ と一致する．$H_n(\xi)$ の具体的な形をいくつか記せば次のとおりである．

$$H_0(\xi) = 1$$
$$H_1(\xi) = 2\xi$$
$$H_2(\xi) = 4\xi^2 - 2$$
$$H_3(\xi) = 8\xi^3 - 12\xi$$
$$H_4(\xi) = 16\xi^4 - 48\xi^2 + 12$$
$$H_5(\xi) = 32\xi^5 - 160\xi^3 + 120\xi$$
$$H_6(\xi) = 64\xi^6 - 480\xi^4 + 720\xi^2 - 120$$

このように定義された $H_n(\xi)$ を用いると

$$X_n(\xi) \propto H_n(\xi)\exp\left(-\frac{\xi^2}{2}\right), \quad \lambda_n = 2n+1 \quad (n = 0, 1, 2, \cdots) \tag{23}$$

となることがわかる．

変数を x と ε にもどし，(21) 式によって規格化した関数（ξ ではなく x についての積分が $n = m$ のときに1になるようにする）をつくると，

$$X_n(x) = \left(\frac{\sqrt{2m\omega/h}}{2^n n!}\right)^{1/2} H_n\left(\sqrt{\frac{m\omega}{\hbar}}\,x\right)\exp\left(-\frac{m\omega}{2\hbar}x^2\right) \tag{24a}$$

$$\varepsilon_n = \left(n + \frac{1}{2}\right)\hbar\omega \tag{24b}$$

が得られる．ただし，$n = 0, 1, 2, 3, \cdots$ である．

ここで，(21) の第1式から

$$\int_{-\infty}^{\infty} X_n(x)\,X_m(x)\,dx = 0 \quad (n \neq m \text{ のとき})$$

が得られるが，規格化の条件（$n = m$ のとき積分が1）と一緒にして

$$\int_{-\infty}^{\infty} X_n(x)\,X_m(x)\,dx = \delta_{nm} \tag{25}$$

と書くことが多い．δ_{nm} は $n = m$ のとき1，$n \neq m$ のとき0を表す記号で，

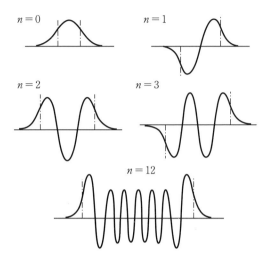

2-8 図　1次元調和振動子の波動関数．縦の破線は，
対応する古典的な単振動の両端の位置を示す．

クロネッカーのデルタとよばれる．また，(22a), (22b) 式と (24a) 式から

$$\sqrt{\frac{m\omega}{2\hbar}}\left(x - \frac{\hbar}{m\omega}\frac{d}{dx}\right)X_n(x) = \sqrt{n+1}\,X_{n+1}(x) \qquad (26\,\text{a})$$

$$\sqrt{\frac{m\omega}{2\hbar}}\left(x + \frac{\hbar}{m\omega}\frac{d}{dx}\right)X_n(x) = \sqrt{n}\,X_{n-1}(x) \qquad (26\,\text{b})$$

という関係が得られる．これらの式の左辺に

$$p_x = -i\hbar\frac{d}{dx}$$

を用い，さらにこれら左辺の演算子を

$$\left\{\begin{array}{l} a^* = \sqrt{\dfrac{m\omega}{2\hbar}}\left(x - \dfrac{i}{m\omega}\,p_x\right) \qquad (27\,\text{a}) \\[3mm] a = \sqrt{\dfrac{m\omega}{2\hbar}}\left(x + \dfrac{i}{m\omega}\,p_x\right) \qquad (27\,\text{b}) \end{array}\right.$$

と書くことにすれば

$$a^* X_n(x) = \sqrt{n+1}\,X_{n+1}(x), \qquad a X_n(x) = \sqrt{n}\,X_{n-1}(x) \qquad (28)$$

であり，これから容易に

$$\begin{cases} a^*a\,X_n(x) = n\,X_n(x) & (29\,\text{a}) \\ aa^*X_n(x) = (n+1)\,X_n(x) & (29\,\text{b}) \end{cases}$$

を導くことができる．また，この2式からただちに

$$(aa^* - a^*a)\,X_n(x) = X_n(x) \tag{30}$$

を得る．

また，(27 a), (27 b) 式を使って a^*a を $x, d/dx$ で表してみると

$$a^*a = \frac{m\omega}{2\hbar}\left(x - \frac{\hbar}{m\omega}\frac{d}{dx}\right)\left(x + \frac{\hbar}{m\omega}\frac{d}{dx}\right)$$

$$= \frac{m\omega}{2\hbar}\left(x^2 - \frac{\hbar}{m\omega}\frac{d}{dx}x + \frac{\hbar}{m\omega}x\frac{d}{dx} - \frac{\hbar^2}{m^2\omega^2}\frac{d^2}{dx^2}\right)$$

となるが，これは演算子であって，この右に何か x の関数がくるのであるから

$$\frac{d}{dx}x = 1 + x\frac{d}{dx}$$

が得られる．これを使うと

$$a^*a = \frac{\hbar^2}{2m\hbar\omega}\left(-\frac{d^2}{dx^2}\right) - \frac{1}{2} + \frac{m\omega}{2\hbar}x^2$$

となることがわかるから，右辺の $-1/2$ を左辺に移項して全体に $\hbar\omega$ を掛ければ

$$\hbar\omega\left(a^*a + \frac{1}{2}\right) = -\frac{\hbar^2}{2m}\frac{d^2}{dx^2} + \frac{1}{2}m\omega^2 x^2$$

を得る．これはもとのハミルトニアンである．したがって，われわれのハミルトニアンは a^* と a を使って

$$H = \hbar\omega\left(a^*a + \frac{1}{2}\right) \tag{31}$$

という形に書くことができる．(29 a) 式により

$$HX_n = \left(n + \frac{1}{2}\right)\hbar\omega X_n$$

となることがただちに導かれる．

[**例題**] 演算子 a^*, a を用いて，状態 $X_n(x)$ における x^2 の期待値を計算せよ．

[**解**] (27a) 式と (27b) 式を辺々加えることによって

$$x = \sqrt{\frac{\hbar}{2m\omega}}\,(a + a^*)$$

を得るから

$$x^2 = \frac{\hbar}{2m\omega}\,(a + a^*)^2 = \frac{\hbar}{2m\omega}\,(aa + aa^* + a^*a + a^*a^*)$$

である．したがって，(28) 式と (29a), (29b) 式を用いると

$$x^2 X_n = \frac{\hbar}{2m\omega}\{\sqrt{n(n-1)}\,X_{n-2} + (n+1)X_n + nX_n + \sqrt{(n+2)(n+1)}\,X_{n+2}\}$$

となることがわかる．ゆえに，x^2 の期待値は，右辺に (25) 式を用いて

$$\overline{x^2} = \int_{-\infty}^{\infty} X_n^* x^2 X_n\,dx = \frac{\hbar}{2m\omega}\{(n+1) + n\} = \frac{\hbar}{m\omega}\left(n + \frac{1}{2}\right)$$

で与えられる．これから，ポテンシャルエネルギーの期待値を求めてみると

$$\overline{V(x)} = \frac{1}{2}m\omega^2 \overline{x^2} = \frac{1}{2}\left(n + \frac{1}{2}\right)\hbar\omega$$

となって，ε_n のちょうど半分に等しいことがわかる．古典的な単振動では，運動エネルギーの時間平均と位置エネルギーの時間平均は等しいが，量子力学でこれに対応するのが上の結果である．✐

波動関数と物理量

　波動関数の求め方と，確率波としてのそれの意味づけについては前章までで一応述べた．しかし，シュレーディンガー方程式を解いてエネルギー固有値を求め，粒子の存在確率を知ることだけが波動力学のすべてではない．波動関数がわかれば，粒子の位置以外の物理量についても観測と比較されるべきいろいろな情報が得られるのである．本章では，その土台となる基礎的なことを述べる．

　数学的準備として，§3.2でフーリエ級数とフーリエ積分を簡単に復習するが，後に用いる公式を並べる程度にとどめてあるから，不十分と思う読者は他書を参照していただきたい．その他の節も，数学的厳密さの点でははなはだ不完全であるが，最初は物理的内容に重きを置いて概念の把握に努めてほしい．

§3.1　固有関数の直交性

　前章で，時間を含まないシュレーディンガー方程式 $H\varphi = \varepsilon\varphi$ を適当な境界条件のもとで解くと，

$$固有関数　\varphi_1, \varphi_2, \varphi_3, \cdots, \varphi_n, \cdots$$

$$固　有　値　\varepsilon_1, \varepsilon_2, \varepsilon_3, \cdots, \varepsilon_n, \cdots$$

が得られることを知った．関数 φ_n で表されるような運動状態では，粒子のエネルギーは ε_n という確定値をもつと考えることも学んだ．

　§2.6の最後では，1次元調和振動子の規格化された固有関数 $X_0, X_1, X_2, \cdots$ は

$$\int_{-\infty}^{\infty} X_n(x)\, X_m(x)\, dx = \delta_{nm} \qquad (n, m = 0, 1, 2, 3, \cdots) \tag{1}$$

という関係を満たすことを知った.

　一般に, いくつかの変数 $x_1, x_2, \cdots, x_s$ の関数 $\Psi(x_1, x_2, \cdots)$ と $\Phi(x_1, x_2, \cdots)$ があるときに, 一方の複素共役と他方との積の積分

$$\int \cdots \int \Psi^*(x_1, x_2, \cdots)\, \Phi(x_1, x_2, \cdots)\, dx_1\, dx_2 \cdots dx_s \tag{2}$$

を Ψ と Φ の**内積**とよび, これが 0 であるならば, この 2 つの関数 Ψ と Φ は**直交**するという. 直交という言葉の意味は後に説明する. 積分の範囲は考える問題によって異なるが, 問題とする関数が定義されている領域と一致する. 1 次元調和振動子の場合には変数は 1 個で, 領域は $(-\infty, \infty)$ である. (1) 式は, 固有関数 $X_0, X_1, X_2, \cdots$ が互いに直交することを示している. X_n は実数なので, 複素共役の印はあってもなくても同じである.

　同じような直交関係が他の場合にもないだろうか. 3 次元の場合として, 箱の中の粒子を考えてみよう. この場合

$$\varphi(x, y, z) = X(x)\, Y(y)\, Z(z)$$

のようになっているので, 内積は

$$\iiint \varphi^*(x, y, z)\, \varphi'(x, y, z)\, dx\, dy\, dz$$

$$= \int_0^a X^*(x)\, X'(x)\, dx \int_0^b Y^*(y)\, Y'(y)\, dy \int_0^c Z^*(z)\, Z'(z)\, dz \tag{3}$$

となり, x, y, z について各個に考えてから掛け合わせればよい. そこで, §2.5 の $X(x)$ をまず考えてみよう. §2.5 (7a) 式 (44 ページ)

$$X(x) = \sqrt{\frac{2}{a}}\, \sin k_x x$$

において, k_x は π/a の正整数倍であるから, その正整数を n, n' などと書くことにすると

$$X_n(x) = \sqrt{\frac{2}{a}}\, \sin \frac{\pi}{a} nx$$

である．したがって，内積は

$$\int_0^a X_n{}^*(x)\,X_{n'}(x)\,dx = \frac{2}{a}\int_0^a \sin\frac{\pi}{a}nx\,\sin\frac{\pi}{a}n'x\,dx$$

となるが，この積分を計算してみれば，$n \neq n'$ のときには 0 になることが容易にわかる．$n = n'$ のときには 1 になるようにしてあるから，(1) 式と同様に

$$\int_0^a X_n{}^*(x)\,X_{n'}(x)\,dx = \delta_{nn'} \tag{4a}$$

が得られた．Y や Z についても全く同じで

$$\int_0^b Y_m{}^*(y)\,Y_{m'}(y)\,dy = \delta_{mm'} \tag{4b}$$

$$\int_0^c Z_s{}^*(z)\,Z_{s'}(z)\,dz = \delta_{ss'} \tag{4c}$$

が得られる．φ はこの 3 つの積であり，3 つの量子数の組で指定されるから，それを $\varphi_{nms}(\boldsymbol{r})$ などと記すことにすると，

$$\iiint \varphi_{nms}{}^*(\boldsymbol{r})\,\varphi_{n'm's'}(\boldsymbol{r})\,d\boldsymbol{r} = \delta_{nn'}\,\delta_{mm'}\,\delta_{ss'} \tag{5}$$

となる．つまり，2 つの固有関数は $n = n'$, $m = m'$, $s = s'$ となって完全に一致するものでない限り，互いに直交する．

　一般に変数の数によって量子数の数も異なるのであるが，いくつかの量子数の 1 組で 1 つの関数が指定されるときには，それらの 1 組 $(n_1, n_2, n_3, \cdots)$ をまとめて n で代表させることにしよう．変数も x だけのとき，x と y のとき，x, y, z のとき，さらに後の章で扱う多粒子系のときには $x_1, y_1, z_1, x_2, y_2, z_2, \cdots$ となるなど，いろいろの場合があるが，全部をまとめて $\boldsymbol{r}$ と書くことにしよう．そうすると，適当な境界条件を満たすシュレーディンガー方程式

$$H\varphi_n(\boldsymbol{r}) = \varepsilon_n\,\varphi_n(\boldsymbol{r})$$

の解 $\varphi_1(\boldsymbol{r})$, $\varphi_2(\boldsymbol{r})$, $\cdots$ は

$$\int\cdots\int \varphi_n{}^*(\boldsymbol{r})\,\varphi_{n'}(\boldsymbol{r})\,d\boldsymbol{r} = \delta_{nn'}$$

となるようにとることができるのである. ただし

$$d\boldsymbol{r} \equiv dx_1\, dy_1 \cdots dz_N$$

$$\delta_{nn'} = \delta_{n_1 n_1'}\, \delta_{n_2 n_2'} \cdots$$

のような略号を用いた.

なお, 上のような内積を表すのに $(\varphi_n, \varphi_{n'})$ のような記号を使うことも多い. そうすると, 直交性と規格化はまとめて

$$(\varphi_n, \varphi_{n'}) = \delta_{nn'}$$

と書かれる.

われわれは, 内積を定義するときに, 左側にくる関数を複素共役にすると約束したが, 人によっては右側の関数を複素共役にすることもある. 量子力学では, 本書のように定義するのが普通である. なお, 数学で内積というときには, もう少し広い意味に使う場合もあるが, 本書では立ち入らない.

§3.2 フーリエ級数とフーリエ積分

前節で見たような直交関数系のうちで最もよく知られ, 応用も広い三角関数について調べよう. まず, 周期が 2π のフーリエ級数から話を始めることにする.

$-\pi \leqq x \leqq \pi$ で定義された関数 $f(x)$ が, この区間で連続で, $f(-\pi) = f(\pi)$ を満たし, かつ $f'(x)$ が不連続になる点が有限個しかない場合には

$$f(x) = \frac{a_0}{2} + \sum_{m=1}^{\infty} (a_m \cos mx + b_m \sin mx) \tag{1}$$

という形に展開することができる. また, $f(x)$ と $f'(x)$ が有限個の点で不連続であっても同じ形の展開は可能であって, この場合に $f(x)$ の不連続点 $x = \xi$ で級数が与える値は

$$\frac{1}{2}\{f(\xi - 0) + f(\xi + 0)\}$$

に等しい. ただし, (1) 式の係数は

$$a_m = \frac{1}{\pi} \int_{-\pi}^{\pi} f(x) \cos mx \, dx \qquad (m = 0, 1, 2, \cdots) \tag{2a}$$

$$b_m = \frac{1}{\pi} \int_{-\pi}^{\pi} f(x) \sin mx \, dx \qquad (m = 1, 2, 3, \cdots) \tag{2b}$$

で与えられる.

（1）式の形の級数を**フーリエ級数**とよぶ. このような展開が可能であることの議論は数学書にゆずり, 以下では結果だけを借用することにする. 展開係数が（2a）,（2b）式で与えられることは次のようにして示される.

もし $f(x)$ が（1）式の形に書けたとすると, これに $\cos nx$ を掛けて x で $-\pi$ から π まで積分すると,

$$\int_{-\pi}^{\pi} f(x) \cos nx \, dx = \frac{1}{2} a_0 \int_{-\pi}^{\pi} \cos nx \, dx$$
$$+ \sum_{m=1}^{\infty} \left(a_m \int_{-\pi}^{\pi} \cos mx \cos nx \, dx + b_m \int_{-\pi}^{\pi} \sin mx \cos nx \, dx \right)$$

を得るが, 容易に証明できる関係

$$\int_{-\pi}^{\pi} \cos mx \cos nx \, dx = \int_{-\pi}^{\pi} \sin mx \sin nx \, dx = \pi \delta_{mn} \tag{3a}$$

$$\int_{-\pi}^{\pi} \cos mx \sin nx \, dx = 0 \tag{3b}$$

を用いると, 右辺で残るのは $m = n$ の a_m の項だけであることがわかる. これから,（2a）式で m の代りに n と書いた式が得られる. 同様に,（1）式に $\sin nx$ を掛けて積分すれば,（2b）式と同じ式を得る.

（3a）,（3b）式は関数系

$$1, \ \cos x, \ \cos 2x, \ \cos 3x, \ \cdots, \ \sin x, \ \sin 2x, \ \sin 3x, \ \cdots$$

が互いに直交することを示している. そして任意の（といってもあまり特異性の強いものではいけない）関数が, ある直交関数系で展開できるときに, この直交関数系は**完全**であるというが, 上記の三角関数の系は区間 $[-\pi, \pi]$ において**完全系**をつくっている.

sine, cosine よりも虚数の指数関数を用いた方が便利なので, 次のような関

数系を考えよう.

$$\frac{1}{\sqrt{2\pi}}, \qquad \frac{1}{\sqrt{2\pi}}\,e^{\pm ix}, \qquad \frac{1}{\sqrt{2\pi}}\,e^{\pm 2ix}, \qquad \frac{1}{\sqrt{2\pi}}\,e^{\pm 3ix}, \qquad \cdots \qquad (4)$$

一般式として

$$u_n(x) = \frac{1}{\sqrt{2\pi}}\,e^{inx} \qquad (n = 0, \pm1, \pm2, \cdots) \qquad (5)$$

と書くと便利である. $1/\sqrt{2\pi}$ は規格化のために掛けたのである. この関数系について

$$(u_n, u_{n'}) = \int_{-\pi}^{\pi} u_n{}^*(x)\,u_{n'}(x)\,dx = \frac{1}{2\pi}\int_{-\pi}^{\pi} e^{i(n'-n)x}\,dx = \delta_{nn'} \qquad (6)$$

は, ただちにわかる. 完全性の証明はむずかしいから省略するが, 上記すべての n をとる限り保証されているので, それを承認することにする. $[-\pi, \pi]$ で定義された有限個の点以外で, 連続でなめらかな任意の関数 $f(x)$ は

$$f(x) = \sum_{n=-\infty}^{\infty} c_n u_n(x) = \frac{1}{\sqrt{2\pi}} \sum_{n=-\infty}^{\infty} c_n e^{inx} \qquad (7)$$

のように展開できるのである. そして, この式に $u_m{}^*(x)$ を掛けて x について $-\pi$ から π まで積分すれば, (6) 式によって n に対する和のうちで $n = m$ の項だけが残って,

$$c_m = \int_{-\pi}^{\pi} u_m{}^*(x)\,f(x)\,dx = \frac{1}{\sqrt{2\pi}}\int_{-\pi}^{\pi} e^{-imx}\,f(x)\,dx \qquad (8)$$

のように係数をきめることができる. 内積の略号を用いれば

$$c_m = (u_m, f) \qquad (9)$$

と簡単に書くこともできる.

　区間を $[-\pi, \pi]$ でなく $[-l, l]$ にするには, x の目盛を l/π 倍すればよい. (5) 式の代りに

$$u_n(x) = \frac{1}{\sqrt{2l}}\,e^{in\pi x/l} \qquad (n = 0, \pm1, \pm2, \cdots) \qquad (10)$$

ととれば

$$(u_n, u_{n'}) \equiv \int_{-l}^{l} u_n{}^*(x)\, u_{n'}(x)\, dx = \delta_{nn'} \tag{11}$$

は，ただちにわかる．展開

$$f(x) = \sum_{n=-\infty}^{\infty} c_n u_n(x) \tag{12}$$

の係数が

$$c_n = (u_n, f) \tag{13}$$

となることも前と同じである．

(12), (13) 式の2式に (10) 式を入れてていねいに書けば

$$\begin{cases} f(x) = \dfrac{1}{\sqrt{2l}} \sum_{n=-\infty}^{\infty} c_n \mathrm{e}^{in\pi x/l} & \text{(14a)} \\[3mm] c_n = \dfrac{1}{\sqrt{2l}} \int_{-l}^{l} \mathrm{e}^{-in\pi x/l} f(x)\, dx & \text{(14b)} \end{cases}$$

となるが，ここで c_n の代りに $F_n = \sqrt{l/\pi}\, c_n$ で定義される F_n を用いると次式が得られる．

$$\begin{cases} f(x) = \sqrt{\dfrac{\pi}{2l^2}} \sum_{n=-\infty}^{\infty} \mathrm{e}^{in\pi x/l} F_n & \text{(15a)} \\[3mm] F_n = \dfrac{1}{\sqrt{2\pi}} \int_{-l}^{l} \mathrm{e}^{-in\pi x/l} f(x)\, dx & \text{(15b)} \end{cases}$$

　　　　　ここで $l \to \infty$ の極限を考えよう．l が有限のとき $n\pi/l$ で $n = 0, \pm 1,$ $\pm 2, \cdots$ としたものは間隔 π/l で $-\infty$ から $+\infty$ まで並ぶ実数値の一連であるが，l を大きくするとこの間隔は狭くなっていく．

　いま，n によって次第に変化する数列 α_n について $\sum_n \alpha_n$ を考える．

$$k = \frac{n\pi}{l}$$

とおいて，n が変化したときに π/l の間隔でとびとびに変化する変数 k を導入すると，k のある値 k' と，それから少し離れた値 $k' + dk$ の間で許される k の数は

$$dk \div \frac{\pi}{l} = \frac{l\, dk}{\pi}$$

で与えられる．この範囲での α_n の和は，その範囲内の適当な n に対する α_n の値（その範囲内の α_n の平均値）に上の数を掛けたものに等しいとおけるであろう．

ここで $l \to \infty$ とした極限
を考えると，間隔は無限に
細かくなるから，k は連続
変数としてすべての実数値
をとることになり，n によ
ってきまる α_n は連続変数

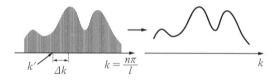

3-1 図　k についての和を積分に.

k の関数になるから，これを $\alpha(k)$ と記そう. 上のことから，n についての和は

$$\sum_n \alpha_n \to \frac{l}{\pi} \int_{-\infty}^{\infty} \alpha(k)\, dk \qquad (l \to \infty)$$

のように積分に移行することがわかる.

これを（15a）式に適用すると，$l \to \infty$ で

$$f(x) = \frac{1}{\sqrt{2\pi}} \int_{-\infty}^{\infty} \mathrm{e}^{ikx} F(k)\, dk \tag{16a}$$

が得られる. このとき（15b）式は

$$F(k) = \frac{1}{\sqrt{2\pi}} \int_{-\infty}^{\infty} \mathrm{e}^{-ikx} f(x)\, dx \tag{16b}$$

となる.

有限な範囲 $[-l, l]$ で定義された $f(x)$ は，（14a）式のようにいろいろな波
長（$\lambda_n = 2l/n$）の波の和として表すことができ，

$$c_n = |c_n| \exp(i\alpha_n) \tag{17}$$

とおくと，$|c_n|/\sqrt{2l}$ はそれら成分波の**振幅**を与え，α_n は**位相**を定める.（14a）
式の右辺を $[-l, l]$ 外の x に対して用いれば，$2l$ を周期として同じことをく
り返す関数になっていることは右辺の周期性から明らかである.

このようなくり返しをしない関数 $f(x)$（$-\infty < x < \infty$）の場合には，波
の重ね合せ方は（16a）式のようになり，連続的に変化する k について考えな
ければならなくなる. たとえば，$f(x)$ としてガウス関数

$$f(x) = A \exp\left\{-\frac{\alpha}{2}(x - x_0)^2\right\} \tag{18}$$

を考えてみよう. これを（16b）式に代入すると

$$F(k) = \frac{A}{\sqrt{2\pi}} \int_{-\infty}^{\infty} e^{-ikx} \exp\left\{-\frac{\alpha}{2}(x-x_0)^2\right\} dx$$

$$= \frac{A}{\sqrt{2\pi}} e^{-ikx_0} \int_{-\infty}^{\infty} e^{-ik\xi} \exp\left(-\frac{\alpha}{2}\xi^2\right) d\xi \qquad (\xi = x - x_0)$$

$$= \frac{A}{\sqrt{2\pi}} e^{-ikx_0} \left\{\int_{-\infty}^{\infty} \exp\left(-\frac{\alpha}{2}\xi^2\right) \cos k\xi \, d\xi \right.$$

$$\left. -i \int_{-\infty}^{\infty} \exp\left(-\frac{\alpha}{2}\xi^2\right) \sin k\xi \, d\xi \right\}$$

となるが，{ }内の第2項の積分は被積分関数が ξ の奇関数なので消える．第1項は数学公式集などに出ている積分で，$\sqrt{2\pi/\alpha}\exp\left(-k^2/2\alpha\right)$ に等しい．結局

$$F(k) = \frac{A}{\sqrt{\alpha}} \exp\left(-ikx_0 - \frac{k^2}{2\alpha}\right) \tag{19}$$

が得られ，$|F(k)|$ も k に関するガウス関数であることがわかる．

　（16a）式と（16b）式とは2つの関数 $f(x)$ と $F(k)$ の相互関係を示すものであって，一方がわかれば他方がわかるようになっている．この2つの式で互いに結ば

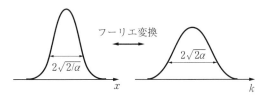

3-2図 ガウス関数のフーリエ変換

れる f と F の間の変換は**フーリエ変換**とよばれている．

　変数が x だけでなく，y や z をも考えるときには，同じ変換を3つ組み合わせて考えればよい．

$$\left\{\begin{array}{l} f(x,y,z) = \dfrac{1}{\sqrt{8\pi^3}} \int_{-\infty}^{\infty}\int_{-\infty}^{\infty}\int_{-\infty}^{\infty} \exp\left\{i(k_x x + k_y y + k_z z)\right\} \\ \qquad\qquad\qquad\qquad\qquad \times F(k_x,k_y,k_z)\, dk_x\, dk_y\, dk_z \qquad (20\mathrm{a}) \\ F(k_x,k_y,k_z) = \dfrac{1}{\sqrt{8\pi^3}} \int_{-\infty}^{\infty}\int_{-\infty}^{\infty}\int_{-\infty}^{\infty} \exp\left\{-i(k_x x + k_y y + k_z z)\right\} \\ \qquad\qquad\qquad\qquad\qquad \times f(x,y,z)\, dx\, dy\, dz \qquad (20\mathrm{b}) \end{array}\right.$$

k_x, k_y, k_z を 3 成分とするベクトルを $\boldsymbol{k}$ と記すことにすれば，これらは

$$
\begin{cases}
f(\boldsymbol{r}) = \dfrac{1}{\sqrt{8\pi^3}} \iiint e^{i\boldsymbol{k}\cdot\boldsymbol{r}} F(\boldsymbol{k})\,d\boldsymbol{k} & (21\,\mathrm{a}) \\[4mm]
F(\boldsymbol{k}) = \dfrac{1}{\sqrt{8\pi^3}} \iiint e^{-i\boldsymbol{k}\cdot\boldsymbol{r}} f(\boldsymbol{r})\,d\boldsymbol{r} & (21\,\mathrm{b})
\end{cases}
$$

とまとめられる．

§3.3　物理量と演算子

　以上を数学的準備として，物理量の考察に進むことにしよう．粒子の運動状態を表す波動関数 $\psi(\boldsymbol{r}, t)$ が求められたときに，それからどのようなことが計算できるのだろうか，という問題を考えるのである．そのような計算の一例として §2.3 で波束の動き方を調べたので，それを参照しながら考えを進めよう．$\psi(\boldsymbol{r}, t)$ が与えられると，時刻 t の関数として，粒子の位置に関する確率が $|\psi(\boldsymbol{r}, t)|^2\,d\boldsymbol{r}$ によって与えられる．したがって，確率を重みとしての平均値（期待値）として，たとえば粒子の x 座標の期待値 $\bar{x}$ が

$$
\bar{x} = \iiint x\,|\psi(\boldsymbol{r}, t)|^2\,d\boldsymbol{r} = \iiint \psi^* x \psi\,d\boldsymbol{r}
$$

で求められることを §2.3 では調べた．これを拡張すれば，一般に x, y, z の関数 $F(\boldsymbol{r})$ で与えられるような物理量 —— たとえばポテンシャルエネルギー —— の期待値は

$$
\overline{F} = \iiint \psi^*(\boldsymbol{r}, t)\,F(\boldsymbol{r})\,\psi(\boldsymbol{r}, t)\,d\boldsymbol{r} \tag{1}
$$

によって与えられるであろう．

　他方，§2.3 の［例題］（36～37 ページ）で見たように，粒子の運動量の期待値は，3 成分をまとめてベクトルで表して，

$$
\bar{\boldsymbol{p}} = \iiint \psi^*(\boldsymbol{r}, t)\,(-i\hbar\nabla)\,\psi(\boldsymbol{r}, t)\,d\boldsymbol{r} \tag{2}
$$

によって計算される．

　それでは，一般に位置と運動量の両方に依存するような物理量 $F(\boldsymbol{r}, \boldsymbol{p})$ の

場合に拡張するにはどうしたらよいだろうか．シュレーディンガー方程式を
つくるときには，エネルギーを r と p で表した古典力学のハミルトン関数
$H_{cl}(\boldsymbol{r}, \boldsymbol{p}) = \boldsymbol{p}^2/2m + V(\boldsymbol{r})$ において，$\boldsymbol{p} \to -i\hbar\nabla$ という置き換えを行った
ことを思い出そう．そうすれば，

> 古典力学における物理量 $F(\boldsymbol{r}, \boldsymbol{p})$ に対応するものは，波動力学において
> は，$F(\boldsymbol{r}, \boldsymbol{p})$ の $\boldsymbol{p}$ に対して $\boldsymbol{p} \to -i\hbar\nabla$ という置き換えを行って得られ
> る演算子 $F(\boldsymbol{r}, -i\hbar\nabla)$ である．そして，波動関数 $\psi(\boldsymbol{r}, t)$ で与えられる
> 運動状態にある粒子に対し，この物理量 F を観測したときに得られる測
> 定値の期待値は
>
> $$\overline{F} = \iiint \psi^*(\boldsymbol{r}, t)\, F(\boldsymbol{r}, -i\hbar\nabla)\, \psi(\boldsymbol{r}, t)\, d\boldsymbol{r} \tag{3}$$
>
> によって与えられる

と考えるのが自然である．これは量子力学における基本的な骨組みの1つで
あって，実験的にも確証されていることである．
　最も簡単な例は，原点に関する粒子の**角運動量**

$$\boldsymbol{l} = \boldsymbol{r} \times \boldsymbol{p}$$

である．上の規則に従えば，波動力学で角運動量を表す演算子は

$$\boldsymbol{l} = -i\hbar\, \boldsymbol{r} \times \nabla \tag{4}$$

で与えられることになる．成分に分けて書けば

$$l_x = -i\hbar\left(y\frac{\partial}{\partial z} - z\frac{\partial}{\partial y}\right) \tag{5a}$$

$$l_y = -i\hbar\left(z\frac{\partial}{\partial x} - x\frac{\partial}{\partial z}\right) \tag{5b}$$

$$l_z = -i\hbar\left(x\frac{\partial}{\partial y} - y\frac{\partial}{\partial x}\right) \tag{5c}$$

となる．
　さて，(3) 式は期待値を与えるものであるから，実際の測定値がちょうど

$\overline{F}$ に等しくなる，というのではなく，これより大きい値を得ることも，小さい値を得ることもありうる．同じ測定を多数回くり返して行ったとしたときの平均値がこの $\overline{F}$ であるということをいっているに過ぎない．

　[**例題**]　§2.5で扱った箱の中の自由粒子について，$\overline{p_x}$ と $\overline{p_x{}^2}$ を計算せよ．

　[**解**]　定常状態では，$\psi = \mathrm{e}^{-i\varepsilon t/\hbar}\varphi(\boldsymbol{r})$ であるから

$$\overline{F} = \iiint \psi^* F(\boldsymbol{r}, -i\hbar\nabla)\psi\,d\boldsymbol{r} = \iiint \varphi^*(\boldsymbol{r}) F(\boldsymbol{r}, -i\hbar\nabla)\varphi(\boldsymbol{r})\,d\boldsymbol{r}$$

と計算すればよく，結果は t には無関係である．

　$\varphi(\boldsymbol{r}) = X(x)Y(y)Z(z)$ の場合，$-i\hbar(\partial/\partial x)$ は Y, Z には無関係なので

$$\begin{aligned}
\overline{p_x{}^n} &= \iiint X^*(x)Y^*(y)Z^*(z)\left(-i\hbar\frac{\partial}{\partial x}\right)^n X(x)Y(y)Z(z)\,dx\,dy\,dz \\
&= \int X^*(x)\left(-i\hbar\frac{\partial}{\partial x}\right)^n X(x)\,dx \int |Y(y)|^2\,dy \int |Z(z)|^2\,dz \\
&= \int X^*(x)\left(-i\hbar\frac{\partial}{\partial x}\right)^n X(x)\,dx
\end{aligned}$$

となる．§2.5 (7a) 式（44ページ）

$$X(x) = \sqrt{\frac{2}{a}}\,\sin\!\left(\frac{\pi}{a}n_x x\right)$$

を上に代入すれば，

$$\overline{p_x} = 0, \qquad \overline{p_x{}^2} = \left(\frac{\pi\hbar}{a}n_x\right)^2$$

が容易に得られる．　🖋

　このことは，p_x を測定すると，正の値と負の値を得る確率が等しいのでその期待値は0であるが，いつでも測定値0を得るから $\overline{p_x}=0$ になるというのとは違うことを示している．いつでも p_x の測定値が0というのならば，$p_x{}^2$ の測定値もいつも0だから，$\overline{p_x{}^2}=0$ のはずである．p_x の測定値が0でないので，$p_x{}^2$ のそれは正の値をとり，その平均値が $(n_x\pi\hbar/a)^2$ になるというのである．

§3.4 固有値と期待値

そこで，今度は時間を含まないシュレーディンガー方程式

$$H\varphi_n(\boldsymbol{r}) = \varepsilon_n\varphi_n(\boldsymbol{r}) \tag{1}$$

の解 $\varphi_n(\boldsymbol{r})$ を考えてみよう． $\psi_n(\boldsymbol{r}, t) = \exp(-i\varepsilon_n t/\hbar)\varphi_n(\boldsymbol{r})$ であるから，前節の例題のときと同様に

$$\overline{F} = \iiint \varphi_n{}^*(\boldsymbol{r})\, F(\boldsymbol{r}, -i\hbar\nabla)\,\varphi_n(\boldsymbol{r})\, d\boldsymbol{r} \tag{2}$$

によって計算ができる．いま，F として $H - \varepsilon_n$, $(H - \varepsilon_n)^2$ という量を考えてみよう．つまり，エネルギーの測定をして ε_n からの差，およびそれの2乗を何度も求めたとして，それの平均値がいくらになるかを計算によって出そうというのである．

(1) 式から明らかなように，$(H - \varepsilon_n)\varphi_n(\boldsymbol{r}) = 0$ であるから

$$(H - \varepsilon_n)^2\varphi_n(\boldsymbol{r}) = (H - \varepsilon_n)(H - \varepsilon_n)\,\varphi_n(\boldsymbol{r})$$
$$= (H - \varepsilon_n)\cdot 0 = 0$$

である．したがって

$$\overline{H - \varepsilon_n} = \iiint \varphi_n{}^*(\boldsymbol{r})\,(H - \varepsilon_n)\,\varphi_n(\boldsymbol{r})\, d\boldsymbol{r} = 0 \tag{3a}$$

$$\overline{(H - \varepsilon_n)^2} = \iiint \varphi_n{}^*(\boldsymbol{r})\,(H - \varepsilon_n)^2\varphi_n(\boldsymbol{r})\, d\boldsymbol{r} = 0 \tag{3b}$$

であることはただちにわかる．

(3a) 式は $\overline{H} = \varepsilon_n$ と同じことであるから，$\varphi_n(\boldsymbol{r})$ という状態でエネルギーを測れば，その平均値が ε_n になることを示している．しかし，これだけでは測定値がこの ε_n のまわりに ばらつき があるのかどうかはわからない．ところが，(3b) 式によってそのような ばらつき はなく，測定値はいつも必ず ε_n であることがわかる．

上で考えたのはエネルギーを表す演算子 H の場合であるが，一般の場合も全く同様である．すなわち

> 物理量 $F(\boldsymbol{r}, \boldsymbol{p})$ を表す演算子 $F(\boldsymbol{r}, -i\hbar\nabla)$ に対して，f を数として
>
> $$F(\boldsymbol{r}, -i\hbar\nabla)\varphi(\boldsymbol{r}) = f\varphi(\boldsymbol{r}) \tag{4}$$
>
> を満たす関数 $\varphi(\boldsymbol{r})$ で表されるような運動を行う粒子があったとすれば，その粒子について物理量 F を測定したときには常に確定値 f が得られる.

　この（4）式の関係を満たす関数のことを，物理量 F またはそれを表す演算子 $F(\boldsymbol{r}, -i\hbar\nabla)$ の**固有関数**，f をその**固有値**とよぶことは，エネルギーの場合と同じである.

　さて，シュレーディンガー方程式から求めた $\psi(\boldsymbol{r}, t)$ または $\varphi(\boldsymbol{r})$ が（4）式を満たすようになっていることもあろうが，一般にはそうとは限らない. そのような場合にはどう考えたらよいのだろうか. それには，固有値方程式

$$F(\boldsymbol{r}, -i\hbar\nabla)\chi_j(\boldsymbol{r}) = f_j\chi_j(\boldsymbol{r}) \tag{5}$$

を解いて，F のすべての固有値 $f_1, f_2, f_3, \cdots$ およびその規格化された固有関数 $\chi_1(\boldsymbol{r}), \chi_2(\boldsymbol{r}), \chi_3(\boldsymbol{r}), \cdots$ をまず求め，この $\chi_j(\boldsymbol{r})$ を用いて着目している状態の波動関数 $\psi(\boldsymbol{r}, t)$ を展開する.

$$\psi(\boldsymbol{r}, t) = c_1(t)\chi_1(\boldsymbol{r}) + c_2(t)\chi_2(\boldsymbol{r}) + c_3(t)\chi_3(\boldsymbol{r}) + \cdots \tag{6}$$

このように展開することが可能かどうか，本当は保証されていないのであるが，いまはこれを認めることにしよう. また，$\chi_1, \chi_2, \chi_3, \cdots$ の規格化直交性

$$(\chi_m, \chi_n) \equiv \iiint \chi_m{}^*(\boldsymbol{r})\chi_n(\boldsymbol{r})\, d\boldsymbol{r} = \delta_{mn} \tag{7}$$

も成り立っているものと仮定する.

　いま，(6) 式のように F の固有関数で $\psi(\boldsymbol{r}, t)$ を展開しておいてから，この ψ についての F の期待値を考えてみよう. $\overline{F}$ を求める前節 (1) 式（64 ページ）に (6) 式を代入し，(5) 式を用いると，

$$\overline{F} = \iiint \psi^* F(\boldsymbol{r}, -i\hbar\nabla)\psi\, d\boldsymbol{r}$$

$$= \sum_n \sum_m c_n{}^*(t)c_m(t) \iiint \chi_n{}^*(\boldsymbol{r}) F(\boldsymbol{r}, -i\hbar\nabla)\chi_m(\boldsymbol{r})\, d\boldsymbol{r}$$

$$= \sum_n \sum_m c_n{}^*(t) c_m(t) f_m \iiint \chi_n{}^*(\boldsymbol{r}) \chi_m(\boldsymbol{r}) \, d\boldsymbol{r}$$

となるが，(7) 式が成り立っているとすると，和のうちで残るのは $n = m$ の項だけであるから，結局

$$\overline{F} = \sum_n |c_n(t)|^2 f_n \tag{8}$$

と表されることがわかる．

F という量を観測したときに測定値として可能な値が $F\chi_n = f_n \chi_n$ の固有値 $f_1, f_2, f_3, \cdots$ なのであるが，f_1 を得る確率が p_1, f_2 を得る確率が $p_2, \cdots$ であれば，その期待値が $\overline{F} = \sum_n p_n f_n$ になることを考えると，(8) 式の右辺の係数 $|c_n(t)|^2$ がちょうど，この p_n になっていることがわかる．ところで，(6) 式の両辺に $\chi_n{}^*(\boldsymbol{r})$ を掛けて積分し，(7) 式を用いれば

$$(\chi_n, \phi) \equiv \iiint \chi_n{}^*(\boldsymbol{r}) \phi(\boldsymbol{r}, t) \, d\boldsymbol{r} = c_n(t) \tag{9}$$

であることはすぐにわかる．ゆえに，上に述べたことを総合すると次のようになる．

波動関数 $\psi(\boldsymbol{r}, t)$ で表される粒子について物理量 $F(\boldsymbol{r}, \boldsymbol{p})$ を測定したとき，値 f_n が得られる確率は $|(\chi_n, \phi)|^2$ で与えられる．ただし，関数 $\chi_n(\boldsymbol{r})$ は $F(\boldsymbol{r}, -i\hbar\nabla)\chi_n(\boldsymbol{r}) = f_n \chi_n(\boldsymbol{r})$ を満たす F の固有関数，f_n はその固有値である．

[例題] §2.5 の箱の中の自由粒子の波動関数の x 部分 $X(x)$ に対し

$$\sin k_x x = \frac{1}{2i} \{ \exp{(ik_x x)} - \exp{(-ik_x x)} \}$$

を用いて物理量 p_x との関係を調べよ．

[解]

$$-i\hbar \frac{\partial}{\partial x} \exp{(\pm ik_x x)} = \pm \hbar k_x \exp{(\pm ik_x x)}$$

であるから，$\exp{(\pm ik_x x)}$ は p_x の固有関数であり，その固有値は $\pm \hbar k_x$ であること

がわかる. x の区間 $[0, a]$ で規格化すれば, $\exp(\pm ik_x x)/\sqrt{a}$ となる. これらを $\chi_{\pm}$ と記すことにしよう. これを用いると

$$X(x) = \sqrt{\frac{2}{a}} \sin k_x x = \frac{1}{\sqrt{2}i} \chi_+ + \frac{-1}{\sqrt{2}i} \chi_-$$

と書かれる. $k_x = n_x \pi/a$ に対して χ_+ と χ_- が直交することは容易に確かめられる. 上の展開係数は

$$(\chi_+, X) = \frac{1}{\sqrt{2}i}, \qquad (\chi_-, X) = \frac{-1}{\sqrt{2}i}$$

であるから, その絶対値の2乗はどちらも $1/2$ に等しい. ゆえに

$$X(x) = \sqrt{\frac{2}{a}} \sin k_x x, \qquad k_x = \frac{\pi}{a} n_x \qquad (n_x = 1, 2, 3, \cdots)$$

で表される状態の粒子について p_x の測定をすると,

$$\begin{cases} 値\ \hbar k_x\ を得る確率が \quad \dfrac{1}{2} \\[2mm] 値\ -\hbar k_x\ を得る確率が \quad \dfrac{1}{2} \end{cases}$$

であることがわかる. ゆえに, 前節の［例顧］（66ページ）で求めた $\overline{p_x} = 0$ は

$$\overline{p_x} = \frac{1}{2} \times \hbar k_x + \frac{1}{2} \times (-\hbar k_x) = 0$$

から当然である. また, p_x の値が $\pm \hbar k_x$ のどちらにせよ $p_x{}^2$ は常に $\hbar^2 k_x{}^2$ なのであるから

$$\overline{p_x{}^2} = \hbar^2 k_x{}^2 = \left(\frac{\pi \hbar}{a} n_x\right)^2$$

も明らかである. なお, この問題のもっと厳密な扱いについては, 本選書17「量子力学演習（新装版）」の46ページ* を参照. 🖎

　上の結果は, $X(x)$ の表す x 方向の運動が等速往復運動であることを示している. 古典力学のときと違い, いまの場合には粒子がいつ壁ではね返って運動の向きを変えたかを知りえないので, どの瞬間にも p_x が $+\hbar k_x$ である確率と $-\hbar k_x$ である確率とが等しいのである. どちら向きだかわからないという事情が両方の可能性の重ね合せとして表現されていることに注意してほしい.

---

　*　旧版の「量子力学演習」では39ページ.

§3.5 波動関数と不確定性原理

物理量のうちで最も重要なものの1つは運動量であるから，前節の F として運動量を考えたらどうなるかをもっとくわしく調べよう．

運動量は $\boldsymbol{p} = -i\hbar\nabla$ というベクトル演算子で表されるから，その固有関数 $\varphi(\boldsymbol{r})$ は

$$-i\hbar\nabla\varphi(\boldsymbol{r}) = \hbar\boldsymbol{k}\,\varphi(\boldsymbol{r}) \tag{1}$$

を満たす平面波

$$\varphi(\boldsymbol{r}) \propto \mathrm{e}^{i\boldsymbol{k}\cdot\boldsymbol{r}} \tag{2}$$

であって，固有値が $\hbar\boldsymbol{k}$ である．

この場合に困るのは，平面波の関数を規格化することができない点である．平面波，すなわち運動量が一定になるような運動状態というのは，力を受けていない粒子が行う等速度運動である．したがって，古典的に考えたときのその軌道は直線であり，運動が一定の範囲の閉じた領域内に限られるというものではない．量子論に移っても同様で，波動関数はどこか一定の点の近くだけにかたまっているようなものではない．そもそも平面波では運動量の値が確定しているので，不確定性原理から，位置についての不確定度は無限大ということになる．つまり，粒子がどこにいるかさっぱりわからないのである．このことは $|\varphi(\boldsymbol{r})|^2$ が $\boldsymbol{r}$ によらず一定になるということに対応する．そうすると，(2) 式の比例の定数を C とすると

$$\int_{-\infty}^{\infty}\int_{-\infty}^{\infty}\int_{-\infty}^{\infty}|\varphi(\boldsymbol{r})|^2\,d\boldsymbol{r} = |C|^2\int_{-\infty}^{\infty}\int_{-\infty}^{\infty}\int_{-\infty}^{\infty}1\,d\boldsymbol{r} = |C|^2\times\infty$$

となるから，これを1に等しいとおいて規格化すれば C は0になってしまう．無限の空間のどこかにいる粒子など探しようがないわけである．この困難を避ける方法はいろいろ考案されているが，ここでは一応規格化をあきらめて，相対確率だけを考えることにしよう．

§3.2 の (21a) 式（64 ページ）を用いて，関数 $\psi(\boldsymbol{r}, t)$ を

$$\psi(\boldsymbol{r}, t) = \frac{1}{\sqrt{8\pi^3}}\iiint C(\boldsymbol{k}, t)\,\mathrm{e}^{i\boldsymbol{k}\cdot\boldsymbol{r}}\,d\boldsymbol{k} \tag{3}$$

と表したとすると，§3.2 (21b) 式により $C(\boldsymbol{k}, t)$ は

$$C(\boldsymbol{k}, t) = \frac{1}{\sqrt{8\pi^3}} \iiint \psi(\boldsymbol{r}, t) \mathrm{e}^{-ik \cdot r} \, d\boldsymbol{r} \qquad (4)$$

で計算されることになる．この (3) 式が前節 (6) 式に対応すると考えるの
である．運動量のもう1つ面倒な点は，その固有値がとびとびでなく連続的
に変化するあらゆる実数ベクトル値をとりうることである．そのために前節
(6) 式の和の代りに，この (3) 式では $\boldsymbol{k}$ に関する積分が現れたのである．最
初からこんな厄介な例をもち出すのは読者には迷惑かもしれないが，平面波
展開は大切で，不確定性原理が波動力学にどのようにとり入れられているか
を見るのには不可欠なので，しばらく我慢していただきたい．

物理量 F の固有関数 χ_n $(F\chi_n = f_n\chi_n)$ で $\psi = \sum_n c_n\chi_n$ のように展開したと
きの係数 c_n に対応するのが (4) 式の $C(\boldsymbol{k}, t)$ であって，とびとびの n に対応
するのが連続変数 $\boldsymbol{k}$ である．ψ で F を測定したときに，値 $f_1, f_2, f_3, \cdots$ を得
る確率が $|c_1|^2, |c_2|^2, |c_3|^2, \cdots$ であることに対応して，$\boldsymbol{p}$ を測定したときに値
$\hbar\boldsymbol{k}$ を得る確率が $|C(\boldsymbol{k}, t)|^2$ に比例するのである．もっと正確にいえば，
$\psi(\boldsymbol{r}, t)$ で表される粒子について，運動量を測定したときに，

$$\left\{ \begin{array}{l} p_x \text{ が } \hbar k_x \text{ と } \hbar(k_x + dk_x) \text{ の間} \\ p_y \text{ が } \hbar k_y \text{ と } \hbar(k_y + dk_y) \text{ の間} \\ p_z \text{ が } \hbar k_z \text{ と } \hbar(k_z + dk_z) \text{ の間} \end{array} \right.$$

に見出される確率は

$$|C(\boldsymbol{k}, t)|^2 \, d\boldsymbol{k} \equiv |C(k_x, k_y, k_z, t)|^2 \, dk_x \, dk_y \, dk_z$$

で与えられる．*

$\psi(\boldsymbol{r}, t)$ が，エネルギー固有値 $\varepsilon = \hbar\omega$ をもつ定常状態であれば

$$\psi(\boldsymbol{r}, t) = \mathrm{e}^{-i\omega t} \varphi(\boldsymbol{r})$$

となるから，$\mathrm{e}^{-i\omega t}$ を別にして (3), (4) 式の代りに

---

* $\psi(\boldsymbol{r}, t)$ が規格化されていれば，$\iiint |C(\boldsymbol{k}, t)|^2 \, d\boldsymbol{k} = 1$ になることが証明されている．

$$\varphi(\boldsymbol{r}) = \frac{1}{\sqrt{8\pi^3}} \iiint C(\boldsymbol{k}) \, e^{i\boldsymbol{k}\cdot\boldsymbol{r}} \, d\boldsymbol{k} \tag{5}$$

$$C(\boldsymbol{k}) = \frac{1}{\sqrt{8\pi^3}} \iiint \varphi(\boldsymbol{r}) \, e^{-i\boldsymbol{k}\cdot\boldsymbol{r}} \, d\boldsymbol{r} \tag{6}$$

とすればよい.

第1の例として,§2.6で調べた3次元調和振動子の基底状態を考えてみよう.3次元調和振動子を x, y, z の3方向に射影すれば3つの同等な1次元調和振動子に分けられ,そのおのおのの波動関数と固有値が§2.6（24a）,（24b）式で与えられる.全体のエネルギー固有値は3つの方向についての（24b）式の和

$$\varepsilon = \left(n_x + n_y + n_z + \frac{3}{2}\right)\hbar\omega$$

であるから,その最低のものは $n_x = n_y = n_z = 0$ の場合である.したがって,基底状態のエネルギーは $3\hbar\omega/2$ で,その固有関数は§2.6（24a）式で $n = 0$ としたもの3つを組み合わせた

$$\varphi_{000}(\boldsymbol{r}) = \left(\frac{m\omega}{\pi\hbar}\right)^{3/4} \exp\left\{-\frac{m\omega}{2\hbar}(x^2 + y^2 + z^2)\right\} \tag{7}$$

で与えられる.指数の $x^2 + y^2 + z^2$ を $\boldsymbol{r}^2$ とか r^2 と書いてもよい.これを（5）,（6）式の $\varphi(\boldsymbol{r})$ として $C(\boldsymbol{k})$ を計算してみよう.指数関数の性質により,x, y, z の3方向に分けて§3.2の（18）式から（19）式を導いた手続きを適用できるので,

$$C(\boldsymbol{k}) = \left(\frac{\hbar}{\pi m\omega}\right)^{3/4} \exp\left\{-\frac{\hbar}{2m\omega}(k_x{}^2 + k_y{}^2 + k_z{}^2)\right\} \tag{8}$$

が得られる.

さて,波動関数（7）式の運動を行っている粒子について,その x 座標の2乗の期待値を求めてみよう.

$$\overline{x^2} = \iiint \varphi_{000}{}^*(\boldsymbol{r}) \, x^2 \, \varphi_{000}(\boldsymbol{r}) \, d\boldsymbol{r}$$

$$= \int_{-\infty}^{\infty} X_0^* x^2 X_0 \, dx \int_{-\infty}^{\infty} |Y_0|^2 \, dy \int_{-\infty}^{\infty} |Z_0|^2 \, dz$$

$$= \int_{-\infty}^{\infty} X_0^* x^2 X_0 \, dx$$

であるが，§2.6〔例題〕の結果（54ページ）を用いると

$$\overline{x^2} = \frac{\hbar}{2m\omega} \tag{9}$$

となる．$\overline{y^2}, \overline{z^2}$ も全く同じである．このことから，この粒子の大体の運動範囲は，x も y も z も大体 $-\sqrt{\hbar/2m\omega}$ と $+\sqrt{\hbar/2m\omega}$ の間であることがわかる．そこで，位置の不確定さは

$$\Delta x = \Delta y = \Delta z \cong 2\sqrt{\frac{\hbar}{2m\omega}} = \sqrt{\frac{2\hbar}{m\omega}} \tag{10}$$

であるといってよいであろう．

(7) 式から (10) 式を出したのと全く同様にして，(8) 式から

$$\Delta k_x = \Delta k_y = \Delta k_z \cong \sqrt{\frac{2m\omega}{\hbar}} \tag{11}$$

が得られる．これは，$\varphi_{000}(\boldsymbol{r})$ を平面波の重ね合せで表したときの $\boldsymbol{k}$ の大体の範囲を示すものである．ところで，平面波 $e^{i\boldsymbol{k}\cdot\boldsymbol{r}}$ での運動量の固有値が $\hbar\boldsymbol{k}$ であるから，$\Delta\boldsymbol{k}$ に $\hbar$ を掛けたものが $\boldsymbol{p}$ の不確定さである．すなわち，(11) 式に $\hbar$ を掛けて

$$\Delta p_x = \Delta p_y = \Delta p_z \cong \sqrt{2m\hbar\omega} \tag{12}$$

を得る．(10) 式と (12) 式から

$$\left.\begin{array}{l} \Delta x \cdot \Delta p_x \cong 2\hbar \\ \Delta y \cdot \Delta p_y \cong 2\hbar \\ \Delta z \cdot \Delta p_z \cong 2\hbar \end{array}\right\} \tag{13}$$

という関係が得られる．

さて，$C(\boldsymbol{k})$ が (8) 式で与えられるということの意味を考えてみよう．古典的に考えると，単振動をする粒子の速度は常に変化し，速くなったり遅くなったり方向を変えたりしている．それに質量を掛けた運動量についても同

様である．このような運動を量子論的に扱うと，その波動関数はいろいろな運動量の状態（すなわち $\boldsymbol{p}$ の固有関数 $\mathrm{e}^{i\boldsymbol{k}\cdot\boldsymbol{r}}$）を重ね合わせたものとして表されるのである．勝手な瞬間にその粒子の運動量を測ればいろいろな答を得る可能性が無限にあるが，その確率は $|C(\boldsymbol{k})|^2$ に比例するのである．そして，(13) 式は §2.2 の不確定性原理を表していると解釈される．右辺は $2\hbar = h/\pi$ であるが，Δx や Δp_x のきめ方はあまりはっきりしたものではないから，π を気にすることは意味がない．量子数の高い振動状態では，上のようにして求めた $\Delta x = 2\sqrt{\overline{x^2}}, \Delta p_x = 2\sqrt{\overline{p_x{}^2}}$ から計算した $\Delta x \cdot \Delta p_x$（$y, z$ 成分も同様）はもっと大きくなる．

　ここでわかったことは，場所的にかたまった（局在した）関数をフーリエ積分で表すと，いろいろな波数 $\boldsymbol{k}$ の平面波を重ねたものになり，その空間的な局在の度合 Δx などと，$\boldsymbol{k}$ の広がり具合を示す Δk_x などとの間には大体

$$\Delta x \cdot \Delta k_x \cong 1, \qquad \Delta y \cdot \Delta k_y \cong 1, \qquad \Delta z \cdot \Delta k_z \cong 1$$

の関係があるということである．Δx などが小さければ $\boldsymbol{k}$ の広がりの範囲は大きく，逆に Δx などが大きければ $\boldsymbol{k}$ の広がりの範囲は小さい．たとえば，音波では，ドカンとかガチャンというような衝撃音は，これを平面波に分けると非常に広範囲の波数のものを含むことになるので，あらゆる波長（したがって振動数）の波を大体まんべんなく混ぜたものと考えられる．このため，こういう音を聞いてもその高さはわからない．

　波数と運動量とを $\boldsymbol{p} = \hbar\boldsymbol{k}$ で関係づければ，上のことはちょうど不確定性原理を数式的に表現したことになっている．このように，不確定性と波動性とは密接に関連しているのである．

§3.6　群速度と波束の崩壊

　前節では時間的に変化しない波束 $\varphi(\boldsymbol{r})\mathrm{e}^{-i\omega t}$ を考えたが，今度は時間的に変化する場合を考えよう．

　自由な空間の平面波 $\mathrm{e}^{i\boldsymbol{k}\cdot\boldsymbol{r}}$ は，外力がない場合のハミルトニアン（運動エネ

ルギーだけ)

$$H_0 = -\frac{\hbar^2}{2m} \nabla^2 \tag{1}$$

の固有関数で,その固有値は $\hbar^2 k^2/2m$ に等しい.

$$-\frac{\hbar^2}{2m} \nabla^2 e^{ik \cdot r} = \frac{\hbar^2 k^2}{2m} e^{ik \cdot r} \tag{2}$$

固有値を $\varepsilon = \hbar\omega$ とおいて角振動数を求めれば

$$\hbar\omega = \frac{\hbar^2 k^2}{2m} \quad \text{より} \quad \omega = \frac{\hbar k^2}{2m} \tag{3}$$

である.一方,波長は

$$\lambda = \frac{2\pi}{k}$$

であるから,$e^{ik \cdot r - i\omega t}$ の**位相速度**の大きさは

$$v_\mathrm{p} = \frac{1}{2\pi} \lambda\omega = \frac{\hbar k}{2m} \tag{4}$$

となる.運動量の大きさは $p = \hbar k$ であるから

$$v_\mathrm{p} = \frac{p}{2m} \tag{5}$$

となって,$v = p/m$ で求められるはずの粒子の速度と,この v_p とは同じではない.この違いはどこからくるのであろうか.

　前に§2.3で波束の運動を調べ,外力のポテンシャルが空間的にゆっくり変わるときには,波束の重心の運動は古典力学の法則に従うことを知った.ポテンシャルが一定(外力 = 0)の場合にも,これは当然成り立つはずである.そこで,古典的な粒子の速度に対応するものは,波束を考えて,その波束の重心の動く速度であると考えなければいけないことがわかる.そのような塊としての波束が動く速さは,位相速度とは異なるものであって,これを**群速度**とよぶ.

　前節でも見たように,波束は波長の異なる多くの平面波を重ね合わせたものである.ところが,それぞれの波の位相速度は $\hbar k/2m$ であるから,波長

によって異なる．もしも，すべての波が皆同じ位相速度で動くのであったら，それらを重ねたものも，それと同じ速度でその形を保ったまま移動するであろう．このときには，位相速度と群速度は明らかに一致する．一致しないのは，波長によって（すなわち k の関数として）位相速度が異なる場合である．物質中の光速度が色によって異なるためにプリズムでスペクトルに分かれることを**分散**というのにならって，一般に波長によって位相速度が異なることを**分散**というが，自由空間中のド・ブロイ波は分散性なので，群速度は位相速度に等しくない．それでは群速度はどうやって求めればよいのだろうか．

簡単のために x 方向に進む波束を考えよう．それは $\exp\{i(kx - \omega t)\}$ をいろいろな k について重ね合わせたものである．ω は k の関数で，重ね合わせる際の振幅 $|C(k)|$ も k の関数である．これら成分波のうちで，最も振幅の大きいものの波数を k_m としよう．この k_m に近い波数をもった別の成分波を1つ考えて，その波数を k とする．それぞれの波は $C(k_m) = |C(k_m)|\exp(i\delta_m), C(k) = |C(k)|\exp(i\delta)$ であるから，

$$C(k_m)\exp\{i(k_m x - \omega_m t)\} = |C(k_m)|\exp\{i(k_m x - \omega_m t + \delta_m)\}$$
$$C(k)\exp\{i(kx - \omega t)\} = |C(k)|\exp\{i(kx - \omega t + \delta)\}$$

と表されるが，これらを重ねたときに互いに振動を強め合うのは，その位相が等しいところである．いま，時刻 t において位置 x に波束の重心があったとすると，そこは振幅の最も大きい波が互いに強め合って重なっているところであるから

$$k_m x - \omega_m t + \delta_m = kx - \omega t + \delta$$

が成り立っているはずである．時間が少し（Δt）経って，重心が x から $x + \Delta x$ に移ったとすると

$$k_m(x + \Delta x) - \omega_m(t + \Delta t) + \delta_m = k(x + \Delta x) - \omega(t + \Delta t) + \delta$$

となっている．この2つの式を辺々引き算すれば

$$k_m \Delta x - \omega_m \Delta t = k\Delta x - \omega \Delta t$$

を得．この各項を Δt で割り，$\Delta x / \Delta t = v_G$ とおけば

$$k_m v_G - \omega_m = k v_G - \omega$$

となり，これから群速度は

$$v_G = \frac{\omega_m - \omega}{k_m - k}$$

であることがわかる．

もっと正確にいえば

$$v_G = \left(\frac{d\omega}{dk}\right)_{k=k_m} \tag{6}$$

が求める群速度の表式である.

自由空間のド・ブロイ波では ω と k の関係は（3）式で与えられるから

$$v_G = \left(\frac{d\omega}{dk}\right)_{k=k_m} = \frac{\hbar k_m}{m} \tag{7}$$

となって p_m/m に等しく，古典力学の速度と同じになる．しかし，速度を見るためには波束をつくらねばならず，波束にすると k の値は一通りではなくなり，運動量にある程度の不確定さを生じることを忘れてはならない．（7）式の k_m はそのうちで最も主要な成分波の k である．このような波束をつくるには，たとえば電子線の通り道にシャッターを置いて，それを短時間だけ開いてすぐ閉じればよい.

次に，このような波束の形がどう変化するかを考えてみよう．前節で考えた調和振動子では，原点に引力の中心があって粒子を常に引きつけているので，ガウス型の波束はその形をいつまでも保つことができた．しかし，仮に突然この引力が消失したらどうなるであろうか.

いま，ただのガウス関数の代りに

$$f(x) = \left(\frac{\alpha}{\pi}\right)^{1/4} \exp\left(ik_0 x - \frac{\alpha}{2}x^2\right) \tag{8}$$

という関数を考えてみよう．これが波動関数（1次元の）であるとすれば，

$$|f(x)|^2 = \left(\frac{\alpha}{\pi}\right)^{1/2} \exp\left(-\alpha x^2\right) \tag{9}$$

であるから，$x=0$ のまわりにかたまった波束になっていることは明らかで，

$$\int_{-\infty}^{\infty} |f(x)|^2 \, dx = 1$$

のように規格化されていることもわかるであろう．§3.2で（18）式から（19）式を導いたのと同様の計算をすれば，この $f(x)$ のフーリエ変換が

$$F(k) = \left(\frac{1}{\pi\alpha}\right)^{1/4} \exp\left\{-\frac{1}{2\alpha}(k-k_0)^2\right\} \tag{10}$$

になることは容易にわかる．これらを §3.2 (16a) 式に入れれば，上記の $f(x)$ は

$$f(x) = \left(\frac{1}{4\pi^3\alpha}\right)^{1/4} \int_{-\infty}^{\infty} \exp\left\{-\frac{1}{2\alpha}(k-k_0)^2\right\} e^{ikx}\,dk \tag{11}$$

のように表されることになる．

　いま，このような規格化されたド・ブロイ波束を $t=0$ に外力のない自由空間につくったとする．すなわち，

$$\psi(x,0) = f(x) \tag{12}$$

という初期条件で ψ を与えたとしたら，その後の $\psi(x,t)$ はどのようになるだろうか．この ψ の振舞をきめるハミルトニアンは，(1) 式で与えられる H_0 の x に関する部分である．

　この $\psi(x,t)$ を求めるために

$$\psi(x,t) = \int_{-\infty}^{\infty} C(k,t)\,e^{ikx}\,dk \tag{13}$$

とおいて，シュレーディンガー方程式

$$i\hbar\frac{\partial\psi}{\partial t} = -\frac{\hbar^2}{2m}\frac{\partial^2\psi}{\partial x^2}$$

に代入してみよう．

$$i\hbar\int_{-\infty}^{\infty}\frac{\partial C}{\partial t}\,e^{ikx}\,dk = \frac{\hbar^2}{2m}\int_{-\infty}^{\infty}C(k,t)\,k^2 e^{ikx}\,dk$$

これが成り立つためには

$$i\hbar\frac{\partial C}{\partial t} = \frac{\hbar^2 k^2}{2m}C$$

であればよい．そのためには

$$C(k,t) = C_0(k)\exp\left(-i\frac{\hbar k^2}{2m}t\right)$$

でなくてはならない．$t=0$ のときに (13) 式が (11) 式と一致するのである

から,

$$C_0(k) = \left(\frac{1}{4\pi^3\alpha}\right)^{1/4} \exp\left\{-\frac{1}{2\alpha}(k-k_0)^2\right\}$$

と定まる. これを (13) 式に入れれば

$$\psi(x,t) = \left(\frac{1}{4\pi^3\alpha}\right)^{1/4} \int_{-\infty}^{\infty} \exp\left\{-\frac{1}{2\alpha}(k-k_0)^2\right\} e^{i(kx-\omega(k)t)}\, dk \quad (14)$$

が得られる. ここに

$$\omega(k) = \frac{\hbar k^2}{2m}$$

は波数 k の自由なド・ブロイ波の角振動数である. (14) 式は, いろいろな k に対する波 (H_0 の固有関数)

$$e^{i(kx-\omega(k)t)} \tag{15}$$

に $\exp\{-(k-k_0)^2/2\alpha\}$ に比例する重みを掛けて重ね合わせた形になっている.

(14) 式の積分を実行するには, 指数の和を整理して

$$-\left(\frac{1}{2\alpha} + i\frac{\hbar t}{2m}\right)\kappa^2 + i\kappa x + i\frac{2mk_0 x - \hbar t k_0^2}{2(m+i\alpha\hbar t)}$$

$$\text{ただし}\quad \kappa = k - \frac{mk_0}{m+i\alpha\hbar t}$$

と書き, k の積分の代りに κ の積分に直す. 積分路が複素 κ 平面の実軸上からはずれてしまうが, 被積分関数に特異性がないから, 実軸上の積分と同じ値になる. そうすると, 計算は §3.2 で (18) 式から (19) 式を出したのと同じになるが, そこでの α の代りに少し面倒な複素数になっていることだけが違う.

　次に計算の結果だけを記す.

$$\psi(x,t) = \left(\frac{\alpha}{\pi}\right)^{1/4} \exp\left\{\frac{-\frac{1}{2}\alpha x^2 + i(k_0 x - \omega_0 t)}{1+i\xi t}\right\} \Big/ \sqrt{1+i\xi t} \quad (16)$$

ここに

$$\xi = \frac{\alpha\hbar}{m}, \qquad \omega_0 = \frac{\hbar k_0{}^2}{2m} \tag{16a}$$

これは，もちろん $t=0$ で (8) 式と一致する．$|\psi|^2$ を計算してみると

$$|\psi(x,t)|^2 = \sqrt{\frac{\dfrac{\alpha}{\pi}}{1+\xi^2 t^2}} \, \exp\left\{\frac{-\alpha\left(x-\dfrac{\hbar k_0}{m}t\right)^2}{1+\xi^2 t^2}\right\} \tag{17}$$

となる．これは

$$x = \bar{x} \equiv \frac{\hbar k_0}{m}t \tag{18}$$

のところに最大値をもつガウス関数であるが，この関数の値が最大値の e^{-1} 倍になる 2 つの x の間の幅は

$$2\sqrt{\frac{1+\xi^2 t^2}{\alpha}} = 2\sqrt{\frac{1+\dfrac{\alpha^2\hbar^2}{m^2}t^2}{\alpha}} \tag{19}$$

となることがわかる．この幅は時間とともに増大する．(17) 式を x について積分したものが 1 になることは，α が $\alpha/(1+\xi^2 t^2)$ に置き換わっただけであるから，明らかである．したがって，この波束は，規格化が保たれたまま，その中心が一定速度 $\hbar k_0/m$ で動き，幅が (19) 式のように次第に広がっていくものであることがわかる．

　幅の広がり方は α が大きいほどいちじるしい．α が大きいということは，$t=0$ のときの幅を小さくとるということである．これは，最初に Δx を小さくとると Δp_x が大きくなり，位相速度の異なるいろいろな波を広範囲に混ぜることになるので，$t>0$ のときにそれらの波の歩調がそろわず，たちまち波束が崩れてしまうことを意味する．これに反し，最初にあまり幅を狭くとっておかなければ，波束の崩れ方はゆっくりしている．§2.3 で論

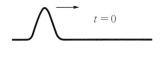

3-3 図　自由空間におけるガウス波束の崩壊

じたのは，このような場合なのである．

§3.7 δ関数と位置の固有関数

　ガウス関数のフーリエ変換に少しなじんだついでに，これを用いて位置の
固有関数を考えてみることにしよう．

　§3.2（18），（19）式（62, 63ページ）を再び記すと，$A = (\alpha/\pi)^{1/4}$ として

$$\begin{cases} f(x) = \left(\dfrac{\alpha}{\pi}\right)^{1/4} \exp\left\{-\dfrac{\alpha}{2}(x - x_0)^2\right\} & \text{(1a)} \\[2mm] F(k) = \left(\dfrac{1}{\alpha\pi}\right)^{1/4} \exp\left(-ikx_0 - \dfrac{k^2}{2\alpha}\right) & \text{(1b)} \end{cases}$$

は互いにフーリエ変換して得られる関数である．また，前節（8），（10）式
（78, 79ページ）を記すと

$$\begin{cases} f(x) = \left(\dfrac{\alpha}{\pi}\right)^{1/4} \exp\left(ik_0 x - \dfrac{\alpha}{2}x^2\right) & \text{(2a)} \\[2mm] F(k) = \left(\dfrac{1}{\alpha\pi}\right)^{1/4} \exp\left\{-\dfrac{1}{2\alpha}(k - k_0)^2\right\} & \text{(2b)} \end{cases}$$

も同じ関係にある．どちらの場合についても

$$\int_{-\infty}^{\infty} |f(x)|^2\, dx = 1, \qquad \int_{-\infty}^{\infty} |F(k)|^2\, dk = 1 \tag{3}$$

のように規格化されているが，f に何か数を掛ければ，F にも同じ数が掛か
ることは明らかである．

　これらの関係を見ると，k と x とは互いに表と裏のような関係にある量で
あることがわかる．$|f|^2$ と $|F|^2$ はどちらもガウス関数であり，一方の幅が
狭くなれば他方は広くなるという関係にあることもすでに調べたとおりであ
る（63ページの3-2図）．

　（2b）式の関数は $k = k_0$ に最大値をもつ関数であるが，ここで α を小さく
とれば最大値のところのピークは非常に鋭くなる．それとともに，そのフー
リエ変換である（2a）式は $e^{ik_0 x}$ に次第に近づく．そこで，$\alpha \to 0$ とした極限
を考えようというのであるが，前にも述べた理由で，平面波は規格化が不可

能である. そこで, 規格化はあきらめることにして (2a) 式と (2b) 式の両方に $(4\pi\alpha)^{-1/4}$ を掛けたものを考えることにすると

$$\begin{cases} f(x) = \dfrac{1}{\sqrt{2\pi}} \exp\left(ik_0 x - \dfrac{\alpha}{2}x^2\right) & (4a) \\[3mm] F(k) = \sqrt{\dfrac{1}{2\pi\alpha}} \exp\left\{-\dfrac{1}{2\alpha}(k-k_0)^2\right\} & (4b) \end{cases}$$

が互いにフーリエ変換の関係にあって, しかも今度は

$$\int_{-\infty}^{\infty} F(k)\,dk = 1 \tag{5}$$

になっている. ここで $\alpha \to 0$ の極限を考えると

$$f(x) = \frac{1}{\sqrt{2\pi}}\,e^{ik_0 x} \tag{5a}$$

のフーリエ変換が

$$\delta(k - k_0) \equiv \lim_{\alpha \to 0} \sqrt{\frac{1}{2\pi\alpha}} \exp\left\{-\frac{1}{2\alpha}(k-k_0)^2\right\} \tag{5b}$$

になることがわかる. この $\delta(k - k_0)$ という k の関数 (?) は, 横軸 (k 軸) との間の面積を 1 に保ったまま, ガウス関数の幅を無限に狭くした極限であって, $k \neq k_0$ のところでは 0, $k = k_0$ のところでだけ値が ∞ になるという, 恐ろしくとがった関数である. このように特異性の強いものを, 本当は関数とよぶべきではなく, 数学者によって**超関数**という名が付けられているのであるが, 物理学の慣例に従って, これをディラックの**δ関数**とよぶことにしておく.

　$F(k)$ の意味は, e^{ikx} をその割合で重ねると $f(x)$ ができるということであるから, この $F(k)$ が (5b) 式のようにとがった δ 関数であるということは, $k = k_0$ の波だけをとり, 他は一切重ねないということである. したがって, こうしてできた $f(x)$ は当然のことながら $e^{ik_0 x}$ になる. 実際, フーリエ変換の定義 §3.2 (16a) 式を用いれば

$$e^{ik_0 x} = \int_{-\infty}^{\infty} e^{ikx}\,\delta(k - k_0)\,dk \tag{6}$$

となることがわかる.

　以上と同じことを (1a),
(1b) 式について行ってみ
よう. ただし, 今度は x と
k の役目を入れ換える. そ
れに応じて, 極限は $\alpha \to$
$+\infty$ をとるのである.
$(\alpha/4\pi)^{1/4}$ を掛けて $\alpha \to +\infty$
とすると

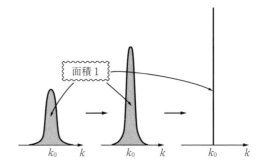

3-4 図　ガウス関数の幅を狭くした極限としての δ 関数

$$\begin{cases} f(x) = \delta(x - x_0) & \text{(7a)} \\ F(k) = \dfrac{1}{\sqrt{2\pi}}\, e^{-ikx_0} & \text{(7b)} \end{cases}$$

が得られる. §3.2 (16b) 式 (62 ページ) を使えば

$$e^{-ikx_0} = \int_{-\infty}^{\infty} e^{-ikx}\, \delta(x - x_0)\, dx \tag{8}$$

である. (16a) 式を用いるなら

$$\delta(x - x_0) = \frac{1}{2\pi} \int_{-\infty}^{\infty} e^{ik(x - x_0)}\, dk \tag{9}$$

であることもわかる. この式は, x の δ 関数というのは, あらゆる k の波
$\exp\{ik(x - x_0)\}$ を同じ割合 ($= 1/2\pi$) で重ねたものになっていることを示
している. これは $\Delta x \cdot \Delta k \cong 1$ において $\Delta x = 0$ なので $\Delta k = \infty$ であること
に相当するといってもよい.

　δ 関数の性質を調べるために

$$\int_{-\infty}^{\xi} \delta(x - x_0)\, dx$$

を考えてみると, $\xi < x_0$ のときには右辺の被積分関数が積分の全領域で 0 で
あるから, 積分したものも 0 である. ところが, $\xi > x_0$ であるとピークの下
の面積 ($= 1$) が加わるから積分は 1 になる. ゆえに,

$$\int_{-\infty}^{\xi} \delta(x - x_0)\, dx = \begin{cases} 0 & (\xi < x_0) \\ 1 & (\xi > x_0) \end{cases} \qquad (10)$$

は $\xi = x_0$ のところで 0 から突然 1 に上がる階段関数である．この関数を $\eta(x - x_0)$ と書くことにしよう．積分の逆が微分であるから

$$\delta(x - x_0) = \frac{d}{dx}\eta(x - x_0) \qquad (11)$$

と書くこともできる．これを用いると，勝手な関数 $g(x)$ に対し

$$
\begin{aligned}
\int_{-\infty}^{\infty} g(x)\,\delta(x - x_0)\, dx &= \int_{-\infty}^{\infty} g(x)\frac{d}{dx}\eta(x - x_0)\, dx \\
&= \Big[g(x)\,\eta(x - x_0)\Big]_{-\infty}^{\infty} - \int_{-\infty}^{\infty}\frac{dg}{dx}\eta(x - x_0)\, dx \\
&= g(\infty) - \int_{x_0}^{\infty}\frac{dg}{dx}\, dx \\
&= g(\infty) - \Big[g(x)\Big]_{x_0}^{\infty} \\
&= g(\infty) - g(\infty) + g(x_0)
\end{aligned}
$$

すなわち

$$\int_{-\infty}^{\infty} g(x)\,\delta(x - x_0)\, dx = g(x_0) \qquad (12)$$

が得られる．つまり，$\delta(x - x_0)$ は，これに他の関数を掛けて積分したときに，その関数の $x = x_0$ のところの値だけをとり出すというはたらきをする．一般に δ 関数は，このような積分を行ってはじめて意味のある答を出すのが普通である．(6), (8) 式は，この (12) 式の特別な場合である．

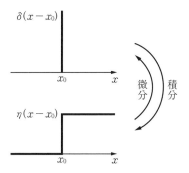

3-5図 階段関数の導関数としての δ 関数

　以上わかった δ 関数の諸性質を列記すれば

$$\delta(x - x_0) = \delta(x_0 - x) \qquad \text{偶関数} \tag{13}$$

$$\delta(x - x_0) = \frac{d}{dx}\,\eta(x - x_0) = \begin{cases} +\infty & (x = x_0) \\ 0 & (x \neq x_0) \end{cases} \tag{14}$$

$$\int_{x_0-a}^{x_0+b} \delta(x - x_0)\,dx = 1 \qquad (a > 0,\ b > 0) \tag{15}$$

$$\delta(x - x_0) = \frac{1}{2\pi}\int_{-\infty}^{\infty} \mathrm{e}^{ik(x-x_0)}\,dk \tag{9}$$

$$g(x_0) = \int_{-\infty}^{\infty} g(x)\,\delta(x - x_0)\,dx \tag{12}$$

となる.

さて, F を δ 関数にすると運動量の固有関数が得られたのであるから, こ
れと表裏の関係にある f を δ 関数にしたものを位置の固有関数と考えては
いけないであろうか. いま, $x\delta(x - x_0)$ と $x_0\delta(x - x_0)$ の両方に勝手な関数
を掛けて積分すると, (12) 式より

$$\int_{-\infty}^{\infty} g(x)\,x\,\delta(x - x_0)\,dx = x_0\,g(x_0)$$

$$\int_{-\infty}^{\infty} g(x)\,x_0\,\delta(x - x_0)\,dx = x_0\int_{-\infty}^{\infty} g(x)\,\delta(x - x_0)\,dx = x_0\,g(x_0)$$

のように同じ結果が得られるのだから

$$x\delta(x - x_0) = x_0\,\delta(x - x_0) \tag{16}$$

と考えてよいであろう. 位置 (の x 成分) を表す演算子は $x \times$ (x を掛ける
こと) なのであるから, これを施した結果と x_0 という定数を掛けたものが等
しいということは, $\delta(x - x_0)$ が $x \times$ の固有関数で, x_0 がその固有値に等し
いことを示している.

以上を 3 次元の場合に拡張して

$$\delta(x - x_0)\delta(y - y_0)\delta(z - z_0) \equiv \delta(\boldsymbol{r} - \boldsymbol{r}_0) \tag{17}$$

で 3 次元の δ 関数を定義すれば

$$\delta(\boldsymbol{r} - \boldsymbol{r}_0) = \frac{1}{8\pi^3}\iiint \mathrm{e}^{ik\cdot(r-r_0)}\,d\boldsymbol{k} \tag{9a}$$

$$g(\boldsymbol{r}_0) = \iiint g(\boldsymbol{r})\delta(\boldsymbol{r} - \boldsymbol{r}_0)\, d\boldsymbol{r} \tag{12a}$$

などが得られ，（16）式に対応して

$$\boldsymbol{r}\delta(\boldsymbol{r} - \boldsymbol{r}_0) = \boldsymbol{r}_0\delta(\boldsymbol{r} - \boldsymbol{r}_0) \tag{16a}$$

を得る．このようにして，

位置の固有関数は $\delta(\boldsymbol{r} - \boldsymbol{r}_0)$，その固有値は $\boldsymbol{r}_0$ である

ことがわかった．

　重要な物理量である粒子の位置の固有関数が，このように妙な関数であるというのは少し困ったことであるが止むをえない．この固有値 $\boldsymbol{r}_0$ も，とびとびではなくて連続的である．それでは，§3.4（6）式（68ページ）に相当する固有関数による展開はどうなるのであろうか．（12a）式を $\psi(\boldsymbol{r}, t)$ に対して適用すると

$$\psi(\boldsymbol{r}, t) = \iiint \psi(\boldsymbol{r}', t)\delta(\boldsymbol{r}' - \boldsymbol{r})\, d\boldsymbol{r}'$$

となる．ただし（12a）式の $\boldsymbol{r}_0$ の代りに $\boldsymbol{r}$ と書き，$\boldsymbol{r}$ の代りに $\boldsymbol{r}'$ と書いた．これと §3.4（6）式との対応は，

$$\boldsymbol{r}' \leftrightarrow n, \quad \delta(\boldsymbol{r}' - \boldsymbol{r}) \leftrightarrow \chi_n(\boldsymbol{r}), \quad \iiint \cdots d\boldsymbol{r}' \leftrightarrow \sum_n \cdots$$

なのであるから，係数に相当するのは波動関数それ自身で，

$$\psi(\boldsymbol{r}', t) \leftrightarrow c_n(t)$$

である．§3.4（8）式（69ページ）に対応するのは，$\boldsymbol{r}$ を測ったとき $\boldsymbol{r}'$ という値を得る確率が $|\psi(\boldsymbol{r}', t)|^2$ に等しく，$\boldsymbol{r}$ の期待値が

$$\bar{\boldsymbol{r}} = \iiint |\psi(\boldsymbol{r}', t)|^2 \boldsymbol{r}'\, d\boldsymbol{r}'$$

で与えられる，ということである．これは §2.3（4）式（33ページ）に他ならない．

§3.8　確率の流れ

　波束が崩れる様子を§3.6で調べたときに，波動関数の規格化が保存され
る一例を見たが，これを一般的に確かめ，同時に確率の流れ —— 荷電粒子の
場合には電流密度がこれに比例する —— の表式を求めてみよう.

　まず1次元の場合を考えよう. 波動関数 ϕ が x と t だけの関数であると
するのである. いま，$|\phi(x, t)|^2$ を任意の範囲 $a \leqq x \leqq b$ で積分したものを考
えると，これは粒子をこの範囲内に見出す確率を表す. それは一般には時間
の関数として変化するから，符号を変えて t で微分したものを考えてみると，

$$
\begin{aligned}
-\frac{d}{dt}\int_a^b \phi^* \phi\, dx &= -\int_a^b \left(\frac{\partial \phi^*}{\partial t}\phi + \phi^*\frac{\partial \phi}{\partial t}\right)dx \\
&= \frac{-i}{\hbar}\int_a^b \{(H\phi^*)\phi - \phi^*(H\phi)\}\,dx \\
&= \frac{\hbar^2}{2m}\frac{i}{\hbar}\int_a^b \left(\frac{\partial^2 \phi^*}{\partial x^2}\phi - \phi^*\frac{\partial^2 \phi}{\partial x^2}\right)dx \\
&= \frac{i\hbar}{2m}\left\{\left[\frac{\partial \phi^*}{\partial x}\phi - \phi^*\frac{\partial \phi}{\partial x}\right]_a^b - \int_a^b \left(\frac{\partial \phi^*}{\partial x}\frac{\partial \phi}{\partial x} - \frac{\partial \phi^*}{\partial x}\frac{\partial \phi}{\partial x}\right)dx\right\}
\end{aligned}
$$

すなわち

$$
-\frac{d}{dt}\int_a^b |\phi|^2\, dx = \frac{i\hbar}{2m}\left[\frac{\partial \phi^*}{\partial x}\phi - \phi^*\frac{\partial \phi}{\partial x}\right]_a^b \tag{1}
$$

が得られる. この変形に利用したのは

　　シュレーディンガー方程式 $i\hbar\dfrac{\partial \phi}{\partial t} = H\phi$ とその複素共役 $-i\hbar\dfrac{\partial \phi^*}{\partial t} = H\phi^*$

　　　　ハミルトニアンの形　$H = -\dfrac{\hbar^2}{2m}\dfrac{\partial^2}{\partial x^2} + V$

および部分積分である.

　さて，確率の減少は，それがこの区間 $[a, b]$ から外へ流れ出すためである
と考えれば，変形の最後の式は，$x = b$ からの流出と $x = a$ での流入の差で
あると考えられよう. したがって，x の正方向への確率の流れが，x と t の
関数として

$$\frac{i\hbar}{2m}\left(\frac{\partial \psi^*}{\partial x}\psi - \psi^*\frac{\partial \psi}{\partial x}\right) = \left(-\frac{i\hbar}{2m}\frac{\partial \psi}{\partial x}\psi^*\right)^* - \frac{i\hbar}{2m}\psi^*\frac{\partial \psi}{\partial x}$$

$$= \frac{1}{m}\,\mathrm{Re}\left[\psi^*\left(-i\hbar\frac{\partial}{\partial x}\right)\psi\right]$$

で表されると解釈される. Re は複素数の実数部分をとれという記号である.
(1) 式は, この量の b と a での差が, この間における確率の減少の割合に等しいという**連続の式**である.

3 次元の場合の計算も全く同様で, 部分積分のところがグリーンの定理 (35 ページ参照) になるだけである. 結果は

$$-\frac{d}{dt}\iiint_V |\psi(\boldsymbol{r},t)|^2\,d\boldsymbol{r} = \frac{i\hbar}{2m}\iint_S [(\mathrm{grad}\,\psi^*)\psi - \psi^*(\mathrm{grad}\,\psi)]_n\,dS \quad (2)$$

と表される. S は任意の閉曲面, V はそれによって包まれる閉じた領域, 添字 n は S 上の各点での外向き法線を意味する.

V として ψ が定義される全領域をとると, 3 次元調和振動子, 波束, 後に述べる原子に束縛された電子などの場合には, それは無限に広い領域であり, ψ は有限のところに局在しているから (2) 式の右辺は 0 になる. 箱の中の粒子のようなときも, 壁で $\psi = 0$ であるか, 周期的境界条件 ((II) 巻の §11.1 を参照) があるので, やはり右辺の面積分は 0 になる. ゆえに

$$\iiint_V |\psi(\boldsymbol{r},t)|^2\,d\boldsymbol{r} = \text{一定} \qquad (\text{積分は } \psi \text{ の定義域全体}) \quad (3)$$

である. 通常この一定値を 1 とする (規格化) のであるが, $\psi(\boldsymbol{r},t)$ が t とともに変化しても, 規格化は保たれることがこれでわかる.

また, (2) 式の右辺から, **確率の流れの密度**が

$$S(\boldsymbol{r},t) = \frac{i\hbar}{2m}\{(\nabla\psi^*)\psi - \psi^*(\nabla\psi)\} = \frac{1}{m}\,\mathrm{Re}\,[\psi^*(-i\hbar\nabla\psi)] \quad (4)$$

という式で表されることがわかる. これに電子の電荷 $-e$ を掛ければ, ψ で表される 1 個の電子の運動にともなう電流密度が得られる.

もし ψ が実数であると, $\psi^* = \psi$ であるから (4) 式は 0 となってしまう. また, §2.3 で求めた波束の重心の速度 $d\bar{\boldsymbol{r}}/dt$ も 0 になってしまう(34 ページ

の§2.3 (7) 式の次の式を見よ). したがって, 実数の関数だけを用いたので
は, 粒子が一方向に流れて質量や電荷を運んでいる状態を表すことができな
いのである.

　同様のことは, 原子内の電子のように, ぐるぐる回っている運動の場合に
もあって, 角運動量をもつような運動は一般には複素数の関数で表される.

4

中心力場内の粒子

　力が中心力の場合には，古典力学では角運動量の保存則が成り立つ．この特殊事情が量子力学ではどのように表されるかを調べるのが本章の主目的である．微分方程式の解法を述べることは省略したが，後の使用に便利なように，関数の具体的な形はなるべくたくさん記しておいた．その形を記憶する必要はないが，$l^2, l_z, l_\pm$ に関する公式ぐらいはおぼえておいた方がよいと思う．

　中心力場の問題の重要な具体例は，原子および原子核である．ここでは，その基礎となる水素原子と球形の箱の中の粒子の問題を扱った．

§4.1　極座標で表したシュレーディンガー方程式

　ポテンシャルが定点（原点にとる）からの距離 r だけの関数 $V(r)$ の場合に，定常状態に対する時間を含まないシュレーディンガー方程式は

$$\left\{-\frac{\hbar^2}{2m}\left(\frac{\partial^2}{\partial x^2} + \frac{\partial^2}{\partial y^2} + \frac{\partial^2}{\partial z^2}\right) + V(r)\right\}\varphi(\boldsymbol{r}) = \varepsilon\varphi(\boldsymbol{r}) \quad (1)$$

である．この方程式を解くには，直角座標 x, y, z の代りに，極座標を用いた方が便利である．4-1 図からわかるとおり

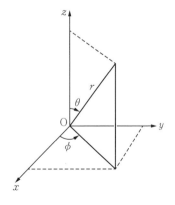

4-1 図　極座標

$$x = r \sin\theta \cos\phi \\ y = r \sin\theta \sin\phi \\ z = r \cos\theta \quad\quad\quad \tag{2}$$

という関係で結ばれている.

そこで，$\partial/\partial x$ 等の微分演算子を書き直すことを行わねばならない．それには

$$\frac{\partial}{\partial x} = \frac{\partial r}{\partial x}\frac{\partial}{\partial r} + \frac{\partial\theta}{\partial x}\frac{\partial}{\partial\theta} + \frac{\partial\phi}{\partial x}\frac{\partial}{\partial\phi} \tag{3a}$$

$$\frac{\partial}{\partial y} = \frac{\partial r}{\partial y}\frac{\partial}{\partial r} + \frac{\partial\theta}{\partial y}\frac{\partial}{\partial\theta} + \frac{\partial\phi}{\partial y}\frac{\partial}{\partial\phi} \tag{3b}$$

$$\frac{\partial}{\partial z} = \frac{\partial r}{\partial z}\frac{\partial}{\partial r} + \frac{\partial\theta}{\partial z}\frac{\partial}{\partial\theta} + \frac{\partial\phi}{\partial z}\frac{\partial}{\partial\phi} \tag{3c}$$

を用いる．(2) 式を逆に解くと

$$r^2 = x^2 + y^2 + z^2$$

$$\tan\phi = \frac{y}{x}, \quad \tan^2\theta = \frac{x^2 + y^2}{z^2}$$

であるが，第 1 式を x で偏微分すれば

$$2r\frac{\partial r}{\partial x} = 2x \quad \text{より} \qquad \frac{\partial r}{\partial x} = \frac{x}{r} = \sin\theta\cos\phi$$

同様にして $\qquad \dfrac{\partial r}{\partial y} = \dfrac{y}{r} = \sin\theta\sin\phi, \qquad \dfrac{\partial r}{\partial z} = \dfrac{z}{r} = \cos\theta$

を得る．第 2 式を x, y, z で偏微分すると

$$\frac{1}{\cos^2\phi}\frac{\partial\phi}{\partial x} = -\frac{y}{x^2}, \qquad \frac{1}{\cos^2\phi}\frac{\partial\phi}{\partial y} = \frac{1}{x}, \qquad \frac{1}{\cos^2\phi}\frac{\partial\phi}{\partial z} = 0$$

であるから

$$\frac{\partial\phi}{\partial x} = -\frac{\sin\phi}{r\sin\theta}, \qquad \frac{\partial\phi}{\partial y} = \frac{\cos\phi}{r\sin\theta}, \qquad \frac{\partial\phi}{\partial z} = 0$$

が求められる．同様にして，第 3 式から

$$\frac{\partial\theta}{\partial x} = \frac{1}{r}\cos\theta\cos\phi, \qquad \frac{\partial\theta}{\partial y} = \frac{1}{r}\cos\theta\sin\phi, \qquad \frac{\partial\theta}{\partial z} = -\frac{1}{r}\sin\theta$$

が得られる．これらを (3a)〜(3c) 式に代入すれば

$$\left\{ \begin{array}{l} \dfrac{\partial}{\partial x} = \sin\theta\cos\phi\,\dfrac{\partial}{\partial r} + \dfrac{1}{r}\cos\theta\cos\phi\,\dfrac{\partial}{\partial\theta} - \dfrac{1}{r}\dfrac{\sin\phi}{\sin\theta}\dfrac{\partial}{\partial\phi} \qquad (4\text{a}) \\[3mm] \dfrac{\partial}{\partial y} = \sin\theta\sin\phi\,\dfrac{\partial}{\partial r} + \dfrac{1}{r}\cos\theta\sin\phi\,\dfrac{\partial}{\partial\theta} + \dfrac{1}{r}\dfrac{\cos\phi}{\sin\theta}\dfrac{\partial}{\partial\phi} \qquad (4\text{b}) \\[3mm] \dfrac{\partial}{\partial z} = \cos\theta\,\dfrac{\partial}{\partial r} - \dfrac{1}{r}\sin\theta\,\dfrac{\partial}{\partial\theta} \qquad (4\text{c}) \end{array} \right.$$

が得られる.

これらから丹念に計算をすれば，ラプラシアンの表式として

$$\frac{\partial^2}{\partial x^2} + \frac{\partial^2}{\partial y^2} + \frac{\partial^2}{\partial z^2} = \frac{\partial^2}{\partial r^2} + \frac{2}{r}\frac{\partial}{\partial r} + \frac{1}{r^2}\Lambda \qquad (5)$$

を得ることができる．ただし，Λ は

$$\Lambda = \frac{1}{\sin\theta}\frac{\partial}{\partial\theta}\left(\sin\theta\,\frac{\partial}{\partial\theta}\right) + \frac{1}{\sin^2\theta}\frac{\partial^2}{\partial\phi^2} \qquad (6)$$

である．計算は読者の演習にまかせよう．ついでに，§3.3 (5a) 〜 (5c) 式
(65 ページ) で定義された角運動量演算子の各成分を極座標で表す式を求め
ておこう．(2) 式と (4a)〜(4c) 式から

$$\left\{ \begin{array}{l} l_x = -i\hbar\left(y\dfrac{\partial}{\partial z} - z\dfrac{\partial}{\partial y}\right) = i\hbar\left(\sin\phi\,\dfrac{\partial}{\partial\theta} + \dfrac{\cos\phi}{\tan\theta}\dfrac{\partial}{\partial\phi}\right) \qquad (7\text{a}) \\[3mm] l_y = -i\hbar\left(z\dfrac{\partial}{\partial x} - x\dfrac{\partial}{\partial z}\right) = i\hbar\left(-\cos\phi\,\dfrac{\partial}{\partial\theta} + \dfrac{\sin\phi}{\tan\theta}\dfrac{\partial}{\partial\phi}\right) \qquad (7\text{b}) \\[3mm] l_z = -i\hbar\left(x\dfrac{\partial}{\partial y} - y\dfrac{\partial}{\partial x}\right) = -i\hbar\dfrac{\partial}{\partial\phi} \qquad (7\text{c}) \end{array} \right.$$

が得られる．さらに，$\boldsymbol{l}^2 = l_x^2 + l_y^2 + l_z^2$ を求めると

$$\boldsymbol{l}^2 = -\hbar^2\left\{\frac{1}{\sin\theta}\frac{\partial}{\partial\theta}\left(\sin\theta\,\frac{\partial}{\partial\theta}\right) + \frac{1}{\sin^2\theta}\frac{\partial^2}{\partial\phi^2}\right\} \qquad (8)$$

が得られ，{ } の中は上の Λ に他ならないことがわかる．

このようにして極座標に直したシュレーディンガー方程式は

$$\left\{-\frac{\hbar^2}{2m}\left(\frac{\partial^2}{\partial r^2} + \frac{2}{r}\frac{\partial}{\partial r} + \frac{1}{r^2}\Lambda\right) + V(r)\right\}\varphi(r,\theta,\phi) = \varepsilon\varphi(r,\theta,\phi) \qquad (9)$$

となる．この方程式を解くために

$$\varphi(r, \theta, \phi) = R(r) Y(\theta, \phi) \tag{10}$$

とおいて (9) 式に代入すれば

$$-\frac{\hbar^2}{2m}\left\{\left(\frac{d^2R}{dr^2} + \frac{2}{r}\frac{dR}{dr}\right)Y + \frac{R}{r^2}\Lambda Y\right\} + V(r)RY = \varepsilon RY$$

となる. これに $-\dfrac{2m}{\hbar^2}\dfrac{r^2}{RY}$ を掛けて整理すれば

$$\frac{r^2}{R}\left(\frac{d^2R}{dr^2} + \frac{2}{r}\frac{dR}{dr}\right) + \frac{2m}{\hbar^2}r^2\{\varepsilon - V(r)\} = -\frac{\Lambda Y}{Y}$$

が得られる. この左辺は r だけの関数, 右辺は θ, ϕ だけの関数であるから, これらが等しいためには, 両方とも定数でなければならない. その定数を λ とおけば

$$-\frac{\hbar^2}{2m}\left(\frac{d^2R}{dr^2} + \frac{2}{r}\frac{dR}{dr} - \frac{\lambda}{r^2}R\right) + V(r)R = \varepsilon R \tag{11}$$

$$\Lambda Y(\theta, \phi) + \lambda Y(\theta, \phi) = 0 \tag{12}$$

という 2 つの微分方程式が得られる. さらに

$$R(r) = \frac{1}{r}\chi(r) \tag{13}$$

とおけば, (11) 式は簡単になって

$$-\frac{\hbar^2}{2m}\left(\frac{d^2\chi}{dr^2} - \frac{\lambda}{r^2}\chi\right) + V(r)\chi = \varepsilon\chi \tag{14}$$

となる. これを解いて $\chi(r)$ と ε を求めるには, ポテンシャル $V(r)$ の形を知らなくてはならない. また, (12) 式の固有値 λ も知っておかねばならないが, これは次節でわかるように, $\lambda = l(l+1)$ で与えられる. ただし, $l = 0, 1, 2, \cdots$ である.

[**例題**] $l_+ = l_x + il_y,\ l_- = l_x - il_y$ で定義される演算子 $l_\pm$ を θ, ϕ を用いて表せ. その表式と (7c) 式を

$$\boldsymbol{l}^2 = l_x{}^2 + l_y{}^2 + l_z{}^2 = \frac{1}{2}(l_+l_- + l_-l_+) + l_z{}^2$$

に代入することによって (8) 式を導いてみよ.

[**解**]　(7a), (7b) 式と $e^{\pm i\phi} = \cos\phi \pm i\sin\phi$ を用いれば

$$l_\pm = \hbar e^{\pm i\phi}\left(\pm\frac{\partial}{\partial\theta} + \frac{i}{\tan\theta}\frac{\partial}{\partial\phi}\right) \tag{15}$$

を得る．これを用いて計算すれば

$$\frac{1}{2}(l_+l_- + l_-l_+) = -\hbar^2\left(\frac{\partial^2}{\partial\theta^2} + \frac{1}{\tan\theta}\frac{\partial}{\partial\theta} + \frac{\cos^2\theta}{\sin^2\theta}\frac{\partial^2}{\partial\phi^2}\right)$$

が得られるから，これと $l_z{}^2 = -\hbar^2(\partial^2/\partial\phi^2)$ とを合わせ

$$\frac{1}{\sin\theta}\frac{\partial}{\partial\theta}\left(\sin\theta\frac{\partial}{\partial\theta}\right) = \frac{\partial^2}{\partial\theta^2} + \frac{1}{\tan\theta}\frac{\partial}{\partial\theta}$$

を用いれば (8) 式になる．　✐

§4.2　球面調和関数と角運動量

　角 θ, ϕ に関する方程式の前節 (12) 式は，$V(r)$ の形とは無関係である．Λ に具体的な形を入れれば

$$\frac{1}{\sin\theta}\frac{\partial}{\partial\theta}\left(\sin\theta\frac{\partial Y}{\partial\theta}\right) + \frac{1}{\sin^2\theta}\frac{\partial^2 Y}{\partial\phi^2} + \lambda Y = 0 \tag{1}$$

となる．この方程式を解くことは，数学的なことに深入りし過ぎるから省略し，結果だけ記すにとどめよう．

> $\Lambda Y(\theta,\phi) + \lambda(\theta,\phi) = 0$ の固有値は
>
> $$\lambda = l(l+1) \qquad (l = 0, 1, 2, \cdots) \tag{2}$$
>
> 各 l に対する固有関数は $2l+1$ 個の球面調和関数
>
> $$Y_l{}^m(\theta,\phi) = (-1)^{(m+|m|)/2}\sqrt{\frac{2l+1}{4\pi}\frac{(l-|m|)!}{(l+|m|)!}}\,P_l^{|m|}(\cos\theta)e^{im\phi} \tag{3}$$
>
> $$(m = l, l-1, l-2, \cdots, -l+1, -l)$$
>
> で与えられる．*

ただし，$P_l{}^0 \equiv P_l$ は

$$P_l(\zeta) = \frac{1}{2^l l!}\frac{d^l}{d\zeta^l}(\zeta^2 - 1)^l \tag{4}$$

---

*　$Y_{lm}(\theta,\phi)$ と記す人も多い．

で定義される**ルジャンドルの多項式**, $P_l{}^{|m|}$ は

$$P_l{}^{|m|}(\zeta) = (1 - \zeta^2)^{|m|/2} \frac{d^{|m|}}{d\zeta^{|m|}} P_l(\zeta) \tag{5}$$

で定義される**ルジャンドルの陪関数**である.

　後の引用のために, $l \leqq 3$ のときの $Y_l{}^m$ の具体的な式を記しておく.

$$l = 0 : \quad Y_0{}^0 = \frac{1}{\sqrt{4\pi}} \tag{6a}$$

$$l = 1 : \quad \left. \begin{array}{l} Y_1{}^0 = \sqrt{\dfrac{3}{4\pi}} \cos\theta \\[3mm] Y_1{}^{\pm 1} = \mp\sqrt{\dfrac{3}{8\pi}} \sin\theta\, \mathrm{e}^{\pm i\phi} \end{array} \right\} \tag{6b}$$

$$l = 2 : \quad \left. \begin{array}{l} Y_2{}^0 = \sqrt{\dfrac{5}{16\pi}} (3\cos^2\theta - 1) \\[3mm] Y_2{}^{\pm 1} = \mp\sqrt{\dfrac{15}{8\pi}} \sin\theta \cos\theta\, \mathrm{e}^{\pm i\phi} \\[3mm] Y_2{}^{\pm 2} = \sqrt{\dfrac{15}{32\pi}} \sin^2\theta\, \mathrm{e}^{\pm 2i\phi} \end{array} \right\} \tag{6c}$$

$$l = 3 : \quad \left. \begin{array}{l} Y_3{}^0 = \sqrt{\dfrac{7}{16\pi}} (5\cos^3\theta - 3\cos\theta) \\[3mm] Y_3{}^{\pm 1} = \mp\sqrt{\dfrac{21}{64\pi}} (5\cos^2\theta - 1) \sin\theta\, \mathrm{e}^{\pm i\phi} \\[3mm] Y_3{}^{\pm 2} = \sqrt{\dfrac{105}{32\pi}} \cos\theta \sin^2\theta\, \mathrm{e}^{\pm 2i\phi} \\[3mm] Y_3{}^{\pm 3} = \mp\sqrt{\dfrac{35}{64\pi}} \sin^3\theta\, \mathrm{e}^{\pm 3i\phi} \end{array} \right\} \tag{6d}$$

　次に, 球面調和関数の主な性質をあげておく. 前節の (8) 式 (93 ページ) が示すように, 角運動量を $\boldsymbol{l}$ とすると $\boldsymbol{l}^2 = -\hbar^2\Lambda$ であるから

$$\boldsymbol{l}^2 Y_l{}^m(\theta, \phi) = \hbar^2 l(l + 1) Y_l{}^m(\theta, \phi) \tag{7}$$

すなわち

球面調和関数 $Y_l{}^m$ は角運動量の 2 乗の固有関数で，その固有値は $\hbar^2 l(l+1)$ に等しい．

$Y_l{}^m(\theta, \phi)$ の ϕ に関係する部分は $e^{im\phi}$ である．そこで，前節の (7c) 式 (93 ページ) を思い出すと，

$$l_z Y_l{}^m(\theta, \phi) = -i\hbar \frac{\partial}{\partial \phi} Y_l{}^m(\theta, \phi) = m\hbar Y_l{}^m(\theta, \phi) \tag{8}$$

これから次のことがわかる．

$Y_l{}^m$ は角運動量の z 成分の固有関数で，その固有値は $m\hbar$ に等しい．

$\boldsymbol{l}^2$ の固有値が $\hbar^2 l(l+1)$ であるということは，$|\boldsymbol{l}|$ がその 2 乗根の $\hbar\sqrt{l(l+1)}$ であることを示すようなものであるが，普通この場合には<u>角運動量の大きさは $l\hbar$ である</u>という．$\boldsymbol{l}^2$ の代りに $l(l+1)$ になる点に特徴がある．これの z 成分が $m\hbar$ で，m がとびとびの値 $l, l-1, l-2, \cdots, -l$ に限られるということは，角運動量ベクトルの方向がとびとびであることを意味し，これを**方向量子化**とよぶ．角運動量の大きさ（$\hbar$ を単位として）を表すと考えられる数 l のことを**方位量子数**，その z 成分を示す m のことを**磁気量子数**という．

$l = 0, 1, 2, 3, \cdots$ と記す代りに，記号 s, p, d, f, $\cdots$ を用いるのが普通である．* たとえば，$l = 1$ の状態という代りに p 状態という，等である．

それでは l_x, l_y についてはどうであろうか．これらの演算子は前節の (7a)，(7b) 式 (93 ページ) に示すように，やや複雑な形をしており，θ の部分にも変化をおよぼす．しかし，前ページに記した具体的な式が示すように，$Y_l{}^m$ の θ に関係する部分は $\sin\theta$ と $\cos\theta$ に関する l 次の同次式になっており（$\cos^2\theta + \sin^2\theta = 1$ を利用せよ），θ で微分したり $\tan\theta$ で割ったりしても

---

* s, p, d, f の記号は，sharp, principal, diffuse, fundamental の頭文字で，スペクトルの特徴からつけられた名前であるが，後の研究でこれらの名は意味のないものであることがわかったので，今では頭文字だけが使われている．f より後はアルファベット順に g, h, $\cdots$ とする（j は除く）．

このことは変わらないから，l_x, l_y によって l が変化することはなさそうである．また，$\sin\phi, \cos\phi$ は $e^{\pm i\phi}$ の1次結合で表されるから，これを掛けると $e^{im\phi}$ が $e^{i(m\pm 1)\phi}$ になる．$\partial/\partial\phi$ は $e^{im\phi}$ の形を変えない．以上のことから，l_x, l_y は Y_l^m を $Y_l^{m\pm 1}$ に変化させることが予想される．実際にくわしく調べるとそうなっている．l_x, l_y 自身よりも

$$l_+ = l_x + il_y, \qquad l_- = l_x - il_y \tag{9}$$

で定義される演算子 l_+, l_- を用いた方がいろいろと便利である．結果を記すと，(3) 式で定義された Y_l^m に対しては

$$\begin{cases} l_+ Y_l^m(\theta, \phi) = \hbar\sqrt{(l-m)(l+m+1)}\, Y_l^{m+1}(\theta, \phi) & (10\text{a}) \\ l_- Y_l^m(\theta, \phi) = \hbar\sqrt{(l+m)(l-m+1)}\, Y_l^{m-1}(\theta, \phi) & (10\text{b}) \end{cases}$$

となることが証明されている．(10a), (10b) 式を見ると，<u>$l_\pm$ は l_z の固有関数に作用して，その m を1だけ上げたり下げたりする演算子であることがわかる．</u>$l_+ Y_l^l = 0, l_- Y_l^{-l} = 0$ は明らかであるが，$-l \leqq m \leqq l$ なので，m を l より大きくしたり $-l$ より小さくしようとしてもできない．

　l_x, l_y で m が変化するということは，Y_l^m がこれらの演算子の固有状態にはなっていないことを示す．$Y_l^m(\theta, \phi)$ で表される量子状態で $\boldsymbol{l}^2$ を測れば $\hbar^2 l(l+1)$，l_z を測れば $m\hbar$ という確定値が得られるが，そのような状態でさらに l_x, l_y まできめようとしても，古典論のときのようにそこまではきまらないということである．これも不確定性原理，あるいは粒子の波動性に起因する特性である．

　ちょっと考えると z 方向だけが特別のようであるが，力として中心力しかない場合には，特別な方向というものはないので，z 軸の選び方は勝手である．上に述べたのは，とにかく<u>1つの方向の成分に着目して，その固有状態をつくると，他の方向の成分まではきまらなくなってしまう</u>ということである．

　エネルギー演算子（ハミルトニアン）の固有関数が互いに直交することは §3.1 で見たが，同じことは角運動量の固有関数である $Y_l^m(\theta, \phi)$ についても

証明される. また, (3) 式のように係数をとっておけば, $Y_l^m(\theta, \phi)$ は規格化されている. これを式で表せば

$$\iint Y_l^m{}^*(\theta, \phi) Y_{l'}^{m'}(\theta, \phi) \sin\theta \, d\theta \, d\phi = \delta_{ll'} \, \delta_{mm'} \tag{11}$$

となる.

ここで, $\sin\theta$ が現れたことについて一言注意しておこう. 規格化などのとき $\iiint \cdots dx \, dy \, dz$ という体積積分を行うが, この微小体積の選び方を考えてみる. 直角座標 x, y, z では $x = $ 一定 は 1 つの平面, $y = $ 一定, $z = $ 一定も同じである. これらの一定値を細かくとってたくさんの平面をつくれば, 空間は細かい直方体に分割される. これは 2 次元空間 (つまり平面) の場合の方眼紙を3 次元に拡張したようなものである. しかし, 平面上でも場合によっては, 同心円と放射線で分割して考えた方が便利なこともある (極座標). このとき, 半径が r と $r + dr$ の 2 つの円, 間の角が $d\theta$ の 2 つの放射線で囲まれた面積は $r \, dr \, d\theta$ に等しい.

3 次元の極座標でも同様で, $r = $ 一定 は同心球, $\theta = $ 一定 は z 軸を軸とし原点を頂点とする円錐面, $\phi = $ 一定 は z 軸を通る平面である. そこで, これらの座標の値が r と $r + dr$, θ と $\theta + d\theta$, ϕ と $\phi + d\phi$ であるような 6 つの面で囲まれる微小部分の体積は

$$r^2 \sin\theta \, dr \, d\theta \, d\phi$$

に等しい (4-2 図を参照).

したがって, 極座標で空間積分を行うときには微小体積 $dx \, dy \, dz$ の代りに, この $r^2 \sin\theta \, dr \, d\theta \, d\phi$ を用いなければならない. すなわち

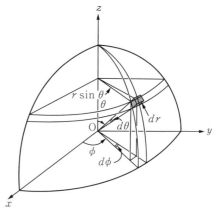

4-2 図 極座標で表した微小体積は $r^2 \sin\theta \, dr \, d\theta \, d\phi$.

$$\iiint \cdots dx \, dy \, dz \longrightarrow \iiint \cdots r^2 \sin\theta \, dr \, d\theta \, d\phi$$

積分範囲は $\begin{cases} r \text{ については 0 から } \infty \\ \theta \text{ については 0 から } \pi \\ \phi \text{ については 0 から } 2\pi \end{cases}$

となる.このうちの θ と ϕ の部分だけをとった積分が上記 (11) 式である.r について の積分を行うときには r^2 を掛けることを忘れてはならない.

　古典力学で中心力を受けて運動する質点については,力の中心に関する角 運動量が一定に保たれることはよく知られている(面積速度一定といっても 同じ).量子力学でこれに対応するのは,状態が l^2 と l_z の同時固有関数であ る $Y_l{}^m(\theta, \phi)$ で指定されるということである.

[例題1]　(10a), (10b), (8) 式の3式を用いて (7) 式を求めよ.

　[解]　$l^2 = l_x{}^2 + l_y{}^2 + l_z{}^2 = \dfrac{1}{2}(l_+ l_- + l_- l_+) + l_z{}^2$ と書いておいて,各項ごとに 調べる.(10b), (10a) 式を用いると

$$\begin{aligned}
l_+ l_- Y_l{}^m &= \hbar l_+ \sqrt{(l+m)(l-m+1)}\, Y_l{}^{m-1} \\
&= \hbar \sqrt{(l+m)(l-m+1)}\, l_+ Y_l{}^{m-1} \\
&= \hbar^2 \sqrt{(l+m)(l-m+1)} \sqrt{\{l-(m-1)\}\{l+(m-1)+1\}}\, Y_l{}^m \\
&= \hbar^2 (l+m)(l-m+1) Y_l{}^m
\end{aligned}$$

が得られる.同様にして

$$l_- l_+ Y_l{}^m = \hbar^2 (l-m)(l+m+1) Y_l{}^m$$

ゆえに

$$\frac{1}{2}(l_+ l_- + l_- l_+) Y_l{}^m = \hbar^2 (l^2 - m^2 + l) Y_l{}^m$$

となることがわかる.次に,(8) 式から容易に

$$l_z{}^2 Y_l{}^m = \hbar m l_z Y_l{}^m = \hbar^2 m^2 Y_l{}^m$$

を得るから,以上を合わせて

$$l^2 Y_l{}^m = \hbar^2 (l^2 + l) Y_l{}^m = \hbar^2 l(l+1) Y_l{}^m$$

が求められる.✒

[例題2]　l_+, l_- を θ と ϕ で表した式(前節 (15) 式,95 ページ)を (6b)〜(6d) 式に適用して,(10a), (10b) 式が成り立っていることを確かめよ.

　[解]　解は読者の自習にまかせる.全部でなくてもよいが,とにかく自分で確か めておくことをおすすめする.✒

§4.3 水素原子

　今度は動径部分を考えよう。§4.1 (11) 式または (14) 式が r に関する関数 $R(r)$ を決定する方程式である。ただ，角部分の l によって，$\lambda = l(l+1)$ は異なってくる。

　$\chi(r) = r R(r)$ に対する方程式を記せば

$$-\frac{\hbar^2}{2m}\left\{\frac{d^2\chi}{dr^2} - \frac{l(l+1)}{r^2}\chi\right\} + V(r)\chi = \varepsilon\chi \tag{1}$$

であるが，これは 1 次元の場合のシュレーディンガー方程式とよく似ている。異なるのは，{ } の中の第 2 項の出現である。

　いま，極座標で表した場合の運動を古典力学で考えてみると，運動を r 方向（原点と質点を結ぶ方向）とそれに垂直な方向に分解して調べることになり，r の変化だけに着目すれば 1 次元の運動である。しかし，これは直交座標 x, y, z のうちの 1 つを考えるときと異なって，r を一定に保つためにも力（向心力）が必要である。これはあたかも質点に遠心力 $mr\omega^2$ がはたらいているのと同等である。そのような遠心力はポテンシャル

$$U(r) = \frac{\boldsymbol{l}^2}{2mr^2}$$

から導くことができる。ただし，l は原点に関する質点の角運動量で，一定である。実際，この式を微分してみると

$$-\frac{\partial U}{\partial r} = \frac{\boldsymbol{l}^2}{mr^3}$$

となるが，$l = mv_\perp r = mr^2\omega$ であるから，これを分子の l に代入すると，この式は $mr\omega^2$ になる。ここで，$\boldsymbol{l}^2$ に量子力学の固有値 $l(l+1)\hbar^2$ を入れれば

$$U(r) = \frac{\hbar^2}{2m}\frac{l(l+1)}{r^2}$$

となる。これが (1) 式の { } 内の第 2 項である。

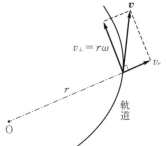

4-3 図　運動を動径方向とそれに垂直な方向に分けて考える。

　原点に電荷 Ze の核があり（大きさおよびその運動を無視する），それから
の引力を受けて運動する電子（電荷を $-e$ とする）の場合には，力は
$-Ze^2/4\pi\epsilon_0 r^2$ で表されるクーロン力である．ただし，ϵ_0 は真空の誘電率で，
この式は SI 単位系の場合のものである．CGS ガウス単位系のときの式を得
るには $4\pi\epsilon_0 \to 1$ とすればよい．ポテンシャルは

$$V(r) = -\frac{Ze^2}{4\pi\epsilon_0 r} \tag{2}$$

で与えられる．これを代入してやると (1) 式は

$$-\frac{\hbar^2}{2m}\frac{d^2\chi}{dr^2} + \left\{\frac{\hbar^2}{2m}\frac{l(l+1)}{r^2} - \frac{Ze^2}{4\pi\epsilon_0 r}\right\}\chi = \varepsilon\chi \tag{3}$$

ここで，長さの単位として**ボーア半径**

$$a_0 = \frac{4\pi\epsilon_0\hbar^2}{me^2} = 5.29177 \times 10^{-11}\,\mathrm{m}$$

を用い，変数を

$$\rho = \frac{Z}{a_0}r, \quad \eta = \frac{2(4\pi\epsilon_0)^2\hbar^2}{Z^2me^4}\varepsilon \tag{4}$$

に変えると (3) 式は

$$\frac{d^2\chi}{d\rho^2} + \left\{\frac{2}{\rho} - \frac{l(l+1)}{\rho^2}\right\}\chi + \eta\chi = 0 \tag{5}$$

のように簡単になる．これを解く数学的な手段は省略し，原点 $r=0$ の近く
で ρ^l に比例し $r \to \infty$ のときに $\chi \to 0$ となるような解は，η が $-1/n^2$ に等し
いとき，すなわち ε が

$$\varepsilon_n = -\frac{Z^2me^4}{(4\pi\epsilon_0)^2\cdot 2\hbar^2}\frac{1}{n^2} \quad (n \geqq l+1,\ n=1,2,3,\cdots) \tag{6}$$

のようにとびとびの値をとるときに限られることを述べ，規格化された解の
形を次に示すにとどめよう．ただし，前節の終りに断わったように，規格化は

$$\int_0^\infty |R_{nl}(r)|^2 r^2\,dr = \int_0^\infty |\chi_{nl}(r)|^2\,dr = 1 \tag{7}$$

のように行わねばならない．また，直交性

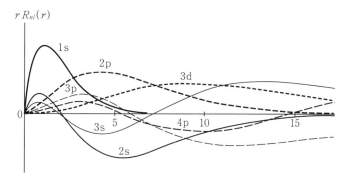

4-4図 水素原子 $(Z = 1)$ における $rR_{nl}(r)$ と r の関係. 横軸 r の目盛の単位はボーア半径 a_0.

$$\int_0^\infty R_{nl}{}^*(r)\,R_{n'l}(r)\,r^2\,dr = \int_0^\infty \chi_{nl}{}^*(r)\,\chi_{n'l}(r)\,dr = \delta_{nn'} \tag{8}$$

も証明されている.

$$R_{1s}(r) = \left(\frac{Z}{a_0}\right)^{3/2} 2\,\mathrm{e}^{-Zr/a_0}$$

$$R_{2s}(r) = \left(\frac{Z}{a_0}\right)^{3/2} \frac{1}{\sqrt{2}}\left(1 - \frac{1}{2}\frac{Zr}{a_0}\right)\mathrm{e}^{-Zr/2a_0}$$

$$R_{2p}(r) = \left(\frac{Z}{a_0}\right)^{3/2} \frac{1}{2\sqrt{6}}\frac{Zr}{a_0}\,\mathrm{e}^{-Zr/2a_0}$$

$$R_{3s}(r) = \left(\frac{Z}{a_0}\right)^{3/2} \frac{2}{3\sqrt{3}}\left\{1 - \frac{2}{3}\frac{Zr}{a_0} + \frac{2}{27}\left(\frac{Zr}{a_0}\right)^2\right\}\mathrm{e}^{-Zr/3a_0}$$

$$R_{3p}(r) = \left(\frac{Z}{a_0}\right)^{3/2} \frac{8}{27\sqrt{6}}\frac{Zr}{a_0}\left(1 - \frac{1}{6}\frac{Zr}{a_0}\right)\mathrm{e}^{-Zr/3a_0}$$

$$R_{3d}(r) = \left(\frac{Z}{a_0}\right)^{3/2} \frac{4}{81\sqrt{30}}\left(\frac{Zr}{a_0}\right)^2\mathrm{e}^{-Zr/3a_0}$$

$$R_{4s}(r) = \left(\frac{Z}{a_0}\right)^{3/2} \frac{1}{4}\left\{1 - \frac{3}{4}\frac{Zr}{a_0} + \frac{1}{8}\left(\frac{Zr}{a_0}\right)^2 - \frac{1}{192}\left(\frac{Zr}{a_0}\right)^3\right\}\mathrm{e}^{-Zr/4a_0}$$

$$R_{4p}(r) = \left(\frac{Z}{a_0}\right)^{3/2} \frac{\sqrt{5}}{16\sqrt{3}}\frac{Zr}{a_0}\left\{1 - \frac{1}{4}\frac{Zr}{a_0} + \frac{1}{80}\left(\frac{Zr}{a_0}\right)^2\right\}\mathrm{e}^{-Zr/4a_0}$$

$$R_{4d}(r) = \left(\frac{Z}{a_0}\right)^{3/2} \frac{1}{64\sqrt{5}}\left(\frac{Zr}{a_0}\right)^2\left(1 - \frac{1}{12}\frac{Zr}{a_0}\right)\mathrm{e}^{-Zr/4a_0}$$

$$R_{4f}(r) = \left(\frac{Z}{a_0}\right)^{3/2} \frac{1}{768\sqrt{35}}\left(\frac{Zr}{a_0}\right)^3\mathrm{e}^{-Zr/4a_0}$$

以上をまとめると，エネル
ギーはnと書いた量子数に
だけ関係し，その値は（6）式
で与えられる．これは前期量
子論でボーアが導き出したの
と全く同じ結果であり，水素
原子のスペクトルをよく説明
できる．nを**主量子数**とよぶ．

$n \geqq l + 1$という条件が要
るので，エネルギーの等しい
1つのnに対して，可能なl
の値がn個ずつ存在する．
97ページに記したように，l
の値を記す代りに s, p, d, …
という記号を用いると，たと
えば$n = 3, l = 1$の状態のこ
とを 3p 状態とよぶ．各lに

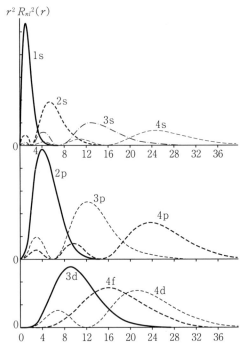

4-5図　水素原子（$Z = 1$）における$r^2 R_{nl}^2(r)$とr
の関係．横軸rの目盛の単位はボーア半径a_0.

対して，磁気量子数の異なる$2l + 1$個の状態が存在する．これらをまとめ
ると 4-1 表のようになる．これでわかるように，$n = 1$の状態は1つしかな
いが，$n = 2$には4，$n = 3$には9，$n = 4$には16，…（一般にはn^2）個の状
態が属する．これらnが同じでlとmの異なる状態は，運動状態（古典力学
の軌道に対応する）としては異なるが，エネルギーが同じ —— 縮退している
—— である．

mが違っても，n, lが同じならばエネルギーが等しいのは，中心力場内の
1粒子については常に成り立つことである．しかし，$\chi(r)$をきめる（1）式は
lを含むので，一般には（1）式の固有値，固有関数はlが異なれば違ったもの
になる．点電荷によるクーロン場のときでも固有関数はlによって違ってい

4-1表 水素原子内電子の定常状態

nl	m
1s	0
2s	0
2p	$1, 0, -1$
3s	0
3p	$1, 0, -1$
3d	$2, 1, 0, -1, -2$
4s	0
⋮	⋮

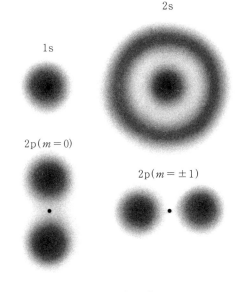

4-6図 水素原子軌道を $|\varphi_{nlm}|^2$ に比例する濃淡の電荷雲で示す例. これを z 軸（上下方向）のまわりで回転したものが $|\varphi_{nlm}|^2$ を表す.

ることはすでに記したとおりである. ところが, エネルギー固有値は n だけできまり, l には関係しない. このことはクーロン場の特殊性である. 4-1表に破線で書いた境は, クーロン場のときには要らないが, そうでないときにはエネルギーの異なる状態を分ける境界である.

$Z = 1$ のときは中性の水素原子, $Z = 2$ のときは電子を 1 個失った He⁺ イオン, $Z = 3$ は電子を 2 個失った Li²⁺ の場合である. $R_{nl}(r)$ の式を見ればわかるように, Zr/a_0 がひとまとめになって入っているが, 式の形は共通なので, 同じグラフの目盛だけを変えて使えばよい. また, r の目盛を共通にしてグラフを書き直してみれば, Z の大きい場合ほど r の小さい方に縮まった曲線が得られるであろう. これは核の電荷が大きいほど引力が強いので, 電子は中心付近に強く引きつけられていることを示す.

§4.4　球形の箱の中の粒子

ポテンシャルが 4-7 図のような形を
しているとき，これを**井戸型ポテンシ
ャル**とよぶ．たとえば，原子核の中に
いる 1 つの核子（陽子と中性子を総称
して**核子**という）が他の核子から受け
る引力（核力）の総和をこのようなポ
テンシャルで近似することができる．

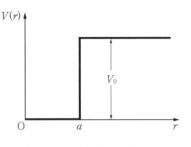

4-7図　井戸型ポテンシャル

この場合，a は核の半径であり，V_0 は核力の強さからきまる定数である．

　このような $V(r)$ について §4.1 (11) 式（94 ページ）を解くことはそうむ
ずかしくはないが，ここでは簡単のために V_0 が無限大のときだけを考える
ことにしよう．これは，半径が a の球の中に完全に閉じ込められた粒子の運
動を調べることに相当する．

　ポテンシャルエネルギーの原点を，$0 \leqq r \leqq a$ で $V(r) = 0$ のようにとれ
ば，解くべき方程式は §4.1 (11) 式で $V = 0$ とした

$$-\frac{\hbar^2}{2m}\left\{\frac{d^2R}{dr^2} + \frac{2}{r}\frac{dR}{dr} - \frac{l(l+1)}{r^2}R\right\} = \varepsilon R \qquad (1)$$

である．$\chi(r) = rR(r)$ に対する式よりも，もとの $R(r)$ に対する式の方が都
合がよい．

$$\rho = \sqrt{\frac{2m\varepsilon}{\hbar^2}}\ r$$

とおいて変数を r から ρ に直せば，(1) 式は

$$\frac{d^2R}{d\rho^2} + \frac{2}{\rho}\frac{dR}{d\rho} + \left\{1 - \frac{l(l+1)}{\rho^2}\right\}R = 0$$

と簡単になる．この微分方程式は数学でよく知られているもので，その解は
球ベッセル関数 $j_l(\rho)$ というものである．$l = 0, 1, 2$ に対するその関数形を記
せば次のようになる．*

---

　*　たとえば，森口繁一，他著：「岩波　数学公式Ⅲ」（岩波書店）を参照．

$$j_0(\rho) = \frac{\sin\rho}{\rho}$$

$$j_1(\rho) = \frac{\sin\rho}{\rho^2} - \frac{\cos\rho}{\rho}$$

$$j_2(\rho) = \left(\frac{3}{\rho^3} - \frac{1}{\rho}\right)\sin\rho - \frac{3}{\rho^2}\cos\rho$$

$\sin\rho, \cos\rho$ をべき級数に展開してみれば，これらが $\rho = 0$ でも有限の値をとることがわかるであろう．

われわれの境界条件としては 42 ページの場合と同じ理由で，$R(r)$ が球の内壁 $r = a$ で 0 ということが要求される．したがって

$$j_l\!\left(\sqrt{\frac{2m\varepsilon}{\hbar^2}}\,a\right) = 0$$

を解けば，各 l に対してエネルギー固有値が定まる．$j_l(\rho)$ が 0 になる ρ の値は無限にあるが，それの最初の小さい方から 5 番目までの値を（π を単位にして）4-2 表に示す．$j_l(\rho) = 0$ の n 番目の根を ρ_{nl} とすれば

$$\rho_{nl} = \sqrt{\frac{2m\varepsilon_{nl}}{\hbar^2}}\,a$$

からエネルギー固有値 ε_{nl} が

$$\varepsilon_{nl} = \frac{\hbar^2}{2m}\left(\frac{\rho_{nl}}{a}\right)^2$$

によって計算される．4-2 表の ξ を用いると

4-2 表 $j_l(\pi\xi) = 0$ の n 番目の根の ξ

l	$n = 1$	$n = 2$	$n = 3$	$n = 4$	$n = 5$
0	1.0000	2.0000	3.0000	4.0000	5.0000
1	1.4303	2.4590	3.4709	4.4775	5.4816
2	1.8346	2.8950	3.9226	4.9385	5.9489
3	2.2243	3.3159	4.3602	5.3870	6.4050
4	2.6046	3.7258	4.7873	5.8255	6.8518

$$\varepsilon_{nl} = \frac{h^2}{8ma^2}\xi_{nl}{}^2$$

となる. この場合は番号 n のつけ方に $n \geq l+1$ という制限はつけないの
が普通である.

§4.5 3次元調和振動子

3次元調和振動子は, 前節の井戸型ポテンシャルの代りに, 核内の核子が
受ける力のポテンシャルの近似として使われることがある. その扱いはすで
に述べた (§2.6). そこでは3個の1次元調和振動子に分けて考えたが, こ
こでは3次元のままで角運動量との関連を見ることにしよう.

§2.6 (2) 式 (47ページ) に示されている3次元調和振動子のポテンシャル
を極座標で表すと,

$$V = \frac{m\omega^2}{2}(x^2 + y^2 + z^2) = \frac{m\omega^2}{2}r^2 \tag{1}$$

という形になる. この力はもちろん中心力である. したがって, その固有関
数は §2.6 (6) 式 (48ページ) のように

$$\varphi(\boldsymbol{r}) = X(x)Y(y)Z(z) \tag{2}$$

と書けると同時に

$$\varphi(\boldsymbol{r}) = R(r)Y_l{}^m(\theta, \phi) \tag{3}$$

とも表せるはずである. ここでは, (3) 式の $R(r)$ を求め直すことはやめて,
§2.6 で求めた (2) 式の形の関数を (3) 式の形に書き直すことを考えよう.

1次元調和振動子の固有関数を X_n と記す代りに $u_n(n = 0, 1, 2, \cdots)$ で表す
ことにすれば (その関数形については §2.6 (24a) 式を参照), x, y, z の3方
向の量子数 n_x, n_y, n_z を指定することによって全体の固有関数は

$$\varphi_{n_x n_y n_z}(\boldsymbol{r}) = u_{n_x}(x)u_{n_y}(y)u_{n_z}(z) \tag{4}$$

固有値は

$$\varepsilon_{n_x n_y n_z} = \left(n_x + n_y + n_z + \frac{3}{2}\right)\hbar\omega \tag{5}$$

ときまるわけである.

　まず，基底状態 $n_x = n_y = n_z = 0$ を考えると，これは

$$\varphi_{000}(\boldsymbol{r}) = u_0(x)\,u_0(y)\,u_0(z) \tag{6}$$

ただ1つだけである．つまり，縮退はしていない．具体的に関数形を書くと，§2.6 (24a) 式により

$$\varphi_{000}(\boldsymbol{r}) = \left(\frac{2m\omega}{h}\right)^{3/4} \exp\left(-\frac{m\omega}{2\hbar}\,r^2\right) \tag{7}$$

となって，明らかに r だけの関数である．$Y_l{}^m(\theta, \phi)$ のうちで θ, ϕ によらない定数は $Y_0{}^0 = 1/\sqrt{4\pi}$ である．したがって，$\varphi_{000}(\boldsymbol{r})$ はs状態になっている.

　一番低い励起状態は $n_x + n_y + n_z = 1$ のものであるが，これには3通りある．つまり，この状態は三重に縮退している．3つの固有関数は

$$\varphi_{100}(\boldsymbol{r}) = \left(\frac{2m\omega}{h}\right)^{3/4} \sqrt{\frac{2m\omega}{\hbar}}\, x \exp\left(-\frac{m\omega}{2\hbar}\,r^2\right) \tag{8a}$$

$$\varphi_{010}(\boldsymbol{r}) = \left(\frac{2m\omega}{h}\right)^{3/4} \sqrt{\frac{2m\omega}{\hbar}}\, y \exp\left(-\frac{m\omega}{2\hbar}\,r^2\right) \tag{8b}$$

$$\varphi_{001}(\boldsymbol{r}) = \left(\frac{2m\omega}{h}\right)^{3/4} \sqrt{\frac{2m\omega}{\hbar}}\, z \exp\left(-\frac{m\omega}{2\hbar}\,r^2\right) \tag{8c}$$

で与えられる．$x = r \sin\theta \cos\phi$ などを用いて極座標に直せば，

$$\left\{ \begin{array}{ll} \varphi_{100}(\boldsymbol{r}) = f_1(r) \sin\theta \cos\phi & \text{(9a)} \\[4pt] \varphi_{010}(\boldsymbol{r}) = f_1(r) \sin\theta \sin\phi & \text{(9b)} \\[4pt] \varphi_{001}(\boldsymbol{r}) = f_1(r) \cos\theta & \text{(9c)} \end{array} \right.$$

という形になる．$f_1(r)$ は φ_{100} の右辺の x を r に変えた関数である．そこで，96ページに与えられている $Y_l{}^m(\theta, \phi)$ の具体的な関数形と比べてみると，

$$\left\{ \begin{array}{ll} \varphi_{100}(\boldsymbol{r}) = R_1(r)\left\{-\dfrac{1}{\sqrt{2}}\,Y_1{}^1(\theta, \phi) + \dfrac{1}{\sqrt{2}}\,Y_1{}^{-1}(\theta, \phi)\right\} & \text{(10a)} \\[10pt] \varphi_{010}(\boldsymbol{r}) = R_1(r)\left\{\dfrac{i}{\sqrt{2}}\,Y_1{}^1(\theta, \phi) + \dfrac{i}{\sqrt{2}}\,Y_1{}^{-1}(\theta, \phi)\right\} & \text{(10b)} \\[10pt] \varphi_{001}(\boldsymbol{r}) = R_1(r)\,Y_1{}^0(\theta, \phi) & \text{(10c)} \end{array} \right.$$

と書けることが容易にわかる．ただし

$$R_1(r) = \sqrt{\frac{4\pi}{3}}\, f_1(r)$$

である.

　さて, $\varphi_{100}, \varphi_{010}$ はどちらも $Y_1{}^1(\theta, \phi)$ と $Y_1{}^{-1}(\theta, \phi)$ の1次結合で表されているので, $\boldsymbol{l}^2$ の固有状態にはなっているが, l_z の固有状態にはなっていない. $\boldsymbol{l}^2$ という演算を行うと $Y_1{}^1(\theta, \phi)$ も $Y_1{}^{-1}(\theta, \phi)$ も $2\hbar^2$ 倍になるのであるが, l_z に対しては $l_z Y_1{}^{\pm 1}(\theta, \phi) = \pm \hbar Y_1{}^{\pm 1}(\theta, \phi)$ のように符号が違うので

$$l_z\, \varphi_{100}(\boldsymbol{r}) = i\hbar\, \varphi_{010}(\boldsymbol{r}), \qquad l_z\, \varphi_{010}(\boldsymbol{r}) = -i\hbar\, \varphi_{100}(\boldsymbol{r}) \qquad (11)$$

となってしまうからである.

　(10a), (10b) 式から逆に解いて

$$R_1(r)\, Y_1{}^1(\theta, \phi) = -\frac{1}{\sqrt{2}}\, \varphi_{100}(\boldsymbol{r}) - \frac{i}{\sqrt{2}}\, \varphi_{010}(\boldsymbol{r}) \qquad (12\mathrm{a})$$

$$R_1(r)\, Y_1{}^{-1}(\theta, \phi) = \frac{1}{\sqrt{2}}\, \varphi_{100}(\boldsymbol{r}) - \frac{i}{\sqrt{2}}\, \varphi_{010}(\boldsymbol{r}) \qquad (12\mathrm{b})$$

を得るが, $\varphi_{100}(\boldsymbol{r})$ と $\varphi_{010}(\boldsymbol{r})$ がハミルトニアン H の縮退した固有状態になっていて

$$H\, \varphi_{100}(\boldsymbol{r}) = \frac{5}{2}\hbar\omega\, \varphi_{100}(\boldsymbol{r}), \qquad H\, \varphi_{010}(\boldsymbol{r}) = \frac{5}{2}\hbar\omega\, \varphi_{010}(\boldsymbol{r})$$

を満たすのであるから, それらの1次結合も同じ固有値の固有関数であることは明らかである.

$$H\, R_1(r)\, Y_1{}^{\pm 1}(\theta, \phi) = \frac{5}{2}\hbar\omega\, R_1(r)\, Y_1{}^{\pm 1}(\theta, \phi)$$

したがって, 固有値 $(5/2)\hbar\omega$ に属する固有関数としては, $\varphi_{100}, \varphi_{010}, \varphi_{001}$ の3つをとっても, $R_1 Y_1{}^1, R_1 Y_1{}^0, R_1 Y_1{}^{-1}$ の3つをとっても, どちらでもよいのである. 異なる $Y_l{}^m(\theta, \phi)$ が直交することから $\varphi_{100}, \varphi_{010}, \varphi_{001}$ が互いに直交する関数になっていることは, (10a)～(10c) の右辺の式を用いて容易に確かめられよう. 一般に, <u>縮退した状態においては, 固有関数の選び方は一意的ではないのであって</u>, 1次結合をとることによって, いくらでもとり方を変

えることが可能である.

　　　　　　　古典的な場合との比較で考えてみよう. $n = 0$ を振動をしていないとき
に対応するとみなせば φ_{100} は x 軸上での振動, φ_{010} は y 軸上での振動と考
えられよう. そこで, (12a) 式の右辺を考えると, i を掛けるということは振動の位
相を $\pi/2$ だけ遅らせることになるので*, x 方向の単振動にそれから位相が $\pi/2$ だ
け遅れた y 方向の同じ単振動を合成すると, それは時計の針と反対向きに xy 面内
を回る円運動になる. (12b) 式では, 合成したものは上とは逆向き(時計の針と同
じ向き)に回る円運動である. これらの円運動で角運動量ベクトルはそれぞれ z 軸
の正および負の向きを向いていることは明らかなので, l_z の固有値 $\hbar$ と $-\hbar$ に対応
するというのは, はなはだもっともらしい. ただし, このような古典力学との類推
をあまりそのまま過信してはいけない. φ_{100} でも φ_{010} でも $\boldsymbol{l}^2$ の固有値が $2\hbar^2$ であ
るということなどは, ちょっと説明がつかない.

　同様のことをその次の励起状態について考えると,

$$\varphi_{200}, \quad \varphi_{020}, \quad \varphi_{002}, \quad \varphi_{011}, \quad \varphi_{101}, \quad \varphi_{110}$$

の6状態が縮退しているが, これから s 状態と d 状態がひとそろいずつでき
ることがわかる. さらに, その上の 10 重に縮退した状態からは, p と f がや
はりひとそろいずつ得られる.

---

*　$\mathrm{e}^{-i\omega t} \times i = \mathrm{e}^{-i\omega t} \times \mathrm{e}^{i\pi/2} = \mathrm{e}^{-i(\omega t - \pi/2)}$

5

粒子の散乱

いままでは粒子が有限の範囲内で周期運動を行っている場合を扱ってきたが，この章では無限遠方から飛んできた粒子が力を受けて進路を変え，再び無限遠へ飛び去る運動を考察する．微視的粒子では粒子1つ1つの行方を追跡する代りに，（微分）断面積という考え方を適用して確率的に実験と比較する．このような考え方に慣れるために，最初は古典的な衝突の問題を考え（§5.1，§5.2），それから量子論に入る．量子論ではシュレーディンガー波の散乱として扱われるが，ここでは3次元の場合についてはボルン近似とよばれる方法だけに限定して学ぶ．§5.3のトンネル効果は1次元の問題でもあり，よく知られた量子効果の1つであるから，正しく理解してほしい．

§5.1 散乱の古典論

第3章，第4章などで具体的に扱った諸問題は，古典的にいうと，粒子が有限な範囲内に束縛されて周期的な運動を行う場合に対応している．太陽からの万有引力による運動でいえば，惑星の運動である．しかしこの場合にも，無限の遠方から飛来

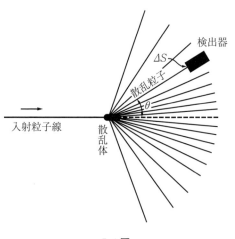

5-1 図

して万有引力で方向を変えて再び飛び去る すい星のような運動もある（このとき軌道は双曲線）．ミクロの粒子でも，この後者の場合に相当する運動は重要であり，特に粒子間にはたらく力の性質を調べる等のために，わざわざこういう種類の実験を行うことも多い．

　実験をするときには，普通は一定の速さに加速した粒子の流れ（電子線，中性子線など）をつくり，これを**散乱体**の集まりである物質に送り込む．送り込まれる粒子が電子で，相手が原子やその集合体ならば，原子核の静電引力の他に電子からの斥力やパウリの原理による反発などの影響を強く受ける．α粒子は電子よりずっと質量が大きいので，電子群からの引力でよろめくことは少なく，主として原子核からの力に大きく影響される．中性子を送り込むと，電子にはほとんど全く影響されず，原子核のもつ正電荷による力も感じず，原子核に（狭い意味で）衝突したときにだけその影響を受ける．

　このように，力の受け方は送り込まれる粒子と相手によってさまざまである．結晶に電子線を当てたときなどは，各電子は多数の原子からの力を同時に受け，波動性を示す回折現象を起こすことは，§1.3でも触れたとおりである．しかしここでは，送り込まれた1個の粒子がそのまま素通りするか，たかだか1回だけ相手の影響範囲内に入って進路を曲げられるに過ぎないような場合だけを考えることにしよう．

　まず，入射粒子も標的も古典的な弾性球である場合を考え，その半径をr_1, r_2としよう．弾性球の間には，衝突しないかぎり力ははたらかないものとする．このとき，両球の中心間の距離が$r_1 + r_2$よりも小さくなれば衝突が起こるから，衝突が起こるかどうかだけに着目する限り，入射粒子を大きさのない質点とみなし，標的粒子を半径が$a = r_1 + r_2$の球であると考えてもさしつかえない．そうすると，入射粒子から見た場合には，その行く手には5-3図のように半径aの標的が待ちかまえていることになる．上で考えたように，衝突がたかだか1回しか起こらない場合というのは，これらの標的が図のようにまばらで，重なることがないときである．散乱を起こす物質が

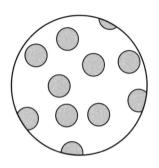

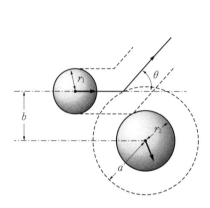

5-2図　剛体球の弾性衝突

5-3図　入射粒子から標的粒子を見た場合，入射の方向に垂直な面積 A（大きい円）のうちに $nA\delta$ 個の標的（1つの面積 πa^2 の小さい円）が見える．

単位体積に n 個の標的粒子を含み，入射粒子線方向の厚さが δ であるとすると，入射粒子線に垂直な面積 A の部分をすかして見たとき，この中には $nA\delta$ 個の標的が見えるはずである．全体の視野 A のうち，面積が πa^2 の標的 $nA\delta$ 個分が素通り不能となっている．ゆえに，この物質を通り抜けるときに散乱を受ける粒子の全体に対する割合は，$nA\delta \times \pi a^2$ と A との比

$$\frac{nA\delta\pi a^2}{A} = n\pi a^2\delta \tag{1}$$

で与えられる．$\pi a^2 = \sigma$ とおくと，σ は入射粒子から見た標的1個の大きさであって，標的粒子1個の**断面積**とよばれる．

　上の場合には，入射粒子がとにかく何らかの衝突をする可能性をすべて考えたのであるが，衝突の仕方によって**散乱角**（入射方向と衝突後の速度の方向との間の角，5-2図の θ）がいろいろに異なるから，それを区別することを考えよう．5-2図で，b が違うと衝突前の速度が等しくても散乱

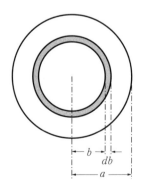

5-4図

される角が違ってくる．この b を**衝突パラメータ**とよぶ．散乱角 θ は b の関数であり，その関係は両球の質量や衝突前の速度にも関係する．そこで，$\theta = \theta(b)$ の関係がわかっていれば，散乱角 $\theta, \theta + d\theta$ に対する衝突パラメータの値 $b, b + db$ がわかることになる．

そうすると，1個の標的（面積 πa^2）のうちで，半径が b と $b + db$ の円にはさまれた部分（5-4 図の灰色部分）に入射粒子が当たると，散乱後の散乱角は θ と $\theta + d\theta$ の間に入ることになる．5-4 図の灰色部分の面積は $2\pi b\, db$ であるから，入射粒子のうち θ と $\theta + d\theta$ の間の散乱角で出ていくものの割合は，(1) 式の πa^2 の代りに $2\pi b\, db$ を代入した式

$$n\delta \cdot 2\pi b\, db \tag{2}$$

で与えられる．(2) 式を b について 0 から a まで積分（合計）すれば (1) 式が得られることは容易にわかる．$\theta = \theta(b)$ を逆に解いて $b = b(\theta)$ のように b を θ の関数として表しておき，これから $db/d\theta$ を θ の関数として求め，(2) 式を

$$n\delta \cdot 2\pi b \frac{db}{d\theta}\, d\theta \tag{3}$$

と書いて b と $db/d\theta$ に代入すれば，入射方向とつくる角が θ と $\theta + d\theta$ の間にあるような方向（5-5 図の灰色部分）に散乱されて出てくる粒子の相対比

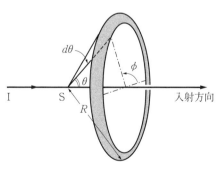

5-5 図 入射粒子線は太さをもっているが，これを一直線 IS に全部まとめたと考える．

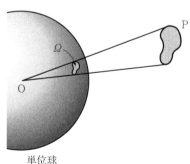

5-6 図 点 O から物体 P を見たときの立体角は，図の面積 Ω で表される．

率が θ の関数として与えられることになる．この $2\pi b(db/d\theta)$ を $q(\theta)$ と書けば，（3）式は

$$n\delta \cdot q(\theta)\,d\theta \tag{4}$$

となる．これは 5-5 図の灰色の部分全体を通る散乱粒子の割合であるが，すぐわかるように，$d\theta$ が同じでも，θ によってこの範囲の広がり具合は異なる．

　1点を中心として見た広がり具合の大小を表すには，その点を中心とした単位球（半径 1 の球）を切り取る面積を用いると都合がよい．これを**立体角**という．5-5 図で $R=1$ とした場合の灰色部分の面積は，$2\pi \sin\theta\,d\theta$ であるから，（3）式あるいは（4）式をこれで割ったもの

$$n\delta\sigma(\theta) \equiv \frac{n\delta q(\theta)\,d\theta}{2\pi \sin\theta\,d\theta} = n\delta\,\frac{1}{\sin\theta}\,b(\theta)\,\frac{db}{d\theta}$$

は，入射方向との間の角が θ であるような方向の単位立体角あたりを単位時間に通る粒子の割合である．あるいは，θ の方向の微小立体角 $d\Omega$ 内に散乱されて出ていく粒子の割合が

$$n\delta\sigma(\theta)\,d\Omega$$

である，といってもよい．

$$\sigma(\theta) = \left| \frac{b(\theta)}{\sin\theta}\,\frac{db}{d\theta} \right| \tag{5}$$

のことを，θ 方向の**微分断面積**という．

　実験のときには大きさ（面積 ΔS とする）のきまった検出器で散乱粒子を受けるわけであるから，散乱体からの距離を R とすると，$\Delta S/R^2$ が検出器の立体角である．ゆえに，この検出器が受ける粒子数の割合は

$$n\delta|\sigma(\theta)|\frac{\Delta S}{R^2}$$

で与えられることになる．

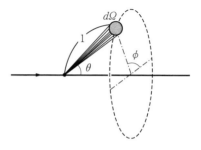

5-7 図

　以上は標的が球対称的な場合であるが，方向性のある分子などがそろって並んでいるようなときには，散乱の割合は θ だけでなく，5-7 図の角 ϕ にも関係するので，$\sigma = \sigma(\theta, \phi)$ となる．しかし，本書ではそういう場合は扱わないことにする．

　[**例題**]　標的の質量が無限大（すなわち不動）で，衝突が完全になめらかな弾性衝突である場合について $q(\theta)$ と $\sigma(\theta)$ を求めよ．

　[**解**]　5-8 図からわかるように，

$$\cos \varphi = \frac{b}{a}, \qquad \varphi = \frac{\theta}{2}$$

であるから

$$b = a \cos \frac{\theta}{2}$$

これを微分して

$$\frac{db}{d\theta} = -\frac{a}{2} \sin \frac{\theta}{2}$$

を得るから

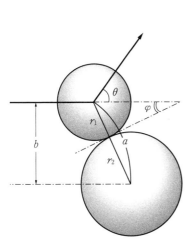

5-8 図　2 つの弾性剛体球の衝突

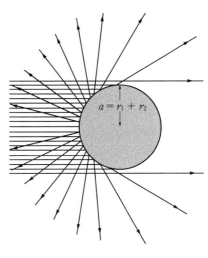

5-9 図　標的を半径 $r_1 + r_2$ の球とし，入射粒子を大きさのない質点とみなした場合の散乱．

$$q(\theta) = 2\pi b \frac{db}{d\theta}$$

$$= 2\pi a \cos\frac{\theta}{2}\cdot\left(-\frac{a}{2}\right)\sin\frac{\theta}{2}$$

$$= -\pi a^2 \sin\frac{\theta}{2}\cos\frac{\theta}{2}$$

$$= -\frac{\pi}{2}a^2 \sin\theta \tag{6}$$

となることがわかる．なお，

$$\int_\pi^0 q(\theta)\,d\theta = -\frac{\pi}{2}a^2\int_\pi^0 \sin\theta\,d\theta$$

$$= \frac{\pi}{2}a^2\Big[\cos\theta\Big]_\pi^0$$

$$= \pi a^2$$

となるが，これはすべての $\theta(\pi\to 0)$ についての微分断面積の合計が全断面積 πa^2 に等しい，という当然の結果を表している．$\sigma(\theta)$ は (5) 式から容易に求められる．

$$|\sigma(\theta)| = \left|\frac{b(\theta)}{\sin\theta}\frac{db}{d\theta}\right| = \frac{1}{4}a^2$$

ゆえに，このような弾性球の衝突では，散乱されて粒子が出てくる割合はすべての方向で一様である（5-9 図）．✐

§5.2　ラザフォード散乱の古典論

　次によく知られた散乱の例として，原子核（質量 ∞，電荷 q' とする）による α 粒子（質量 m，電荷 q とする）の散乱を考えよう．この場合の力は，クーロンの法則に従う静電斥力 —— ポテンシャルは $qq'/4\pi\epsilon_0 r$ —— であって，太陽からの万有引力による惑星の運動と同様にして軌道を求めることができる．

　原子核を原点として，α 粒子の位置を極座標 r, φ で表す．運動方程式は

動径方向　　$$m\left\{\frac{d^2 r}{dt^2} - r\left(\frac{d\varphi}{dt}\right)^2\right\} = \frac{qq'}{4\pi\epsilon_0 r^2} \tag{1}$$

φ 方　向　　$$m\left\{2\frac{dr}{dt}\frac{d\varphi}{dt} + r\frac{d^2\varphi}{dt^2}\right\} = 0 \tag{2}$$

となり，(2) 式よりただちに

$$\frac{d}{dt}\left(r^2\frac{d\varphi}{dt}\right) = 0 \quad \text{すなわち} \quad r^2\frac{d\varphi}{dt} = \text{一定}$$

を得るが, 遠方での速さ v_0 と衝突パラメータ b とを用いれば

$$r^2\frac{d\varphi}{dt} = -bv_0 \tag{3}$$

である. これを動径方向の運動方程式 (1) に代入すれば

$$\frac{d^2r}{dt^2} - \frac{b^2v_0{}^2}{r^3} = \frac{qq'}{4\pi\epsilon_0 mr^2} \tag{4}$$

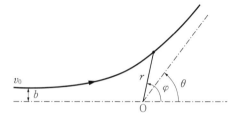

5-10 図　点 O に斥力の中心がある場合の散乱. b は衝突パラメータ, θ は散乱角.

となる. $r = 1/u$ とおき, u は φ の関数で, φ を通して t に依存しているとみなせば

$$\frac{d}{dt} = \frac{d\varphi}{dt}\frac{d}{d\varphi} = -\frac{bv_0}{r^2}\frac{d}{d\varphi} = -bv_0u^2\frac{d}{d\varphi}$$

であるから

$$\frac{d^2r}{dt^2} = b^2v_0{}^2u^2\frac{d}{d\varphi}\left(u^2\frac{d}{d\varphi}\frac{1}{u}\right)$$

$$= -b^2v_0{}^2u^2\frac{d^2u}{d\varphi^2}$$

となり, これを (4) 式に代入すれば $u = u(\varphi)$ に関し

$$\frac{d^2u}{d\varphi^2} = -\left(u + \frac{qq'}{4\pi\epsilon_0 mb^2v_0{}^2}\right) \tag{5}$$

という微分方程式が得られる. 右辺の (　) 内を ξ とおけば, $d^2\xi/d\varphi^2 = -\xi$ となるから, 一般解は $\xi = A\cos(\varphi + \delta)$, すなわち

$$\frac{1}{r} = A\cos(\varphi + \delta) - \frac{qq'}{4\pi\epsilon_0 mb^2v_0{}^2} \tag{6}$$

である. これを t で微分し, $d\varphi/dt = -bv_0/r^2$ を用いれば

$$\frac{dr}{dt} = -Abv_0\sin(\varphi + \delta) \tag{7}$$

が得られる. 積分定数 A, δ を
きめるには, 入射する $\varphi = \pi$
のとき $r = \infty, \dot{r} = -v_0$ であ
ることを用いればよい. そう
すると δ は

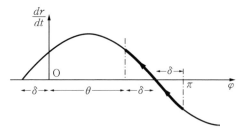

$$\tan \delta = \frac{4\pi\epsilon_0 m b v_0{}^2}{qq'}$$

で与えられることがわかる.

5-11 図 ラザフォード散乱における dr/dt と φ の関係

(7) 式を 5-11 図のように描いてみれば, 5-10 図の左方無限遠（$\varphi = \pi$）から
飛来して, 右上（$\varphi = \theta$）に飛び去る粒子の運動範囲は, $\varphi = \pi$ から φ が減少
して $\varphi = \pi - \delta$ で $\dot{r} = 0$（最近接点）になり, さらに同じ角 δ だけ φ が減っ
たところが $\varphi = \theta$（散乱角）である. ゆえに $\theta = \pi - 2\delta$ で与えられる. し
たがって

$$\tan \frac{\theta}{2} = \tan \left(\frac{\pi}{2} - \delta \right) = \cot \delta = \frac{qq'}{4\pi\epsilon_0 m b v_0{}^2} \tag{8}$$

が得られる. これが b と θ の関係である.

微分断面積 $\sigma(\theta)$ を求めるには, 前節 (5) 式を用いればよい. 結果は

$$\sigma(\theta) = \left| \frac{b(\theta)}{\sin \theta} \frac{db}{d\theta} \right| = \frac{1}{4} \left(\frac{qq'}{4\pi\epsilon_0 m v_0{}^2} \right)^2 \frac{1}{\sin^4 \frac{\theta}{2}} \tag{9}$$

となる. これは**ラザフォードの散乱公式*** とよばれる有名な公式で, ラザフ
ォードはこの式と実験結果を比べることによって, 原子の中で正電荷は原子
よりずっと小さい原子核をつくっていることを明らかにした.

---

*　E. Rutherford については 4 ページ脚注を参照. この公式は量子論でも正しいこと
　　が, 後に N. F. Mott によって示された. それゆえ, 現在でも使われている.

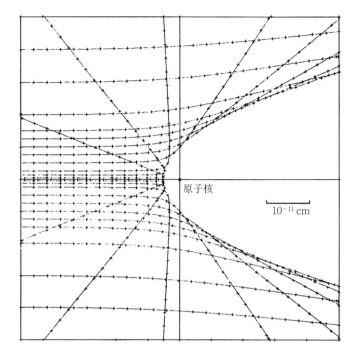

5-12図 原子核（固定した正の点電荷 Ze とみなす）によるエネルギー 6 MeV の α 粒子のラザフォード散乱の様子を，電子計算機に描かせた図．＋印は等間隔の時刻を示す．（故 原島 鮮教授に提供していただいたもの．同教授に感謝する．）

§5.3 トンネル効果

次に衝突の問題を波動力学で扱うことを学ぶとしよう．まず，1 次元の問題を考える．いま，5-13 図のようなポテンシャルを考える．式で書けば

$$V(x) = 0 \qquad (x < 0, \ x > a) \Big\}$$
$$V(x) = V_0 \qquad (0 < x < a) \Big\}$$

$$(1)$$

である．このようなポテンシャルで表される力を受けて運動する粒子に対するシュレーディンガー方程式は

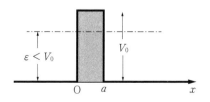

5-13図 ポテンシャルの壁

$$\left\{ -\frac{\hbar^2}{2m}\frac{\partial^2}{\partial x^2} + V(x) \right\}\psi(x, t) = i\hbar\frac{\partial\psi(x, t)}{\partial t} \tag{2}$$

で与えられるが，いまは

$$\psi(x, t) = \mathrm{e}^{-i\omega t}\varphi(x) \tag{3}$$

という形の解を探すことにすると，φ に対する方程式

$$\left\{ -\frac{\hbar^2}{2m}\frac{d^2}{dx^2} + V(x) \right\}\varphi(x) = \varepsilon\varphi(x) \tag{4}$$

および

$$\varepsilon = \hbar\omega \tag{5}$$

が得られることはすでに知っているとおりである．$\psi(x, t)$ が (3) 式の形をしているということは，§2.4 で学んだように，エネルギーが一定の定常状態になっているということである．これは，古典力学の場合でいえば，一定の軌道を回り続けるとか往復しているという場合に対応している．1 個の粒子が遠方から飛来して力の作用を受け，進路を曲げて再び飛び去ってしまうような運動は定常的とはいえない．ところが，いまわれわれが考えようとしているのは，実はこのような場合なのであるから，(3) 式のようにおくことは不適当であると思われる．むしろ初期条件として，たとえば $x < 0$ の側にあって $+x$ 向きに動く波束を与え，(2) 式によってその波束がどう変化するかを調べるべきであろう．

　しかし，散乱の実験を行う際には，巨視的な太さの粒子線束を送り込むのが普通であり，粒子のエネルギーと運動方向はかなり精密に与えるが，位置の不確定さは巨視的な大きさをもつ．これは，運動量 $\boldsymbol{p}$ がほとんど確定した，広がりの大きな波束を与えることに相当する．したがって，実際の計算は平面波 $\mathrm{e}^{i\boldsymbol{p}\cdot\boldsymbol{r}/\hbar}$ で行って十分である．また，この種の実験では，粒子を 1 個だけ送り込むということはなく，後から後からたくさん続けて送り込むのが普通である．*　これは，細い管をまるめてつくった環状の管の中を 1 個の粒子が

---

*　$|\psi|^2$ が粒子を見出す確率を与えるからといって，1 個の粒子に対する ψ を $\sqrt{n}$ 倍すれば n 粒子系の波動関数になると考えてはいけない．

ぐるぐる回っているのを，どこかで切断して伸ばして見た場合と似ている．つまり，(3) 式のような定常的な波で進行波をつくって*，一方向きに波を送り続けることにした場合には，1 個の粒子が左側から舞台に登場しては右側へ去ると，次の粒子が左から現れて再び右に去る，… ということが後から後から "定常的" に行われている，と考えておけばよい．$|\phi|^2$ を "舞台" 内で積分したものが 1 になるように規格化しておけば，舞台にはいつでもどこかに粒子が 1 個存在している，ということになる．

いま，5-13 図の左方（$x < 0$ 側）から，平面波 e^{ikx} を入射させたとする．x 方向の運動エネルギーは

$$\varepsilon e^{ikx} = -\frac{\hbar^2}{2m}\frac{d^2}{dx^2}e^{ikx} = +\frac{\hbar^2}{2m}k^2 e^{ikx}$$

から $\hbar^2 k^2/2m$ となるが，これは実験装置により入射粒子にあらかじめ与えられる．したがって，ε は特定のとびとびの値に限られることはなく，すべての正の値をとることができる．このように散乱問題の固有値は連続スペクトルをもつ．

さて，$x = 0$ で 5-13 図のポテンシャル壁にぶつかった入射波は，その一部分が反射して e^{-ikx} として左方へ去り，一部分は壁を乗り越えて $x > a$ の部分へ出て右方へ去る．この透過波も e^{ikx} という形になるであろう．ゆえに，われわれの波動関数 $\varphi(x)$ は

$$x \leqq 0 \quad \text{では} \qquad \varphi(x) = Ae^{ikx} + Be^{-ikx} \qquad (6a)$$
$$x \geqq a \quad \text{では} \qquad \varphi(x) = Ce^{ikx} \qquad (6b)$$

という形に表されると考えられる．$x \leqq 0$, $x \geqq a$ においては $V(x) = 0$ であるから，シュレーディンガー方程式は

$$-\frac{\hbar^2}{2m}\frac{d^2\varphi}{dx^2} = \varepsilon\varphi \qquad (7)$$

---

* ψ は複素数なので，定常的（ここでは，時間 t の関数と $\boldsymbol{r}$ の関数の積という意味）な進行波 $e^{i(\boldsymbol{k}\cdot\boldsymbol{r}-\omega t)}$ がつくられる．

となるが，(6a), (6b) 式がいずれも (7) 式を満たし，

$$\varepsilon = \frac{\hbar^2}{2m} k^2 \tag{8}$$

であることは明らかである.

ポテンシャル壁のところ $(0 < x < a)$ では，シュレーディンガー方程式は

$$\left(-\frac{\hbar^2}{2m} \frac{d^2}{dx^2} + V_0 \right) \varphi(x) = \varepsilon \varphi(x) \tag{9}$$

であるが，$\varepsilon = \hbar^2 k^2 / 2m$ はあらかじめ与えられている．V_0 の項を右辺へ移せば

$$-\frac{\hbar^2}{2m} \frac{d^2 \varphi}{dx^2} = (\varepsilon - V_0) \varphi(x) \tag{10}$$

となり，これは (7) 式と形が同じである．ただし，$\varepsilon - V_0$ の符号によって話が少し異なってくる.

まず，$\varepsilon - V_0 > 0$ の場合を考えよう.

$$\kappa = \sqrt{\frac{2m(\varepsilon - V_0)}{\hbar^2}}$$

とおけば，(10) 式は

$$-\frac{d^2 \varphi}{dx^2} = \kappa^2 \varphi$$

となるから，これの一般解が $e^{i\kappa x}$ と $e^{-i\kappa x}$ の 1 次結合

$$0 < x < a \quad \text{では} \quad \varphi(x) = F e^{i\kappa x} + G e^{-i\kappa x} \tag{6c}$$

で与えられることはすぐわかる.

3 つの範囲での $\varphi(x)$ が (6a), (6b), (6c) 式のように別々に求められたが，これらが独立であるはずはないから，その関係を知り，それによって係数 A, B, C, F, G を決定しなければならない.

波動関数 $\varphi(x)$ はシュレーディンガー方程式という 2 階の微分方程式の解であるから，$\varphi(x)$ および $\varphi'(x)$ がいたるところで連続でなければならない．これは数学的な要請であるが，物理的には次のように理由づけられよう.

量子論では，$-i\hbar(\partial/\partial x)$ が運動量の x 成分 p_x を表し，波動関数は粒子の運動状態を記述するものである．その粒子について p_x の期待値その他が計算できるためには，波動関数が微分可能でなくては困る．そのためには，波動関数は x の連続関数でなければならない．y や z についても同様である．次に粒子の運動エネルギーを考えると，これも物理的に測定しうる量であるから，波動関数 φ が与えられたとき，$-(\hbar^2/2m)\nabla^2\varphi$ が計算できなければ困る．そのためには，φ が x, y, z について 2 回まで微分可能でなくてはならない．それには 1 階導関数 $\partial\varphi/\partial x, \partial\varphi/\partial y, \partial\varphi/\partial z$ が連続であることが必要である．ゆえに

波動関数は，粒子の座標に関するなめらかな連続関数でなければならない．*

この条件を $x=0$ と $x=a$ のところに適用してみよう．

$x=0$ で $\varphi(x)$ が連続という条件は

$$A + B = F + G \tag{11a}$$

$x=0$ で $\varphi'(x)$ が連続という条件は

$$k(A - B) = \kappa(F - G) \tag{11b}$$

$x=a$ で $\varphi(x)$ が連続という条件は

$$Fe^{i\kappa a} + Ge^{-i\kappa a} = Ce^{ika} \tag{11c}$$

$x=a$ で $\varphi'(x)$ が連続という条件は

$$\kappa Fe^{i\kappa a} - \kappa Ge^{-i\kappa a} = kCe^{ika} \tag{11d}$$

で与えられる．未知数が A, B, F, G, C の 5 個で，方程式が 4 個であるから，$B/A, F/A, G/A, C/A$ の 4 つの比が求められる．途中の計算は読者の演習

---

* ただし，ポテンシャルが不連続的に ∞ だけ変化するときには，φ は連続であるが，導関数は不連続になる．§2.5 で扱ったように箱の中に閉じ込められた粒子の波動関数の導関数は壁のところで不連続である．これは壁での反射で運動量が不連続的に変化することに対応している．

にまかせ，結果だけを記すと，

入射波と反射波の複素振幅の比

$$\frac{B}{A} = \frac{(k^2 - \kappa^2)(1 - e^{2i\kappa a})}{(k + \kappa)^2 - (k - \kappa)^2 e^{2i\kappa a}} \tag{12a}$$

入射波と透過波の複素振幅の比

$$\frac{C}{A} = \frac{4k\kappa e^{i(\kappa - k)a}}{(k + \kappa)^2 - (k - \kappa)^2 e^{2i\kappa a}} \tag{12b}$$

が得られる．振幅の絶対値の2乗の比を求めると

$$\left|\frac{B}{A}\right|^2 = \left\{1 + \frac{4k^2\kappa^2}{(k^2 - \kappa^2)^2 \sin^2 \kappa a}\right\}^{-1} = \left\{1 + \frac{4\varepsilon(\varepsilon - V_0)}{V_0^2 \sin^2 \kappa a}\right\}^{-1} \tag{13a}$$

$$\left|\frac{C}{A}\right|^2 = \left\{1 + \frac{(k^2 - \kappa^2)^2 \sin^2 \kappa a}{4k^2\kappa^2}\right\}^{-1} = \left\{1 + \frac{V_0^2 \sin^2 \kappa a}{4\varepsilon(\varepsilon - V_0)}\right\}^{-1} \tag{13b}$$

が得られる．この2つを加えると1になることからもわかるように，これら
はそれぞれ反射率および透過率を表す．また，$\kappa a = \pi, 2\pi, 3\pi, \cdots$ のときに反
射率が0，透過率が1になることがすぐわかる．

次に，$\varepsilon - V_0 < 0$ の場合を考えてみよう．このときには（10）式は

$$\frac{d^2\varphi}{dx^2} = \frac{2m}{\hbar^2}(V_0 - \varepsilon)\varphi(x)$$

となり，この解は

$$\alpha = \sqrt{\frac{2m}{\hbar^2}(V_0 - \varepsilon)}$$

として，

$$0 < x < a \quad \text{では} \quad \varphi(x) = Fe^{\alpha x} + Ge^{-\alpha x} \tag{6c}'$$

の形になる．以下の計算を前と同様に行えば，透過率として

$$\left|\frac{C}{A}\right|^2 = \left\{1 + \frac{V_0^2 \sinh^2 \alpha a}{4\varepsilon(V_0 - \varepsilon)}\right\}^{-1} \tag{13b}'$$

が得られる．この値は ε が小さいとききわめて小さくなるが，決して0ではな
い．

古典力学の場合には，$\varepsilon < V_0$ ならば，左方からきた粒子は決して $x > 0$ の

領域へは侵入することができな
い．仮に $0 < x < a$ に入った
とすると運動エネルギーが負に
なってしまう．ところが，量子
論では負のエネルギーに相当す
るところに粒子を見出すことも
可能であって，波動関数は ε よ
りも高いポテンシャルの領域に

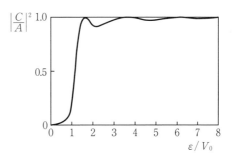

5-14図 $mV_0a^2/\hbar^2 = 8$ の場合の透過率

もにじみ出ている．このことは，たとえば§2.6の調和振動子の場合にも見
たとおりである（2-8図（52ページ）を参照）．調和振動子の場合と異なって，
今度は障壁の幅が有限で，壁の向う側 $(x > a)$ には再び運動エネルギーが正
の領域があって，そこでは $\varphi(x)$ は一定の振幅を保つので，(13b)′式で与え
られる有限な割合で粒子は障壁を通り抜けるのである．このように，粒子が
そのエネルギーよりも高いポテンシャルの壁を通り抜ける現象を**トンネル効
果**といい，粒子の波動性に由来する量子論的効果の1つである．

§5.4 ボルン近似

今度は3次元の問題に移ろう．これを本格的に扱うには，いろいろの予備
知識が必要なので，本書では最も簡単な近似的方法だけを述べるにとどめる．

解くべきシュレーディンガー方程式は

$$\left\{-\frac{\hbar^2}{2m}\nabla^2 + V(\boldsymbol{r})\right\}\varphi(\boldsymbol{r}) = \varepsilon\varphi(\boldsymbol{r}) \tag{1}$$

であるが，前節の扱いと同様に，入射波とそのエネルギーは与えられている．
前節のはじめに述べた理由で，入射粒子のビームを平面波 $\mathrm{e}^{i\boldsymbol{k_0}\cdot\boldsymbol{r}}$ で表すこと
にする．そのエネルギーは

$$\varepsilon = \frac{\hbar^2}{2m}k_0{}^2 \tag{2}$$

であり, これが (1) 式の右辺の ε と
してあらかじめ与えられていること
になる.

　この波が $V(\boldsymbol{r})$ の力の範囲内に入
ればその影響を受けるが, それは,
入射波に散乱波* が重ね合わされ
る, という形に表すことができるで
あろう. そこで, (1) 式の解に

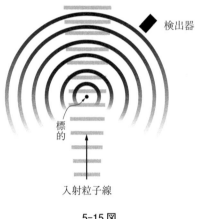

検出器

標的

入射粒子線

5-15 図

$$\varphi(\boldsymbol{r}) = \mathrm{e}^{ik_0\cdot r} + g(\boldsymbol{r}) \quad (3)$$

という形を仮定する. $g(\boldsymbol{r})$ が散乱
波を表す. 前節でもそうであったように, 散乱の問題では $\varphi(\boldsymbol{r})$ の規格化に
神経を使うのはあまり意味がないから, (3) 式のままで相対的に話を進める
ことにする.

　(3) 式と (2) 式をシュレーディンガー方程式 (1) に代入すると, $\nabla^2 \mathrm{e}^{ik_0\cdot r}$
$= -k_0{}^2 \mathrm{e}^{ik_0\cdot r}$ であるから

$$\left\{ \frac{\hbar^2}{2m}(\nabla^2 + k_0{}^2) - V(\boldsymbol{r}) \right\} g(\boldsymbol{r}) = V(\boldsymbol{r})\mathrm{e}^{ik_0\cdot r} \qquad (4)$$

が得られる. ここで近似として, $V(\boldsymbol{r})$ が小さく, 散乱波 $g(\boldsymbol{r})$ も小さいとい
う場合を考え, (4) 式の左辺の $V(\boldsymbol{r})g(\boldsymbol{r})$ の項を省略することにする. そう
すると, (4) 式は

$$\frac{\hbar^2}{2m}(\nabla^2 + k_0{}^2) g(\boldsymbol{r}) = V(\boldsymbol{r})\mathrm{e}^{ik_0\cdot r} \qquad (5)$$

となる.

　ここでいま, $r = |\boldsymbol{r}|$ の関数

$$\frac{\mathrm{e}^{ik_0 r}}{r} \qquad (6)$$

---

* 　1 次元のときは反射波と透過波だけを考えればよいが, 3 次元ではいろいろな方向
　へ散乱される波を考えねばならない.

を考え，これを微分してみると，r の関数に対しては

$$\frac{\partial}{\partial x} = \frac{\partial r}{\partial x}\frac{d}{dr} = \frac{x}{r}\frac{d}{dr}$$

であるので

$$\frac{\partial}{\partial x}\frac{\mathrm{e}^{ik_0 r}}{r} = \frac{x}{r}\frac{ik_0 r - 1}{r^2}\mathrm{e}^{ik_0 r}$$

$$\frac{\partial^2}{\partial x^2}\frac{\mathrm{e}^{ik_0 r}}{r} = \left(\frac{ik_0 r - 1}{r^3} + x^2\frac{3 - 3ik_0 r - k_0{}^2 r^2}{r^5}\right)\mathrm{e}^{ik_0 r}$$

となるから，$x^2 + y^2 + z^2 = r^2$ を用いて

$$\nabla^2\frac{\mathrm{e}^{ik_0 r}}{r} = -k_0{}^2\frac{\mathrm{e}^{ik_0 r}}{r} \tag{7}$$

となることがわかる．したがって，われわれの関数は

$$(\nabla^2 + k_0{}^2)\frac{\mathrm{e}^{ik_0 r}}{r} = 0 \tag{8}$$

を満たしている．ただし，これは $r \neq 0$ のところに限るのであって，$r = 0$ では特異性があるために (7) 式のようにはならない．それではどうなるのであろうか.

$r \to 0$ の極限を考えるときには，分子をべき級数に展開して第 1 項をとったとすれば

$$\lim_{r \to 0}\frac{\mathrm{e}^{ik_0 r}}{r} \longrightarrow \frac{1}{r}$$

となるから，(6) 式の代りに $1/r$ を考えればよい．ところで

$$\nabla^2\frac{1}{r} = \mathrm{div}\left(\mathrm{grad}\,\frac{1}{r}\right)$$

である．いま，原点 $(r = 0)$ に電気量 q の点電荷があったとしたときの静電ポテンシャル $q/4\pi\epsilon_0 r$ に対する電場を $\boldsymbol{E}(\boldsymbol{r})$ とすると，

$$\mathrm{div}\,\boldsymbol{E}(\boldsymbol{r}) = -\mathrm{div}\left(\mathrm{grad}\,\frac{q}{4\pi\epsilon_0 r}\right) = -\frac{q}{4\pi\epsilon_0}\nabla^2\frac{1}{r}$$

であるが，$\epsilon_0\,\mathrm{div}\,\boldsymbol{E}(\boldsymbol{r}) = \rho(\boldsymbol{r})$ とおくと $\rho(\boldsymbol{r})$ は点 $\boldsymbol{r}$ における電荷密度に等し

い．したがって

$$\nabla^2 \frac{1}{r} = -\frac{4\pi\epsilon_0}{q} \operatorname{div} \boldsymbol{E}(\boldsymbol{r}) = -\frac{4\pi}{q} \times (\text{原点に点電荷 } q \text{ がある電荷密度})$$

ということになる．原点だけに電荷があるのだから，$r \neq 0$ のところでは確かにこれは 0 である．$q = 1$ のときを考えると，

$$\nabla^2 \frac{1}{r} = -4\pi \times (\text{原点に単位点電荷のある電荷密度})$$

となるが，この右辺のカッコ内を $\delta(\boldsymbol{r})$ で表す習慣である．原点でなく，他の点 $\boldsymbol{r}'$ に点電荷があれば $\delta(\boldsymbol{r} - \boldsymbol{r}')$ と記す．この $\delta(\boldsymbol{r})$ は，まず原点を中心とする有限な半径 a の球を考え，その中だけに一様な密度 $3/4\pi a^3$ で分布する電荷がつくる電荷密度 $\rho(\boldsymbol{r})$ を考えてお

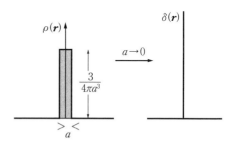

5-16図　左のような関数で幅を 0 にした極限が δ 関数である．

いて，$a \to 0$ とした極限であると思えばよい．$r = 0$ で $\delta(\boldsymbol{r})$ は ∞ であるが，$r \neq 0$ では 0 となり，$r = 0$ を含む領域で積分すると

$$\iiint \delta(\boldsymbol{r}) \, dx \, dy \, dz = 1$$

となるのである．この $\delta(\boldsymbol{r})$ は 86 ページで導入した**3 次元の $\boldsymbol{\delta}$ 関数**に他ならない．

$\delta(\boldsymbol{r})$ の記号を用いれば

$$\nabla^2 \frac{1}{r} = -4\pi \delta(\boldsymbol{r})$$

となり，(6) 式についても $r = 0$ では同じである．ゆえに，(8) 式の代りに

$$(\nabla^2 + k_0{}^2) \frac{\mathrm{e}^{ik_0 r}}{r} = -4\pi \delta(\boldsymbol{r}) \tag{9}$$

と書くことができる．ただし，$r = 0$ における $k_0{}^2 \mathrm{e}^{ik_0 r}/r$ を $\delta(\boldsymbol{r})$ に比べて省略した．

ここで，原点を移せば

$$(\nabla^2 + k_0{}^2)\frac{\mathrm{e}^{ik_0|r-r'|}}{|\boldsymbol{r} - \boldsymbol{r'}|} = -4\pi\delta(\boldsymbol{r} - \boldsymbol{r'}) \tag{10}$$

という式が得られる．

　この (10) 式を (5) 式と比べてみよう．(5) 式は入射波 $\mathrm{e}^{ik_0\cdot r}$ と散乱ポテンシャルの積が右辺にあって，それから散乱波 $g(\boldsymbol{r})$ をきめる方程式である．(5) 式の右辺は一般には広がりをもった関数なのであるが，もし仮に $V(\boldsymbol{r})$ の 0 でない領域が 1 点 $\boldsymbol{r'}$ に集中しているとしたら，(5)式の右辺は $\delta(\boldsymbol{r} - \boldsymbol{r'})$ に定数を掛けたものになり，定数の因子を別にすれば (10) 式の右辺と一致する．したがって，この場合の散乱波は，(10) 式の左辺にある $\mathrm{e}^{ik_0|r-r'|}/|\boldsymbol{r} - \boldsymbol{r'}|$ に $m/2\pi\hbar^2$ とその定数を掛けたものになるであろう．実際，関数 $\mathrm{e}^{ik_0|r-r'|}/|\boldsymbol{r} - \boldsymbol{r'}|$ は点 $\boldsymbol{r'}$ を中心としてまわりに広がっていく球面波（波長 $2\pi/k_0$）を表しているのである．

　それでは，一般の広がりをもったポテンシャルの場合はどうなるであろうか．

　それには，まず δ 関数がもつ次の性質（87 ページの §3.7 (12a) 式）を確認しておこう．

$$f(\boldsymbol{r'}) = \int f(\boldsymbol{r})\delta(\boldsymbol{r} - \boldsymbol{r'})\,d\boldsymbol{r} \tag{11}$$

ただし，右辺の積分は $\boldsymbol{r} = \boldsymbol{r'}$ を含む勝手な領域とする．この式が正しいことを見るためには，右辺の δ 関数を 5-16 図のような $\boldsymbol{r} = \boldsymbol{r'}$ のごく近くだけで 0 でない関数として考え，この範囲では $f(\boldsymbol{r})$ の変化はそれほどいちじるしくないと見て，$f(\boldsymbol{r})$ をその中心の値 $f(\boldsymbol{r'})$ で置き換え，積分の外へ出す．

$$\int f(\boldsymbol{r})\delta(\boldsymbol{r} - \boldsymbol{r'})\,d\boldsymbol{r} = \lim_{a \to 0}\int f(\boldsymbol{r})\rho(\boldsymbol{r} - \boldsymbol{r'})\,d\boldsymbol{r}$$

$$= \lim_{a \to 0}f(\boldsymbol{r'})\int \rho(\boldsymbol{r} - \boldsymbol{r'})\,d\boldsymbol{r}$$

ρ の積分は 1 であるから，これで (11) 式が得られた．

　この (11) 式を利用すると，(10) 式の両辺に $-V(\boldsymbol{r}')\mathrm{e}^{ik_0\cdot\boldsymbol{r}'}/4\pi$ を掛けて $\boldsymbol{r}'$ で積分することによって次の関係式が得られる．まず左辺からは

$$-\frac{1}{4\pi}\int(\nabla^2+k_0{}^2)\frac{\mathrm{e}^{ik_0|\boldsymbol{r}-\boldsymbol{r}'|}}{|\boldsymbol{r}-\boldsymbol{r}'|}V(\boldsymbol{r}')\mathrm{e}^{ik_0\cdot\boldsymbol{r}'}\,d\boldsymbol{r}'$$

を得るが，これは

$$(\nabla^2+k_0{}^2)\int\frac{-1}{4\pi}\frac{\mathrm{e}^{ik_0|\boldsymbol{r}-\boldsymbol{r}'|}}{|\boldsymbol{r}-\boldsymbol{r}'|}V(\boldsymbol{r}')\mathrm{e}^{ik_0\cdot\boldsymbol{r}'}\,d\boldsymbol{r}' \tag{12}$$

と書いてもよい．$\boldsymbol{r}'$ での積分の結果は $\boldsymbol{r}$ だけの関数となり，∇^2 は $\boldsymbol{r}$ についての微分演算だからである．他方，(10) 式の右辺からは，(11) 式で $\boldsymbol{r}$ と $\boldsymbol{r}'$ とを入れ換えたものを用いて

$$\int\delta(\boldsymbol{r}-\boldsymbol{r}')V(\boldsymbol{r}')\mathrm{e}^{ik_0\cdot\boldsymbol{r}'}\,d\boldsymbol{r}'=V(\boldsymbol{r})\mathrm{e}^{ik_0\cdot\boldsymbol{r}} \tag{13}$$

が得られる．これは (5) 式の右辺である．(13) 式 = (12) 式なのであるから，(5) 式と比較してみれば散乱波の関数 $g(\boldsymbol{r})$ が積分

$$g(\boldsymbol{r})=-\frac{2m}{\hbar^2}\frac{1}{4\pi}\int\frac{\mathrm{e}^{ik_0|\boldsymbol{r}-\boldsymbol{r}'|}}{|\boldsymbol{r}-\boldsymbol{r}'|}V(\boldsymbol{r}')\mathrm{e}^{ik_0\cdot\boldsymbol{r}'}\,d\boldsymbol{r}' \tag{14}$$

で与えられることがわかる．この式は，いろいろな点 $\boldsymbol{r}'$ から出た球面波 $\mathrm{e}^{ik_0|\boldsymbol{r}-\boldsymbol{r}'|}/|\boldsymbol{r}-\boldsymbol{r}'|$ に重みとして $V(\boldsymbol{r}')\mathrm{e}^{ik_0\cdot\boldsymbol{r}'}$ を掛けて重ね合わせたものが $g(\boldsymbol{r})$ であることを表している．

　散乱の中心は原点にあって，$V(\boldsymbol{r}')$ が 0 でない位置 $\boldsymbol{r}'$ はその近くに限られている．いま，散乱波 $g(\boldsymbol{r})$ を観測するのが $\boldsymbol{r}$ で表される点であるとすれば，$|\boldsymbol{r}|$ は巨視的な程度の長さであってポテンシャルの範囲 $|\boldsymbol{r}'|$ よりずっと大きい．ゆえに，実験との比較のためには，このように原点から遠い $\boldsymbol{r}$ における $g(\boldsymbol{r})$ の漸近形を求めれば十分である．それには，$\boldsymbol{r}$ 方向の単位ベクトルを $\boldsymbol{n}$ として，5-17 図の $\mathrm{PQ}=|\boldsymbol{r}-\boldsymbol{r}'|$ を PH に等しいとおけば

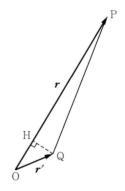

5-17図　OQ は微視的，OP は巨視的な長さである．

$$|\boldsymbol{r} - \boldsymbol{r}'| = \mathrm{PQ} \cong \mathrm{PH} = r - \boldsymbol{r}' \cdot \boldsymbol{n}$$

であるから

$$\frac{\mathrm{e}^{ik_0|\boldsymbol{r}-\boldsymbol{r}'|}}{|\boldsymbol{r} - \boldsymbol{r}'|} \cong \frac{\mathrm{e}^{ik_0(r - \boldsymbol{r}' \cdot \boldsymbol{n})}}{r}\Big(1 + \frac{\boldsymbol{r}' \cdot \boldsymbol{n}}{r} + \cdots\Big)$$

を得る．その右辺の第1項だけをとって(14)式に代入し，$k_0\boldsymbol{n} = \boldsymbol{k}'$ とおけば

$$g(\boldsymbol{r}) \xrightarrow[r\to\infty]{} -\frac{m}{2\pi\hbar^2}\frac{\mathrm{e}^{ik_0r}}{r}\int V(\boldsymbol{r}')\,\mathrm{e}^{i(\boldsymbol{k}_0-\boldsymbol{k}')\cdot\boldsymbol{r}'}\,d\boldsymbol{r}' \qquad (15)$$

という式が得られる．積分は定積分であるが，$\boldsymbol{k}' = k_0\boldsymbol{n}$ をとおして $\boldsymbol{r}$ の方向 $\boldsymbol{n}$ に関係している．$r = |\boldsymbol{r}|$ には関係しない．ゆえに，(15)式を $\boldsymbol{r}$ の関数として極座標 r, θ, ϕ で表した場合，積分のところは θ と ϕ だけの関数となる．r の関数としては，e^{ik_0r}/r に比例したものになっている．これは $r =$ 一定 を波面とする球面波であり，$k_0 > 0$ にとってあるので，$\mathrm{e}^{-i\omega t}$ と一緒にすれば わかるように，r の増す向きに進む波（外向き球面波）である．球面波は次 第に広がっていくので，その振幅は r が増すとともに減少する．e^{ik_0r}/r の分 母に r が入っているのはそのためである．

　$\boldsymbol{k}' = k_0\boldsymbol{n}$ は大きさが k_0 で $\boldsymbol{n}$ の方向，すなわち $\boldsymbol{r}$ の方向を向いたベクトル である．いま，$\boldsymbol{r}$ の位置で散乱波を待ち受けると考えるのであるから，$\boldsymbol{k}'$ は その方向へ向かってくる散乱波の波数ベクトルであると考えられる．$\boldsymbol{k}_0$ と $\boldsymbol{k}'$ のつくる角を θ とすると，これが§5.1，§5.2で考 えた θ に他ならない．(15)式を計算して

$$g(\boldsymbol{r}) \xrightarrow[r\to\infty]{} \frac{\mathrm{e}^{ik_0r}}{r}f(\theta, \phi) \qquad (16)$$

を得たとする．ただし

$$f(\theta, \phi) = -\frac{m}{2\pi\hbar^2}\int V(\boldsymbol{r}')\,\mathrm{e}^{i(\boldsymbol{k}_0-\boldsymbol{k}')\cdot\boldsymbol{r}'}\,d\boldsymbol{r}' \qquad (17)$$

である．この $f(\theta, \phi)$ は方向による散乱波の振幅の変 化を表す関数であり，微分断面積 $\sigma(\theta, \phi)$ との関係は

$$\sigma(\theta, \phi) = |f(\theta, \phi)|^2$$

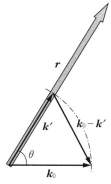

5-18 図

であることが以下のように示される．ゆえに，

$$\sigma(\theta, \phi) = \left(\frac{m}{2\pi\hbar^2} \right)^2 \left| \int V(\boldsymbol{r}') e^{i(\boldsymbol{k}_0 - \boldsymbol{k}') \cdot \boldsymbol{r}'} d\boldsymbol{r}' \right|^2 \tag{18}$$

という結果が得られる．$V(\boldsymbol{r})$ が小さいとして行った以上の近似を**ボルン近似**という．

 $\sigma(\theta, \phi) = |f(\theta, \phi)|^2$ の証明

入射波の波数ベクトルは $\boldsymbol{k}_0$ であり，(θ, ϕ) で指定される $\boldsymbol{r}$ の方向（$\boldsymbol{n}$ の方向）へ行く散乱波の波数ベクトルは $\boldsymbol{k}' = k_0 \boldsymbol{n}$ であって，どちらも大きさは k_0 に等しい．これはポテンシャルによる弾性散乱であるから，入射前と反射後の速さが等しい

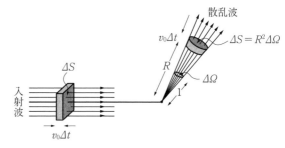

5-19図

ことに対応する．ゆえに，確率の流れの速さは，十分遠方で考える限りどちらも $v_0 = \hbar k_0 / m$ である．いま，入射波に垂直な面積 ΔS を考え，ここを時間 Δt の間に通過する入射波の確率 $|\varphi|^2 \times$ 体積 を考えると，入射波の波動関数は $e^{ik_0 \cdot r}$ であり，体積は $v_0 \Delta t \cdot \Delta S$ であるから

（面積 ΔS を Δt の間に通過する入射粒子の確率）$= v_0 \Delta t \cdot \Delta S$

となる．すなわち，入射波 $e^{ik_0 \cdot r}$ は，これに垂直な単位面積を単位時間に v_0 個の粒子が通る割合になっている．

次に，$V(\boldsymbol{r})$ の中心からの距離が R の球面を考え，その上の角 (θ, ϕ) で指定される位置に微小面積 ΔS を考え，ここを短い時間 Δt の間に通過する散乱波の確率を考えると，それは

$$|g(R, \theta, \phi)|^2 v_0 \Delta t \cdot \Delta S = \frac{v_0}{R^2} |f(\theta, \phi)|^2 \Delta t \cdot \Delta S = v_0 |f(\theta, \phi)|^2 \Delta t \cdot \Delta \Omega$$

となる．ただし，$\Delta \Omega = \Delta S / R^2$ はポテンシャルの中心から ΔS を見たときの立体角である．Δt で割れば，単位時間にこの立体角内を通って外へ出ていく散乱粒子の割合になる．波動関数を規格化していないので，入射波と散乱波に共通の v_0 を別にして考えれば，単位時間に単位面積を1個通る入射波に対して，(θ, ϕ) のところ

の $\Delta\Omega$ を通って単位時間に出ていく粒子数が $|f(\theta,\phi)|^2\Delta\Omega$ で与えられることになる. ゆえに, §5.1 で与えられている $\sigma(\theta,\phi)$ の定義と比べて

$$\sigma(\theta,\phi) = |f(\theta,\phi)|^2$$

であることがわかる.

§5.5　ラザフォード散乱の波動力学的取扱い

　前節のボルン近似を, §5.2 で古典的に調べたラザフォード散乱に適用してみよう. クーロンポテンシャル

$$V(r) = \frac{qq'}{4\pi\epsilon_0 r}$$

の代りに, **遮蔽されたクーロンポテンシャル**

$$V(r) = C\frac{\mathrm{e}^{-\alpha r}}{r} \qquad (C,\alpha は定数)$$

$$(1)$$

を考え*, あとで $\alpha \to 0$ とすることにしよう.

$$I \equiv \int V(\boldsymbol{r}')\mathrm{e}^{i(\boldsymbol{k}_0-\boldsymbol{k}')\cdot\boldsymbol{r}'}\,d\boldsymbol{r}' \qquad (2)$$

に適用するには, $\boldsymbol{k}_0 - \boldsymbol{k}'$ の方向を基準軸にとった極座標 r',θ,φ を用いればよい.

$$(\boldsymbol{k}_0 - \boldsymbol{k}')\cdot\boldsymbol{r}' = |\boldsymbol{k}_0 - \boldsymbol{k}'|r'\cos\theta$$

$$d\boldsymbol{r}' = r'^2\,dr'\sin\theta\,d\theta\,d\varphi$$

であるから

5-20 図

$$I = \int_0^{2\pi} d\varphi \int_0^{\pi} d\theta \int_0^{\infty} dr'\, V(r')\mathrm{e}^{i|\boldsymbol{k}_0-\boldsymbol{k}'|r'\cos\theta}\,r'^2\sin\theta$$

となるが, φ での積分は 2π を与えるだけである. $\cos\theta = \zeta$ とおくと, $d\zeta = -\sin\theta\,d\theta$ であるから

---

　*　この関数のグラフを描いてクーロンポテンシャルと比べてみると, r が増したとき C/r よりも急激に 0 になる. 原点にある点電荷を, そのまわりに群がる反対符号の電荷の雲で遮蔽するとこのようになる.

$$I = 2\pi \int_{-1}^{1} d\zeta \int_{0}^{\infty} dr'\, V(r')\, \mathrm{e}^{i|\boldsymbol{k}_0 - \boldsymbol{k}'|r'\zeta}\, r'^2$$

$$= \frac{2\pi}{i|\boldsymbol{k}_0 - \boldsymbol{k}'|} \int_{0}^{\infty} dr'\, V(r')\, r'\, (\mathrm{e}^{i|\boldsymbol{k}_0 - \boldsymbol{k}'|r'} - \mathrm{e}^{-i|\boldsymbol{k}_0 - \boldsymbol{k}'|r'})$$

$$= \frac{4\pi C}{|\boldsymbol{k}_0 - \boldsymbol{k}'|} \int_{0}^{\infty} \mathrm{e}^{-\alpha r'} \sin\left(|\boldsymbol{k}_0 - \boldsymbol{k}'|r'\right) dr'$$

$$= \frac{4\pi C}{|\boldsymbol{k}_0 - \boldsymbol{k}'|} \frac{|\boldsymbol{k}_0 - \boldsymbol{k}'|}{\alpha^2 + |\boldsymbol{k}_0 - \boldsymbol{k}'|^2}$$

$$= \frac{4\pi C}{\alpha^2 + (\boldsymbol{k}_0 - \boldsymbol{k}')^2}$$

を得る.*　ゆえに

$$f(\theta) = -\frac{2mC}{\hbar^2} \frac{1}{\alpha^2 + (\boldsymbol{k}_0 - \boldsymbol{k}')^2} \tag{3}$$

となることがわかる. $\boldsymbol{k}_0$ も $\boldsymbol{k}'$ も長さが k_0 でその間の角が θ なのであるから

$$|\boldsymbol{k}_0 - \boldsymbol{k}'| = 2k_0 \sin\frac{\theta}{2} \tag{4}$$

である. ゆえに

$$f(\theta) = -\frac{2mC}{\hbar^2} \frac{1}{\alpha^2 + 4k_0{}^2 \sin^2\dfrac{\theta}{2}} \tag{5}$$

となる. ここで $\alpha \to 0$ とし, $k_0 = mv_0/\hbar$ を入れれば

$$f(\theta) = -\frac{C}{2mv_0{}^2 \sin^2\dfrac{\theta}{2}} \tag{6}$$

を得るから, 微分断面積として

$$\sigma(\theta) = |f(\theta)|^2 = \frac{1}{4}\left(\frac{C}{mv_0{}^2}\right)^2 \frac{1}{\sin^4\dfrac{\theta}{2}} \tag{7}$$

が得られる. これは §5.2 (9) 式 (120 ページ) のラザフォードの散乱公式と
一致している.

---

*　$\displaystyle \int_{0}^{\infty} \mathrm{e}^{-ax} \sin bx\, dx = \frac{b}{a^2 + b^2}$ を用いる.

　このように，ボルン近似の結果と古典論による計算とが一致するというのはクーロン力の特殊性である．実は，近似を用いずに正しく波動力学で $\sigma(\theta)$ を求めても，クーロン力の場合にはボルン近似で得た結果と一致する．一般の場合にはこうはうまくいかないのであって，ボルン近似をもっと改良する必要がある．しかし，そのような理論に立ち入ることは本書の程度を越えるから，ここではボルン近似までにとどめておくことにする．

> **［例題］**　遮蔽されたクーロン力による散乱で，$\alpha \ll k_0$ とすると，クーロン力（$\alpha = 0$）のときとの差が大きいのは θ の小さい場合である．その理由を考えよ．

　［解］　(5) 式で $\sin^2\theta/2$ が小さいとき，α^2 の項の存在が大きく影響する．そうでないときには α^2 を省略しても大差はない．ゆえに，遮蔽がきくのは θ が小さい場合である．古典的に考えれば，θ の小さい散乱は力の作用をあまり大きく受けない場合，つまり力の中心の近くを通らない場合である．遮蔽の効果は，中心の付近では力がクーロン力とほぼ等しく，遠くで力がずっと弱くなるようになっているのであるから，遠方を通りすぎる粒子はほとんど散乱されなくなる．このため，$\sigma(\theta)$ はクーロン力のときよりずっと小さくなる．その代り，力の影響を受けずに素通りする粒子数は増加する．

　これに対し，力の中心の近くまできて大きく進路を曲げる粒子に対してはクーロン力とほぼ同じくらいに影響がおよぶので，$f(\theta)$ や $\sigma(\theta)$ もクーロン力のときとほぼ同じになる．　🖋

行列と状態ベクトル

　いままでに学んだ波動力学は，量子力学の1つの記述形式であるけれども，これとは異なった，行列による表し方もある．まず本章では3次元のベクトルについて復習をし，ついで n 次元複素ベクトル空間の1次変換を調べて準備をした上で，関数をベクトルで，演算子を行列で表現する方法に進む．前の章までに出てきた例をこの行列形式で表すとどうなるかを調べ，さらに不確定性原理と行列の可換性との関係を確認する．行列の対角化（§6.8）は今後もしばしば現れ重要であるから，細かいやり方まで記しておいた．後に出てくる摂動論の準備としても，行列で表すことの意味をしっかり理解しておくことは大切である．

　最後の2節では，いままでのシュレーディンガー表示とは異なるハイゼンベルク表示について学ぶ．量子力学の歴史からいえば，ハイゼンベルク表示の行列力学が，本格的な量子力学建設の第一歩であったのだが，本書では読者の理解の容易さを考えて，逆に波動力学から入った．これらのいろいろな表し方も，結局は同じ内容を異なるやり方で記述しているのであるから，その関連性を確実に把握し，すぐに他の言葉に翻訳できるようにしておかなくてはいけない．

§6.1　3次元ベクトル

　本章では，波動関数とそれに対する演算を行列演算で表すことを学ぶが，その準備として，まず3次元のベクトルについて復習する．

　よく知られているように，3次元空間のベクトル $\boldsymbol{V}$ を表すには，適当な3本の直交座標軸をとり，この3方向を向いた大きさが1の基底ベクトル $\boldsymbol{i}, \boldsymbol{j}, \boldsymbol{k}$ を用いて

$$V = V_x \boldsymbol{i} + V_y \boldsymbol{j} + V_z \boldsymbol{k}$$

とすると便利である. そうすると, 1つのベ
クトル V を与えるということは, 3つの実
数の1組 (V_x, V_y, V_z) を与えるということ
と同等になる.

次節以下で多次元に拡張するときのこと
を考え, これからは $\boldsymbol{i}, \boldsymbol{j}, \boldsymbol{k}$ の代りに $\boldsymbol{e}_1, \boldsymbol{e}_2, \boldsymbol{e}_3$
と記し, V_x, V_y, V_z の代りに V_1, V_2, V_3 と書
くことにする. そうすると

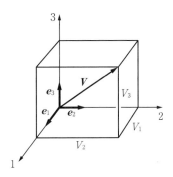

6-1図　ベクトルとその成分

$$V = V_1 \boldsymbol{e}_1 + V_2 \boldsymbol{e}_2 + V_3 \boldsymbol{e}_3 = \sum_i V_i \boldsymbol{e}_i \tag{1}$$

となる. i についての和は1から3までであるが, いちいち断らない.

いま, ベクトルに何らかの操作を施して他のベクトルをつくる演算を考え
る. たとえば

（ i ）　第1の成分だけを2倍にす
る：$(V_1, V_2, V_3) \longrightarrow (2V_1, V_2, V_3)$

（ ii ）　$\boldsymbol{e}_1$ - $\boldsymbol{e}_2$ 面に射影する：
$(V_1, V_2, V_3) \longrightarrow (V_1, V_2, 0)$

（ iii ）　$\boldsymbol{e}_3$ 軸のまわりで角 α だけ回
転する（6-2図）：
$(V_1, V_2, V_3) \longrightarrow (V_1 \cos \alpha - V_2 \sin \alpha,$
$V_1 \sin \alpha + V_2 \cos \alpha, V_3)$
こうしてできたベクトルを U とする
とき, この演算を

$$U = AV \tag{2}$$

と表すことにしよう. A は数ではな
く, 演算子である. 上の例にあげたよ

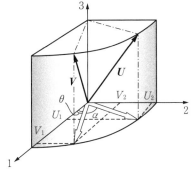

6-2図　$\boldsymbol{e}_3$ のまわりの回転.
V の $\boldsymbol{e}_1$ - $\boldsymbol{e}_2$ 面への射影の長さを $\overline{V}$
とすると
$$U_1 = \overline{V} \cos (\theta + \alpha)$$
$$= \overline{V} \cos \theta \cos \alpha - \overline{V} \sin \theta \sin \alpha$$
$$= V_1 \cos \alpha - V_2 \sin \alpha$$
$$U_2 = \overline{V} \sin (\theta + \alpha)$$
$$= \overline{V} \cos \theta \sin \alpha + \overline{V} \sin \theta \cos \alpha$$
$$= V_1 \sin \alpha + V_2 \cos \alpha$$

うな演算は，いずれも

$$A(\boldsymbol{V}_1 + \boldsymbol{V}_2) = A\boldsymbol{V}_1 + A\boldsymbol{V}_2 \tag{3}$$

という関係を満たすことが容易にわかるであろう．このような演算を**1次変換**，演算子を**1次演算子**（数学では線形作用素などという）とよぶ．

上の例のどれについても，$\boldsymbol{V}$ の成分と $\boldsymbol{U}$ の成分は

$$\left.\begin{array}{l} U_1 = a_{11}V_1 + a_{12}V_2 + a_{13}V_3 \\ U_2 = a_{21}V_1 + a_{22}V_2 + a_{23}V_3 \\ U_3 = a_{31}V_1 + a_{32}V_2 + a_{33}V_3 \end{array}\right\} \tag{4}$$

という形の関係で結ばれている．これは**行列**（マトリックス）の関係

$$\begin{pmatrix} U_1 \\ U_2 \\ U_3 \end{pmatrix} = \begin{pmatrix} a_{11} & a_{12} & a_{13} \\ a_{21} & a_{22} & a_{23} \\ a_{31} & a_{32} & a_{33} \end{pmatrix} \begin{pmatrix} V_1 \\ V_2 \\ V_3 \end{pmatrix} \tag{5}$$

と同等である．

そこで，今後はベクトルを縦に長い3行1列の行列で表し，これに作用して他のベクトルをつくるような1次演算子を3行3列の行列で表すことにしよう．

$$\boldsymbol{V} \longrightarrow \begin{pmatrix} V_1 \\ V_2 \\ V_3 \end{pmatrix}, \quad \boldsymbol{U} \longrightarrow \begin{pmatrix} U_1 \\ U_2 \\ U_3 \end{pmatrix}, \quad A \longrightarrow \mathbf{A} \equiv \begin{pmatrix} a_{11} & a_{12} & a_{13} \\ a_{21} & a_{22} & a_{23} \\ a_{31} & a_{32} & a_{33} \end{pmatrix} \tag{6}$$

そうすると，(2) 式がそのまま (5) 式で表現されることになる．上の例（ⅰ），（ⅱ），（ⅲ）の演算子を表す行列は

$$\begin{pmatrix} 2 & 0 & 0 \\ 0 & 1 & 0 \\ 0 & 0 & 1 \end{pmatrix}, \quad \begin{pmatrix} 1 & 0 & 0 \\ 0 & 1 & 0 \\ 0 & 0 & 0 \end{pmatrix}, \quad \begin{pmatrix} \cos\alpha & -\sin\alpha & 0 \\ \sin\alpha & \cos\alpha & 0 \\ 0 & 0 & 1 \end{pmatrix}$$

である．このうち，最初の2つはその**対角要素**以外の要素がすべて0なので**対角行列**とよばれる．

2つのベクトルの**内積**または**スカラー積**は

$$\boldsymbol{U} \cdot \boldsymbol{V} = U_1 V_1 + U_2 V_2 + U_3 V_3 = \sum_i U_i V_i \tag{7}$$

で定義される．これを行列で表すためには，左側にくるときのベクトルを横長の1行3列の行列で表せばよい．

$$\boldsymbol{U} \cdot \boldsymbol{V} = (U_1 \quad U_2 \quad U_3) \begin{pmatrix} V_1 \\ V_2 \\ V_3 \end{pmatrix} \tag{8}$$

2つのベクトルの内積はそれらの間の角を γ として，$\boldsymbol{U} \cdot \boldsymbol{V} = UV \cos\gamma$（ただし $U = |\boldsymbol{U}|, V = |\boldsymbol{V}|$）であるから，<u>0でない2つのベクトルの内積が0のときには，これらは直交している</u>．

自分自身との内積はベクトルの長さ（**ノルム**ともいう）の2乗に等しい：

$$\boldsymbol{V} \cdot \boldsymbol{V} \equiv V^2 = V_1{}^2 + V_2{}^2 + V_3{}^2 = |\boldsymbol{V}|^2 \tag{9}$$

基底ベクトル $\boldsymbol{e}_1, \boldsymbol{e}_2, \boldsymbol{e}_3$ については明らかに

$$\boldsymbol{e}_1{}^2 = \boldsymbol{e}_2{}^2 = \boldsymbol{e}_3{}^2 = 1, \quad \boldsymbol{e}_1 \cdot \boldsymbol{e}_2 = \boldsymbol{e}_2 \cdot \boldsymbol{e}_3 = \boldsymbol{e}_3 \cdot \boldsymbol{e}_1 = 0$$

あるいはまとめて

$$\boldsymbol{e}_i \cdot \boldsymbol{e}_j = \delta_{ij} \tag{10}$$

が成り立っている．

(10) 式を用いれば，(1) 式と $\boldsymbol{e}_1, \boldsymbol{e}_2, \boldsymbol{e}_3$ との内積をとることによってただちに $V_i = \boldsymbol{e}_i \cdot \boldsymbol{V}$，すなわち

$$V_1 = \boldsymbol{e}_1 \cdot \boldsymbol{V}, \quad V_2 = \boldsymbol{e}_2 \cdot \boldsymbol{V}, \quad V_3 = \boldsymbol{e}_3 \cdot \boldsymbol{V} \tag{11}$$

が得られる．また，(5) 式の演算を

$$\boldsymbol{e}_1 \to \begin{pmatrix} 1 \\ 0 \\ 0 \end{pmatrix}, \quad \boldsymbol{e}_2 \to \begin{pmatrix} 0 \\ 1 \\ 0 \end{pmatrix}, \quad \boldsymbol{e}_3 \to \begin{pmatrix} 0 \\ 0 \\ 1 \end{pmatrix} \tag{12}$$

に対して適用すると，容易に

$$\left.\begin{array}{l} A\boldsymbol{e}_1 = a_{11}\boldsymbol{e}_1 + a_{21}\boldsymbol{e}_2 + a_{31}\boldsymbol{e}_3 \\ A\boldsymbol{e}_2 = a_{12}\boldsymbol{e}_1 + a_{22}\boldsymbol{e}_2 + a_{32}\boldsymbol{e}_3 \\ A\boldsymbol{e}_3 = a_{13}\boldsymbol{e}_1 + a_{23}\boldsymbol{e}_2 + a_{33}\boldsymbol{e}_3 \end{array}\right\} \quad \text{まとめて} \quad A\boldsymbol{e}_j = \sum_l a_{lj}\boldsymbol{e}_l \tag{13}$$

が得られる．これは

$$\begin{pmatrix} a_{11} & a_{12} & a_{13} \\ a_{21} & a_{22} & a_{23} \\ a_{31} & a_{32} & a_{33} \end{pmatrix} \begin{pmatrix} 1 \\ 0 \\ 0 \end{pmatrix} = \begin{pmatrix} a_{11} \\ a_{21} \\ a_{31} \end{pmatrix} = \begin{pmatrix} a_{11} \\ 0 \\ 0 \end{pmatrix} + \begin{pmatrix} 0 \\ a_{21} \\ 0 \end{pmatrix} + \begin{pmatrix} 0 \\ 0 \\ a_{31} \end{pmatrix}$$

などからただちに導かれる．（13）式と e_1, e_2, e_3 との内積をとれば，（10）式の関係を用いて

$$e_1 \cdot Ae_1 = a_{11}, \qquad e_1 \cdot Ae_2 = a_{12}, \qquad e_1 \cdot Ae_3 = a_{13}$$

$$e_2 \cdot Ae_1 = a_{21}, \qquad e_2 \cdot Ae_2 = a_{22}, \qquad e_2 \cdot Ae_3 = a_{23}$$

$$e_3 \cdot Ae_1 = a_{31}, \qquad e_3 \cdot Ae_2 = a_{32}, \qquad e_3 \cdot Ae_3 = a_{33}$$

が得られる．まとめて書けば，A の行列要素を与える式は

$$a_{ij} = e_i \cdot Ae_j \tag{14}$$

である．

　基底ベクトル e_1, e_2, e_3 としてはいろいろな組を考えることができるが，ベクトルや1次演算子自身は本来そのとり方とは無関係なものである．ただ，このような**基底ベクトル**（あるいは座標系）を導入することにより，<u>行列表示</u>が可能になり，機械的に計算することができるようになるのである．もちろん，これら基底ベクトルの選び方によってベクトルの成分も，演算子の行列要素も異なったものになる．それでは，1つの e_1, e_2, e_3 という系から，他の系 e_1', e_2', e_3' へ座標変換をしたときに，行列はどのように変換されるだろうか．

　新しい基底ベクトル e_1', e_2', e_3' の方向を与えるには，それらの方向余弦を与えればよい．

	e_1	e_2	e_3
e_1'	l_1	m_1	n_1
e_2'	l_2	m_2	n_2
e_3'	l_3	m_3	n_3

この表で，たとえば l_2, m_2, n_2 はもとの系に対する e_2' の方向余弦である．

あるいは,

$$l_1 = \boldsymbol{e}_1{}'\cdot\boldsymbol{e}_1, \qquad m_1 = \boldsymbol{e}_1{}'\cdot\boldsymbol{e}_2, \qquad \cdots, \qquad m_3 = \boldsymbol{e}_3{}'\cdot\boldsymbol{e}_2, \qquad n_3 = \boldsymbol{e}_3{}'\cdot\boldsymbol{e}_3$$

と考えてもよい. これらのベクトルはすべて長さが1なので, 内積はそれぞれ2つのベクトル間の角の cosine に等しいからである. 多次元への拡張を考えて, l, m, n の代りに

	$\boldsymbol{e}_1$	$\boldsymbol{e}_2$	$\boldsymbol{e}_3$
$\boldsymbol{e}_1{}'$	T_{11}	T_{12}	T_{13}
$\boldsymbol{e}_2{}'$	T_{21}	T_{22}	T_{23}
$\boldsymbol{e}_3{}'$	T_{31}	T_{32}	T_{33}

と書くことにしよう. そうすると

$$T_{ij} = \boldsymbol{e}_i{}'\cdot\boldsymbol{e}_j \tag{15}$$

である. この T_{ij} を用いると

$$\left.\begin{aligned}
\boldsymbol{e}_1{}' &= T_{11}\boldsymbol{e}_1 + T_{12}\boldsymbol{e}_2 + T_{13}\boldsymbol{e}_3 \\
\boldsymbol{e}_2{}' &= T_{21}\boldsymbol{e}_1 + T_{22}\boldsymbol{e}_2 + T_{23}\boldsymbol{e}_3 \\
\boldsymbol{e}_3{}' &= T_{31}\boldsymbol{e}_1 + T_{32}\boldsymbol{e}_2 + T_{33}\boldsymbol{e}_3
\end{aligned}\right\} \tag{16}$$

あるいは, まとめて

$$\boldsymbol{e}_i{}' = \sum_{j=1}^{3} T_{ij}\boldsymbol{e}_j \tag{16a}$$

とも書ける. 逆に $\boldsymbol{e}_j$ を $\boldsymbol{e}_i{}'$ で表す式は

$$\left.\begin{aligned}
\boldsymbol{e}_1 &= T_{11}\boldsymbol{e}_1{}' + T_{21}\boldsymbol{e}_2{}' + T_{31}\boldsymbol{e}_3{}' \\
\boldsymbol{e}_2 &= T_{12}\boldsymbol{e}_1{}' + T_{22}\boldsymbol{e}_2{}' + T_{32}\boldsymbol{e}_3{}' \\
\boldsymbol{e}_3 &= T_{13}\boldsymbol{e}_1{}' + T_{23}\boldsymbol{e}_2{}' + T_{33}\boldsymbol{e}_3{}'
\end{aligned}\right\} \tag{17}$$

あるいは

$$\boldsymbol{e}_j = \sum_{i=1}^{3} T_{ij}\boldsymbol{e}_i{}' \tag{17a}$$

となる. ベクトル $\boldsymbol{V}$ は $\sum_{j=1}^{3} V_j\boldsymbol{e}_j$ と書けるが, これに (17a) 式を代入して

$$\boldsymbol{V} = \sum_{j=1}^{3} V_j \boldsymbol{e}_j$$

$$= \sum_{j=1}^{3} V_j \left(\sum_{i=1}^{3} T_{ij} \boldsymbol{e}_i' \right)$$

$$= \sum_{i=1}^{3} \left(\sum_{j=1}^{3} T_{ij} V_j \right) \boldsymbol{e}_i'$$

と変形し，$\boldsymbol{V} = \sum_{i=1}^{3} V_i' \boldsymbol{e}_i'$ と比較すれば

$$V_i' = \sum_{j=1}^{3} T_{ij} V_j \tag{18}$$

を得る．これを行列で表せば

$$\begin{pmatrix} V_1' \\ V_2' \\ V_3' \end{pmatrix} = \begin{pmatrix} T_{11} & T_{12} & T_{13} \\ T_{21} & T_{22} & T_{23} \\ T_{31} & T_{32} & T_{33} \end{pmatrix} \begin{pmatrix} V_1 \\ V_2 \\ V_3 \end{pmatrix} \tag{18a}$$

が得られる．逆に，$\boldsymbol{V} = \sum_{i=1}^{3} V_i' \boldsymbol{e}_i'$ に（16a）式を代入すれば

$$\begin{pmatrix} V_1 \\ V_2 \\ V_3 \end{pmatrix} = \begin{pmatrix} T_{11} & T_{21} & T_{31} \\ T_{12} & T_{22} & T_{32} \\ T_{13} & T_{23} & T_{33} \end{pmatrix} \begin{pmatrix} V_1' \\ V_2' \\ V_3' \end{pmatrix} \tag{19}$$

を得る．いま

$$\mathbf{T} = \begin{pmatrix} T_{11} & T_{12} & T_{13} \\ T_{21} & T_{22} & T_{23} \\ T_{31} & T_{32} & T_{33} \end{pmatrix}, \quad \tilde{\mathbf{T}} = \begin{pmatrix} T_{11} & T_{21} & T_{31} \\ T_{12} & T_{22} & T_{32} \\ T_{13} & T_{23} & T_{33} \end{pmatrix} \tag{20}$$

とおくことにしよう．上に～をつけたのは，行列の行と列を入れ換える印である．$\tilde{\mathbf{T}}$ を $\mathbf{T}$ の**転置行列**という．（19）式の右辺に（18a）式を代入すれば

$$\begin{pmatrix} V_1 \\ V_2 \\ V_3 \end{pmatrix} = \tilde{\mathbf{T}}\mathbf{T} \begin{pmatrix} V_1 \\ V_2 \\ V_3 \end{pmatrix}$$

であるから，この両辺が等しいためには $\tilde{\mathbf{T}}\mathbf{T}$ が**単位行列**でなければならない．

$$\tilde{\mathbf{T}}\mathbf{T} = \begin{pmatrix} 1 & 0 & 0 \\ 0 & 1 & 0 \\ 0 & 0 & 1 \end{pmatrix} \equiv \mathbf{E} \tag{21}$$

したがって，$\widetilde{\mathbf{T}}$ は $\mathbf{T}$ の逆行列である．(18a) 式の右辺に (19) 式を入れれば $\mathbf{T}\widetilde{\mathbf{T}} = \mathbf{E}$ であることもわかる．ゆえに

$$\widetilde{\mathbf{T}} = \mathbf{T}^{-1} \qquad \text{すなわち} \qquad T_{ji} = (\mathbf{T}^{-1})_{ij} \tag{22}$$

となる．この $\mathbf{T}$ のように，転置行列がもとの行列の逆行列に等しい場合，その行列を**直交行列**という．直交座標軸の間の変換を表す行列は直交行列である．

演算子については，(14) 式により

$$a_{nm} = \boldsymbol{e}_n \cdot A\boldsymbol{e}_m, \qquad a_{ij}' = \boldsymbol{e}_i' \cdot A\boldsymbol{e}_j'$$

であるが，この 2 番目の式に (16a) 式を代入し，1 番目の式を使うと

$$
\begin{aligned}
a_{ij}' &= \sum_n T_{in}(\boldsymbol{e}_n \cdot A \sum_m T_{jm}\boldsymbol{e}_m) \\
&= \sum_n \sum_m T_{in}(\boldsymbol{e}_n \cdot A\boldsymbol{e}_m) T_{jm} \\
&= \sum_n \sum_m T_{in} a_{nm} T_{jm} \\
&= \sum_n \sum_m T_{in} a_{nm} (\mathbf{T}^{-1})_{mj}
\end{aligned}
$$

となる．ここで，(22) 式を用いて $T_{jm} = (\mathbf{T}^{-1})_{mj}$ とした．この最後の表式は行列の掛け算の規則により

$$
\begin{pmatrix} T_{11} & T_{12} & T_{13} \\ T_{21} & T_{22} & T_{23} \\ T_{31} & T_{32} & T_{33} \end{pmatrix}
\begin{pmatrix} a_{11} & a_{12} & a_{13} \\ a_{21} & a_{22} & a_{23} \\ a_{31} & a_{32} & a_{33} \end{pmatrix}
\begin{pmatrix} T_{11}^{-1} & T_{12}^{-1} & T_{13}^{-1} \\ T_{21}^{-1} & T_{22}^{-1} & T_{23}^{-1} \\ T_{31}^{-1} & T_{32}^{-1} & T_{33}^{-1} \end{pmatrix}
$$

という掛け算をやって得られる 3 行 3 列の行列の i 行 j 列目の成分に等しい．ゆえに

$$
\mathbf{A} = \begin{pmatrix} a_{11} & a_{12} & a_{13} \\ a_{21} & a_{22} & a_{23} \\ a_{31} & a_{32} & a_{33} \end{pmatrix}
\qquad \text{と} \qquad
\mathbf{A}' = \begin{pmatrix} a_{11}' & a_{12}' & a_{13}' \\ a_{21}' & a_{22}' & a_{23}' \\ a_{31}' & a_{32}' & a_{33}' \end{pmatrix}
$$

との間には

$$\mathbf{A}' = \mathbf{T}\mathbf{A}\mathbf{T}^{-1} \tag{23}$$

の関係があることがわかる．これの逆は

$$\mathbf{A} = \mathbf{T}^{-1}\mathbf{A}'\mathbf{T} \tag{23a}$$

である．

上の議論において，同じ3行3列の行列で表されてはいても，演算子を表すものと座標変換を表すものとは，その意味が全く異なることを確認し，混同しないように気をつけなければいけない．$\mathbf{A}$ あるいは $\mathbf{A}'$ は，1つのベクトルを他のベクトルに変える操作を，同じ座標系で表したその2つのベクトルの成分の関係として結びつける行列である．これに反し，$\mathbf{T}$ は "同じ" ベクトルを異なる2つの座標系で表したときの成分間の関係を表すものである．

2つの行列 $\mathbf{G}, \mathbf{H}$ の逆行列を $\mathbf{G}^{-1}, \mathbf{H}^{-1}$ とし，$\mathbf{G}$ と $\mathbf{H}$ の積（これも行列）の逆行列を $(\mathbf{GH})^{-1}$ とすると

$$(\mathbf{GH})^{-1} = \mathbf{H}^{-1}\mathbf{G}^{-1} \tag{24}$$

である．なぜなら

$$\mathbf{H}^{-1}\mathbf{G}^{-1}\mathbf{GH} = \mathbf{H}^{-1}(\mathbf{G}^{-1}\mathbf{G})\mathbf{H} = \mathbf{H}^{-1}\mathbf{EH} = \mathbf{H}^{-1}\mathbf{H} = \mathbf{E}$$

となるからである．また，$\mathbf{G}, \mathbf{H}$ の転置行列を $\tilde{\mathbf{G}}, \tilde{\mathbf{H}}$ とすると

$$(\widetilde{\mathbf{GH}}) = \tilde{\mathbf{H}}\tilde{\mathbf{G}} \tag{25}$$

になることは両辺の行列要素を比べてみるとすぐにわかる．

$$(\widetilde{\mathbf{GH}})_{ij} = (\mathbf{GH})_{ji} = \sum_l G_{jl}H_{li} = \sum_l \tilde{G}_{lj}\tilde{H}_{il} = \sum_l \tilde{H}_{il}\tilde{G}_{lj} = (\tilde{\mathbf{H}}\tilde{\mathbf{G}})_{ij}$$

これを，ベクトルを表す3行1列の行列とそれの直交変換との積に適用すると，

$$\begin{pmatrix} U_1' \\ U_2' \\ U_3' \end{pmatrix} = \mathbf{T}\begin{pmatrix} U_1 \\ U_2 \\ U_3 \end{pmatrix} \quad \xrightarrow[\text{転置}]{} \quad (U_1' \ \ U_2' \ \ U_3') = (U_1 \ \ U_2 \ \ U_3)\tilde{\mathbf{T}} \tag{26}$$

ゆえに

$$(U_1' \ \ U_2' \ \ U_3')\begin{pmatrix} V_1' \\ V_2' \\ V_3' \end{pmatrix} = (U_1 \ \ U_2 \ \ U_3)\tilde{\mathbf{T}}\mathbf{T}\begin{pmatrix} V_1 \\ V_2 \\ V_3 \end{pmatrix}$$

となる．ところが，$\tilde{\mathbf{T}} = \mathbf{T}^{-1}$ であるから $\tilde{\mathbf{T}}\mathbf{T} = \mathbf{E}$ である．ゆえに

$$U_1'V_1' + U_2'V_2' + U_3'V_3' = U_1V_1 + U_2V_2 + U_3V_3$$

であることがわかる．すなわち，2つのベクトルの内積は基底ベクトルの直交変換に対して不変である．

［**例題**］　任意のベクトルを，方向余弦 l, m, n で与えられる直線に垂直な平面に射影する演算子の行列を求めよ.

［**解**］　方向が l, m, n で与えられる単位ベクトルを $\boldsymbol{e}$ とすると，

$$\boldsymbol{e} \rightarrow \begin{pmatrix} l \\ m \\ n \end{pmatrix}$$

で与えられることは明らかである. 任意のベクトル $\boldsymbol{V}$ とこの $\boldsymbol{e}$ との内積をとれば，それは $\boldsymbol{V}$ の $\boldsymbol{e}$ 方向の成分である. ゆえに，それに $\boldsymbol{e}$ を掛けて得られるベクトル $(\boldsymbol{V} \cdot \boldsymbol{e})\boldsymbol{e}$ は，$\boldsymbol{V}$ を $\boldsymbol{e}$ 方向とそれに垂直な方向のベクトルに $\boldsymbol{V} = \boldsymbol{V}_{/\!/} + \boldsymbol{V}_\perp$ のように分けたときの $\boldsymbol{V}_{/\!/}$ になっている. ゆえに

$$\boldsymbol{V}_\perp = \boldsymbol{V} - \boldsymbol{V}_{/\!/} = \boldsymbol{V} - (\boldsymbol{V} \cdot \boldsymbol{e})\boldsymbol{e}$$

と書かれることがわかる. これを成分によって行列で表せば

$$\boldsymbol{V} \cdot \boldsymbol{e} = (V_1 \quad V_2 \quad V_3) \begin{pmatrix} l \\ m \\ n \end{pmatrix} = lV_1 + mV_2 + nV_3$$

であるから

$$\boldsymbol{V}_\perp \longrightarrow \begin{pmatrix} V_1 \\ V_2 \\ V_3 \end{pmatrix} - (lV_1 + mV_2 + nV_3) \begin{pmatrix} l \\ m \\ n \end{pmatrix}$$

$$= \begin{pmatrix} V_1 \\ V_2 \\ V_3 \end{pmatrix} - \begin{pmatrix} l^2 V_1 + lm V_2 + ln V_3 \\ lm V_1 + m^2 V_2 + mn V_3 \\ nl V_1 + mn V_2 + n^2 V_3 \end{pmatrix}$$

$$= \begin{pmatrix} (1 - l^2) V_1 - lm V_2 - nl V_3 \\ -lm V_1 + (1 - m^2) V_2 - mn V_3 \\ -nl V_1 - mn V_2 + (1 - n^2) V_3 \end{pmatrix}$$

$$= \begin{pmatrix} 1 - l^2 & -lm & -nl \\ -lm & 1 - m^2 & -mn \\ -nl & -mn & 1 - n^2 \end{pmatrix} \begin{pmatrix} V_1 \\ V_2 \\ V_3 \end{pmatrix}$$

となることがわかる. したがって，求める行列は

$$\begin{pmatrix} 1 - l^2 & -lm & -nl \\ -lm & 1 - m^2 & -mn \\ -nl & -mn & 1 - n^2 \end{pmatrix}$$

である. ✒

§6.2　n 次元複素ベクトル空間

　前節の議論を 3 次元から n 次元に拡張することは容易である．ベクトル
は n 行 1 列の縦長行列，1 次演算子は n 行 n 列の正方行列，座標軸の変換も
n 行 n 列の正方行列で表され，内積の相手として左から掛けるときだけベク
トルを 1 行 n 列の横長行列で表す等も全く同様である．以上では，ベクトル
の成分も，演算子や座標変換の行列要素も，すべて実数であった．次にこれ
らを複素数にする拡張を考える．この場合，ベクトルの長さの 2 乗になるべ
き自分自身との内積が，<u>常に正</u>になるようにしたい．それには内積を

$$U \cdot V = U_1{}^* V_1 + U_2{}^* V_2 + \cdots + U_n{}^* V_n \tag{1}$$

と定義することにすればよい．このように約束すれば，$n = 3$ で，すべての
成分が実数という特別な場合として前節の内容が全部含まれることになる．
以下，n 次元複素ベクトルとそれに対する 1 次変換の要約を記す．証明や導
出は省略するが，前節を参照しながら読者みずから試みれば，よい演習にな
ると思う．

　n 次元複素ベクトル V は互いに直交する長さが 1 の基底ベクトル n 個
$e_1, e_2, \cdots, e_n$ により

$$V = V_1 e_1 + V_2 e_2 + \cdots + V_n e_n \tag{2}$$

と表される．ここに

$$e_i \cdot e_j = \delta_{ij} \tag{3}$$

である．(2) 式を行列で

$$V \longrightarrow \begin{pmatrix} V_1 \\ V_2 \\ \vdots \\ V_n \end{pmatrix} \tag{4}$$

のように表す．内積は転置<u>共役</u>行列との積として

$$U \cdot V = (U_1{}^* \quad U_2{}^* \quad \cdots \quad U_n{}^*)\begin{pmatrix} V_1 \\ V_2 \\ \vdots \\ V_n \end{pmatrix} \tag{5}$$

と表すことができる．1次演算は

$$U = AV \longrightarrow \begin{pmatrix} U_1 \\ U_2 \\ \vdots \\ U_n \end{pmatrix} = \begin{pmatrix} a_{11} & a_{12} & \cdots & a_{1n} \\ a_{21} & a_{22} & \cdots & a_{2n} \\ & \cdots\cdots\cdots & \\ a_{n1} & a_{n2} & \cdots & a_{nn} \end{pmatrix}\begin{pmatrix} V_1 \\ V_2 \\ \vdots \\ V_n \end{pmatrix} \tag{6}$$

と表される．ただし

$$a_{ij} = e_i \cdot Ae_j \tag{7}$$

である．1つの基底ベクトル系 $e_1, e_2, \cdots, e_n$ から他の系 $e_1', e_2', \cdots, e_n'$ へ移った場合には，

$$e_j = \sum_i T_{ij} e_i' \tag{8}$$

の係数でつくった変換行列

$$\mathbf{T} = \begin{pmatrix} T_{11} & T_{12} & \cdots & T_{1n} \\ T_{21} & T_{22} & \cdots & T_{2n} \\ & \cdots\cdots\cdots & \\ T_{n1} & T_{n2} & \cdots & T_{nn} \end{pmatrix} \tag{9}$$

を用いて

$$\begin{pmatrix} V_1' \\ V_2' \\ \vdots \\ V_n' \end{pmatrix} = \mathbf{T}\begin{pmatrix} V_1 \\ V_2 \\ \vdots \\ V_n \end{pmatrix}, \quad (V_1'^* \quad V_2'^* \quad \cdots \quad V_n'^*) = (V_1{}^* \quad V_2{}^* \quad \cdots \quad V_n{}^*)\tilde{\mathbf{T}}^* \tag{10a}$$

$$\mathbf{A}' = \mathbf{TAT}^{-1} \tag{10b}$$

と変換されることは前節と同様である．ベクトル W と $U = AV$ との内積がどちらで書いても同じ形

$$W \cdot AV = (W_1{}^* \ W_2{}^* \ \cdots \ W_n{}^*)\mathbf{A}\begin{pmatrix} V_1 \\ V_2 \\ \vdots \\ V_n \end{pmatrix} = (W_1'{}^* \ W_2'{}^* \ \cdots \ W_n'{}^*)\mathbf{A}'\begin{pmatrix} V_1' \\ V_2' \\ \vdots \\ V_n' \end{pmatrix}$$

$$(11)$$

になることは，これからすぐにわかるであろう．実数のときと違うことは

$$\mathbf{T}^{-1} = \tilde{\mathbf{T}}^* \qquad （転置共役：\textbf{アジョイント}ともいう） \qquad (12\text{a})$$

すなわち

$$T_{ij}{}^{-1} = T_{ji}{}^* \qquad (12\text{b})$$

になるということである．なぜなら，(8) 式の逆は

$$e_l' = \sum_k T_{kl}{}^{-1} e_k \qquad (13)$$

であるが*，これと e_j との内積（e_j を左から掛ける）は

$$e_j \cdot e_l' = T_{jl}{}^{-1}$$

であり，一方，(8) 式に左から e_l' を掛けると

$$e_l' \cdot e_j = T_{lj}$$

を得るが，複素ベクトルの内積については定義から明らかなように

$$U \cdot V = (V \cdot U)^* \qquad (14)$$

という共役関係があるので $T_{jl}{}^{-1} = T_{lj}{}^*$，すなわち (12b) 式が得られるからである．(12a), (12b) 式のような行列を**ユニタリー行列**という．ユニタリー行列については，$\mathbf{T}\tilde{\mathbf{T}}^* = \tilde{\mathbf{T}}^*\mathbf{T} = \mathbf{E}$ であるから

$$\sum_j T_{ij} T_{kj}{}^* = \delta_{ik}, \qquad \sum_j T_{ji}{}^* T_{jk} = \delta_{ik} \qquad (12\text{c})$$

が成り立つ．ユニタリー行列による (10a), (10b) 式のような変換を**ユニタリー変換**という．直交行列，直交変換はこれらの特別な場合（実数のとき）である．

　量子力学で現れる 1 次演算子は

$$a_{ij} = a_{ji}{}^* \qquad (15\text{a})$$

---

* 　右辺の e_k に (8) 式（j の字を k に変える）を代入して両辺を比べれば
$$\sum_k T_{ik} T_{kl}{}^{-1} = \delta_{il} \qquad すなわち \qquad \mathbf{T}\mathbf{T}^{-1} = \mathbf{E}$$

すなわち

$$\mathbf{A} = \widetilde{\mathbf{A}}^* \tag{15b}$$

という条件を満たすものが多い．このように転置共役，すなわちアジョイント行列と自分自身が等しい行列のことを**エルミート行列**とよぶ．前節（ⅰ），（ⅱ）の例（139 ページ）にあげた行列はエルミート行列であるが，（ⅲ）の行列はそうではない（ユニタリー行列である）．

エルミート行列 $\mathbf{A}$ をユニタリー行列 $\mathbf{T}$ で

$$\mathbf{A}' = \mathbf{T}\mathbf{A}\mathbf{T}^{-1}$$

のように変換したとき，この両辺の ij 要素および ji 要素をとってみると

$$a_{ij}' = \sum_k \sum_l T_{ik} a_{kl} T_{lj}^{-1}, \qquad a_{ji}' = \sum_k \sum_l T_{jl} a_{lk} T_{ki}^{-1}$$

であるが，2 番目の式の複素共役をとって，$\mathbf{A}$ のエルミート性（$a_{lk}^* = a_{kl}$）および $\mathbf{T}$ のユニタリー性（$T_{jl}^* = \widetilde{T}_{lj}^* = T_{lj}^{-1}, T_{ki}^{-1*} = \widetilde{T}_{jk}^{-1*} = T_{jk}$）を用いると，第 1 の式と一致するから

$$a_{ij}' = a_{ji}'^*$$

が得られる．すなわち

> エルミート行列をユニタリー変換すると，やはりエルミート行列が得られる．

また，A がエルミート演算子ならば

$$\boldsymbol{U} \cdot A\boldsymbol{V} = \sum_i U_i^* (A\boldsymbol{V})_i = \sum_i U_i^* \sum_j a_{ij} V_j = \sum_i \sum_j a_{ij} U_i^* V_j$$

$$A\boldsymbol{U} \cdot \boldsymbol{V} = \sum_j (A\boldsymbol{U})_j^* V_j = \sum_j \left(\sum_i a_{ji} U_i\right)^* V_j = \sum_i \sum_j a_{ji}^* U_i^* V_j$$

において $a_{ji}^* = a_{ij}$ であるから

$$\boldsymbol{U} \cdot A\boldsymbol{V} = A\boldsymbol{U} \cdot \boldsymbol{V} \tag{16}$$

が成り立つ．

さて，前節の例（ⅰ），（ⅱ），（ⅲ）で見たように，1 次演算子をベクトルに作用させると，一般にその方向も長さも変化する．しかし，（ⅰ）の例ならば，

e_1 に平行なベクトルはその長さが 2 倍になるだけで方向は変化しない.
e_2-e_3 面内にとったベクトルならば全く変化しない.（ⅱ）の例では,（ⅰ）
の 2 倍の代りに e_3 方向のベクトルは 0 倍になるが, e_1-e_2 面内のベクトルは
変化しない. このように, 特別な方向のベクトルに対して AV が V と平行
で, 長さが α 倍になるときには

$$AV = \alpha V \tag{17}$$

と書ける.（ⅰ）,（ⅱ）の例では, それぞれこのようなベクトルとして互いに
直交するものを 3 つずつ選ぶことができる. しかし,（ⅲ）ではそうはいかな
い. e_3 に平行なベクトルは不変であるが, それ以外の 0 でないベクトルはす
べて方向が変化してしまう.（ⅰ）,（ⅱ）の演算を表す行列はエルミートであ
ったが,（ⅲ）のそれはエルミートでないことを注意しておこう.

一般の n 次元複素ベクトル空間で, エルミート演算子 A に対して上の
$AV = \alpha V$ を満たすベクトル V と数 α が見出されたとき, V を A の**固有ベ
クトル**, α をその**固有値**という.

（17）式を行列表示にすると

$$\begin{pmatrix} a_{11} & a_{12} & \cdots & a_{1n} \\ a_{21} & a_{22} & \cdots & a_{2n} \\ & \cdots\cdots\cdots & & \\ a_{n1} & a_{n2} & \cdots & a_{nn} \end{pmatrix} \begin{pmatrix} V_1 \\ V_2 \\ \vdots \\ V_n \end{pmatrix} = \begin{pmatrix} \alpha V_1 \\ \alpha V_2 \\ \vdots \\ \alpha V_n \end{pmatrix}$$

であるが, 普通の式に直すと

$$\begin{cases} (a_{11} - \alpha)V_1 + a_{12}V_2 + \cdots + a_{1n}V_n = 0 \\ a_{21}V_1 + (a_{22} - \alpha)V_2 + \cdots + a_{2n}V_n = 0 \\ \qquad\qquad \cdots\cdots\cdots\cdots\cdots \\ a_{n1}V_1 + a_{n2}V_2 + \cdots + (a_{nn} - \alpha)V_n = 0 \end{cases}$$

を得る. これを未知数 $V_1, V_2, \cdots, V_n$ に関する連立方程式と見ると, この式か
ら定められるのは $V_1 : V_2 : V_3 : \cdots : V_n$ という比だけである. あるいは全部を
V_1 で割って,

$$\frac{V_2}{V_1}, \frac{V_3}{V_1}, \frac{V_4}{V_1}, \cdots, \frac{V_n}{V_1}$$

を $n-1$ 個の未知数と考えてもよい. そうすると, 方程式は n 個あるので多過ぎることになる. したがって, これらが矛盾なく解けるためには, たとえば, このうちの $n-1$ 個から得た解が, 残る1つの方程式をちょうど満たす, という条件が必要である.

代数学の教えるところによれば, その条件（必要十分）は**永年方程式*** とよばれる方程式

$$\begin{vmatrix} a_{11}-\alpha & a_{12} & a_{13} & \cdots & a_{1n} \\ a_{21} & a_{22}-\alpha & a_{23} & \cdots & a_{2n} \\ a_{31} & a_{32} & a_{33}-\alpha & \cdots & a_{3n} \\ \multicolumn{5}{c}{\cdots\cdots\cdots\cdots\cdots} \\ a_{n1} & a_{n2} & a_{n3} & \cdots & a_{nn}-\alpha \end{vmatrix} = 0 \qquad (18)$$

である. この方程式は $|\mathbf{A}-\alpha\mathbf{E}|=0$ などとも書けるが, α に関する n 次方程式であるから, n 個の根をもつ. それを

$$\alpha_1, \alpha_2, \alpha_3, \cdots, \alpha_n \qquad (19)$$

とすれば, これらが求める固有値である. これらの根はすべて実数である. なぜなら, $A\boldsymbol{V}_i = \alpha_i \boldsymbol{V}_i$ と $\boldsymbol{V}_i$ との内積

$$\boldsymbol{V}_i \cdot A\boldsymbol{V}_i = \alpha_i |\boldsymbol{V}_i|^2$$

の左辺に（16）式を適用すれば $A\boldsymbol{V}_i \cdot \boldsymbol{V}_i$ となるが, 内積の順序を入れ換えると複素共役になるので, これは $(\boldsymbol{V}_i \cdot A\boldsymbol{V}_i)^*$ に等しい. したがって $\boldsymbol{V}_i \cdot A\boldsymbol{V}_i = (\boldsymbol{V}_i \cdot A\boldsymbol{V}_i)^*$ となり, これは実数である. $|\boldsymbol{V}_i|^2$ はもちろん正の実数だから, α_i も実数である. ゆえに

> エルミート演算子の固有値はすべて実数である

という重要な定理が得られた.

---

* $\mathbf{A}$ がエルミート行列のときの, 主として物理学でのよび名. 一般の場合には固有方程式という.

実根（19）式は皆異なることもあるが，重根もある．いま，異なる2根を α_k, α_l とし，それに対する固有ベクトルを V_k, V_l とすると，

$$A V_k = \alpha_k V_k, \qquad A V_l = \alpha_l V_l$$

であるが，第1の式の両辺と V_l，第2式の両辺と V_k の内積をとると

$$V_l \cdot A V_k = \alpha_k (V_l \cdot V_k), \qquad V_k \cdot A V_l = \alpha_l (V_k \cdot V_l) \qquad (20)$$

となる．A はエルミートなので，（16）式を第1式の左辺に適用すると

$$A V_l \cdot V_k = \alpha_k (V_l \cdot V_k)$$

さらにこれの複素共役をとれば

$$(A V_l \cdot V_k)^* = V_k \cdot A V_l, \qquad (V_l \cdot V_k)^* = V_k \cdot V_l, \qquad \alpha_k{}^* = \alpha_k$$

なので

$$V_k \cdot A V_l = \alpha_k (V_k \cdot V_l)$$

これと（20）式の右側の式とから

$$(\alpha_k - \alpha_l)(V_k \cdot V_l) = 0$$

を得るが，$\alpha_k \neq \alpha_l$ なのであるから

$$V_k \cdot V_l = 0$$

がわかる．すなわち

> エルミート演算子の異なる固有値に対する固有ベクトルは，互いに直交する．

g 重に重なった（**縮退**した）固有値に対しては，固有ベクトルは一意的には定まらない．前節の例（ⅰ）では $e_2 - e_3$ 平面内のベクトルなら何でもよいし，例（ⅱ）なら $e_1 - e_2$ 面内で同様である．一般に g 重に縮退した固有値に対する固有ベクトルは，g 次元の部分空間をつくる．そこで，その空間の中に適当に互いに直交する g 個のベクトルをとればよい．

このようにしてきめた n 個の固有ベクトルは，方向はきまるが長さは不定である．そこで，長さが1になるように適当な数を掛けて**規格化**すれば，これで互いに直交する長さが1の n 個のベクトルが得られることになる．

それらを $e_1^{(0)}, e_2^{(0)}, e_3^{(0)}, \cdots, e_n^{(0)}$ とすると，これを 1 つの基底ベクトル系とすることも可能である．そうしたときの A の行列はどうなるだろうか．(7)式を用いれば

$$a_{ij}^{(0)} = e_i^{(0)} \cdot A e_j^{(0)}$$

であるが，$A e_j^{(0)} = \alpha_j e_j^{(0)}$ で，しかも $i \neq j$ なら $e_i^{(0)}$ と $e_j^{(0)}$ は直交するから

$$a_{ij}^{(0)} = \alpha_i \delta_{ij}$$

すなわち

$$\mathbf{A}^{(0)} = \begin{pmatrix} \alpha_1 & 0 & 0 & \cdots & 0 \\ 0 & \alpha_2 & 0 & \cdots & 0 \\ 0 & 0 & \alpha_3 & \cdots & 0 \\ \multicolumn{5}{c}{\cdots\cdots\cdots\cdots\cdots} \\ 0 & 0 & 0 & \cdots & \alpha_n \end{pmatrix}$$

は対角行列である．

　[例題]　2 次元複素ベクトル空間で，規格化された直交するベクトル e_1, e_2 を基底にしたときに

$$\mathbf{A} = \begin{pmatrix} 0 & 1 \\ 1 & 0 \end{pmatrix}, \qquad \mathbf{B} = \begin{pmatrix} 0 & -i \\ i & 0 \end{pmatrix}$$

のように表されるエルミート演算子 A, B の固有値と固有ベクトルを求めよ．また，これらを対角化するユニタリー変換の行列を記せ．

[解]　永年方程式は

$$\begin{vmatrix} -\alpha & 1 \\ 1 & -\alpha \end{vmatrix} = 0, \qquad \begin{vmatrix} -\beta & -i \\ i & -\beta \end{vmatrix} = 0$$

であるから，これらを解いて

$$\alpha_1 = 1, \ \alpha_2 = -1 \qquad \text{および} \qquad \beta_1 = 1, \ \beta_2 = -1$$

は容易に得られる．ゆえに，A を対角化するユニタリー変換は

$$\mathbf{T} \begin{pmatrix} 0 & 1 \\ 1 & 0 \end{pmatrix} \mathbf{T}^{-1} = \begin{pmatrix} 1 & 0 \\ 0 & -1 \end{pmatrix}$$

両辺の右から $\mathbf{T}$ を掛ければ

$$\begin{pmatrix} T_{11} & T_{12} \\ T_{21} & T_{22} \end{pmatrix} \begin{pmatrix} 0 & 1 \\ 1 & 0 \end{pmatrix} = \begin{pmatrix} 1 & 0 \\ 0 & -1 \end{pmatrix} \begin{pmatrix} T_{11} & T_{12} \\ T_{21} & T_{22} \end{pmatrix}$$

すなわち

$$\begin{pmatrix} T_{12} & T_{11} \\ T_{22} & T_{21} \end{pmatrix} = \begin{pmatrix} T_{11} & T_{12} \\ -T_{21} & -T_{22} \end{pmatrix}$$

を得る．これから

$$T_{11} = T_{12}, \qquad T_{22} = -T_{21}$$

が得られるから，(12c) 式を参照すれば

$$T_{11} = T_{12} = -T_{22} = T_{21} = \frac{1}{\sqrt{2}}$$

としてよいことがわかる．つまり，$\mathbf{T}$ は

$$\mathbf{T} = \begin{pmatrix} \dfrac{1}{\sqrt{2}} & \dfrac{1}{\sqrt{2}} \\ \dfrac{1}{\sqrt{2}} & -\dfrac{1}{\sqrt{2}} \end{pmatrix}, \qquad \mathbf{T}^{-1} = \tilde{\mathbf{T}}^* = \begin{pmatrix} \dfrac{1}{\sqrt{2}} & \dfrac{1}{\sqrt{2}} \\ \dfrac{1}{\sqrt{2}} & -\dfrac{1}{\sqrt{2}} \end{pmatrix}$$

で与えられる．この $\mathbf{T}$ によるユニタリー変換は，基底を $\boldsymbol{e}_1, \boldsymbol{e}_2$ から

$$\boldsymbol{e}_1{}' = \frac{1}{\sqrt{2}}(\boldsymbol{e}_1 + \boldsymbol{e}_2), \qquad \boldsymbol{e}_2{}' = \frac{1}{\sqrt{2}}(\boldsymbol{e}_1 - \boldsymbol{e}_2)$$

に変える変換である．A を対角化する基底は A の固有ベクトルであるから，上の $\boldsymbol{e}_1{}', \boldsymbol{e}_2{}'$ が A の固有ベクトルであって，固有値はそれぞれ $+1, -1$ である．

　B についても全く同様で，ユニタリー変換の行列は

$$\mathbf{S} = \begin{pmatrix} \dfrac{1}{\sqrt{2}} & -\dfrac{i}{\sqrt{2}} \\ \dfrac{1}{\sqrt{2}} & \dfrac{i}{\sqrt{2}} \end{pmatrix}, \qquad \mathbf{S}^{-1} = \tilde{\mathbf{S}}^* = \begin{pmatrix} \dfrac{1}{\sqrt{2}} & \dfrac{1}{\sqrt{2}} \\ \dfrac{i}{\sqrt{2}} & -\dfrac{i}{\sqrt{2}} \end{pmatrix}$$

固有値 $+1, -1$ に対する固有ベクトルは

$$\boldsymbol{e}_1{}'' = \frac{1}{\sqrt{2}}(\boldsymbol{e}_1 + i\boldsymbol{e}_2), \qquad \boldsymbol{e}_2{}'' = \frac{1}{\sqrt{2}}(\boldsymbol{e}_1 - i\boldsymbol{e}_2)$$

となる．✐

§6.3　無限次元のベクトルとしての関数

　数学的な前置きが大分長くなるが，ここで関数をベクトルと考えることができるという議論にもう一節割くことにする．

　いままでに出てきたいろいろの直交関数系を数えあげてみると次のようなものがある．

（ⅰ）　有限区間の場合の三角関数系，あるいは虚数の指数関数系．後者は運動量の固有関数になっている．

（ⅱ）　調和振動子の波動関数（§2.6（24a）式）．　$(-\infty < x < \infty)$

（ⅲ）　角運動量 $\boldsymbol{l}^2$ と l_z の同時固有関数 $\{Y_l{}^m(\theta, \phi)\}$.　$\begin{pmatrix} 0 \leqq \theta \leqq \pi \\ 0 \leqq \phi < 2\pi \end{pmatrix}$

（ⅳ）　水素原子の動径波動関数 $R_{nl}(r)$.　$(0 \leqq r < \infty)$

この他に §4.2（4）式（95 ページ）で定義されたルジャンドルの多項式 $P_l(\zeta)$ も，ζ の範囲 $-1 \leqq \zeta \leqq 1$ で直交関数系をつくる．

$$\int_{-1}^{1} P_l(\zeta)\, P_{l'}(\zeta)\, d\zeta = \delta_{ll'} \frac{2}{2l+1} \tag{1}$$

これらはいずれも，そこに現れた変数の，与えられた区間または領域で**完全直交関数系**になっている．つまり，その同じ区間または領域で定義された（適当な条件にかなう）勝手な関数を，これらの関数に定数を掛けて加えた和の形に表すことができるのである．たとえば，θ と ϕ の関数は

$$f(\theta, \phi) = \sum_{l=0}^{\infty} \sum_{m=-l}^{l} c_{lm} Y_l{}^m(\theta, \phi) \quad \begin{pmatrix} 0 \leqq \theta \leqq \pi \\ 0 \leqq \phi < 2\pi \end{pmatrix} \tag{2}$$

と書くことができ，その係数は

$$c_{lm} = \int_0^{2\pi} \int_0^{\pi} Y_l{}^{m*}(\theta, \phi)\, f(\theta, \phi) \sin\theta\, d\theta\, d\phi \tag{3}$$

で定められる．また，ξ の区間 $[-1, 1]$ で定義された $f(\xi)$ は

$$f(\xi) = \sum_l A_l P_l(\xi) \tag{4}$$

と展開できる．これに $P_l(\xi)$ を掛けて -1 から 1 まで積分し，（1）式を使えば

$$\int_{-1}^{1} P_l(\xi)\, f(\xi)\, d\xi = \frac{2}{2l+1} A_l$$

であるから

$$A_l = \left(l + \frac{1}{2}\right) \int_{-1}^{1} P_l(\xi)\, f(\xi)\, d\xi \tag{5}$$

によって A_l が定まる．

　このように，変数の数やその定義域はさまざまであるが，以下その変数を
まとめて $\boldsymbol{q}$ で表し，積分は $\int \cdots d\boldsymbol{q}$ のように記して，場合によっては二重，
三重，等の積分を表すものと約束し*，積分範囲はいちいち書かないことに
する．書いてはいなくても，不定積分ではなくて定積分であるから，積分結
果は定数，またはその積分変数 $\boldsymbol{q}$ 以外の変数（たとえば時間 t）の関数である．

　完全直交関係を $u_1(\boldsymbol{q}), u_2(\boldsymbol{q}), \cdots, u_n(\boldsymbol{q}), \cdots$ としよう．ただし，添字 $Y_l^m(\theta, \phi)$
の l と m のように複数のときもあるが，便宜上通し番号にしたものとする
（たとえば，電話番号なども局番まで含めた通し番号にしてしまうことは，不
便ではあろうが，不可能ではない）．

　関数系は規格化してあるものとすると

$$\int u_n{}^*(\boldsymbol{q}) u_{n'}(\boldsymbol{q}) \, d\boldsymbol{q} = \delta_{nn'} \tag{6}$$

となっている．これを利用すると，$\boldsymbol{q}$ の任意の関数は

$$f(\boldsymbol{q}) = \sum_n c_n u_n(\boldsymbol{q}) \tag{7}$$

と表され，係数は

$$c_n = \int u_n{}^*(\boldsymbol{q}) f(\boldsymbol{q}) \, d\boldsymbol{q} \tag{8}$$

できまる．したがって，1つ完全直交系を指定しておけば，関数 $f(\boldsymbol{q})$ は係数
$c_1, c_2, c_3, \cdots, c_n, \cdots$ によってきまる．n 次元のベクトルがその n 個の成分 $V_1,$
$V_2, V_3, \cdots, V_n$ によって完全にきまるのとよく似ている．異なるのは，次元数
が無限に多いことである．

　次は，$f(\boldsymbol{q})$ に作用する1次演算子 F を考えてみよう．

$$F f(\boldsymbol{q}) = F \sum_n c_n u_n(\boldsymbol{q}) = \sum_n c_n F u_n(\boldsymbol{q}) \tag{9}$$

であるが，これも $\boldsymbol{q}$ の関数として（7）式のように展開できるはずである．

$$g(\boldsymbol{q}) \equiv F f(\boldsymbol{q}) = \sum_m d_m u_m(\boldsymbol{q}) \tag{10}$$

---

*　直角座標以外のときには，たとえば (θ, ϕ) のときの $\sin\theta$ まで含めた $\sin\theta \, d\theta \, d\phi$ を
$d\boldsymbol{q}$ とみなすことにする．

ただし，係数は（8）式と同様に

$$d_m = \int u_m{}^*(\boldsymbol{q}) F f(\boldsymbol{q}) \, d\boldsymbol{q} \tag{11}$$

できまる．この右辺の $Ff(\boldsymbol{q})$ に（9）式を代入すれば

$$d_m = \int u_m{}^*(\boldsymbol{q}) \sum_n c_n F u_n(\boldsymbol{q}) \, d\boldsymbol{q}$$

$$= \sum_n \int u_m{}^*(\boldsymbol{q}) F u_n(\boldsymbol{q}) \, d\boldsymbol{q} \cdot c_n$$

となるから，F の **行列要素** を

$$F_{mn} = \int u_m{}^*(\boldsymbol{q}) F u_n(\boldsymbol{q}) \, d\boldsymbol{q} \tag{12}$$

で定義すると，

$$d_m = \sum_n F_{mn} c_n \tag{13}$$

と書くことができる．これは

$$\begin{pmatrix} d_1 \\ d_2 \\ d_3 \\ \vdots \end{pmatrix} = \begin{pmatrix} F_{11} & F_{12} & F_{13} & \cdots \\ F_{21} & F_{22} & F_{23} & \cdots \\ F_{31} & F_{32} & F_{33} & \cdots \\ & & \cdots\cdots\cdots \end{pmatrix} \begin{pmatrix} c_1 \\ c_2 \\ c_3 \\ \vdots \end{pmatrix} \tag{14}$$

という行列の関係式を表している．したがって，関数の間の関係式 $g(\boldsymbol{q}) = Ff(\boldsymbol{q})$ が，完全直交系 $u_1(\boldsymbol{q}), u_2(\boldsymbol{q}), \cdots$ の導入によって

$$g(\boldsymbol{q}) \longrightarrow \begin{pmatrix} d_1 \\ d_2 \\ d_3 \\ \vdots \end{pmatrix}, \quad f(\boldsymbol{q}) \longrightarrow \begin{pmatrix} c_1 \\ c_2 \\ c_3 \\ \vdots \end{pmatrix}, \quad F \longrightarrow \begin{pmatrix} F_{11} & F_{12} & F_{13} & \cdots \\ F_{21} & F_{22} & F_{23} & \cdots \\ F_{31} & F_{32} & F_{33} & \cdots \\ & & \cdots\cdots\cdots \end{pmatrix} \tag{15}$$

のように行列によって表現されて（14）式になったと考えることができる．展開式（7）や（10）は $\boldsymbol{V} = \sum_i V_i \boldsymbol{e}_i$ に対応し，係数（＝成分）を定める（8）式や（11）式は $V_i = \boldsymbol{e}_i \cdot \boldsymbol{V}$ に対応する．また，n 次元ベクトルに対する演算子 A は

$$A_{ij} = \boldsymbol{e}_i \cdot A \boldsymbol{e}_j$$

で定義される行列で表されたが，（12）式は，まさにこの式に対応している．また，これらから，内積は2つの関数の一方を複素共役にして掛け合わせてから $\boldsymbol{q}$ について積分することに対応していることが次のようにして確かめられる．

$$f(\boldsymbol{q}) = \sum_n c_n u_n(\boldsymbol{q}), \qquad g(\boldsymbol{q}) = \sum_m d_m u_m(\boldsymbol{q})$$

があるとき，この2つの内積は

$$(f, g) \equiv \int f^*(\boldsymbol{q}) g(\boldsymbol{q}) \, d\boldsymbol{q} \tag{16}$$

と定義されたが（§3.1, 56 ページ），f と g に上記の展開式を代入し，関数系 $u_1, u_2, \cdots$ の規格化直交性

$$\int u_n{}^*(\boldsymbol{q}) u_m(\boldsymbol{q}) \, d\boldsymbol{q} = \delta_{nm}$$

を利用すると

$$(f, g) = \sum_n \sum_m c_n{}^* d_m \int u_n{}^*(\boldsymbol{q}) u_m(\boldsymbol{q}) \, d\boldsymbol{q}$$
$$= \sum_n \sum_m c_n{}^* d_m \delta_{nm}$$

となるから，結局

$$(f, g) = \sum_n c_n{}^* d_n = (c_1{}^* \quad c_2{}^* \quad c_3{}^* \quad \cdots) \begin{pmatrix} d_1 \\ d_2 \\ d_3 \\ \vdots \end{pmatrix} \tag{17}$$

となって，n 次元複素ベクトルの場合の前節（1）式（148 ページ）と完全に一致する．

　また，関数 $g(\boldsymbol{q})$ に演算子 F を作用させて得られる関数と，別の関数 $f(\boldsymbol{q})$ との内積は

$$(f, Fg) \equiv \int f^*(\boldsymbol{q}) F g(\boldsymbol{q}) \, d\boldsymbol{q} \tag{18}$$

であるが，これも次のように計算される．

$$(f, Fg) = (c_1{}^* \quad c_2{}^* \quad c_3{}^* \quad \cdots) \begin{pmatrix} F_{11} & F_{12} & F_{13} & \cdots \\ F_{21} & F_{22} & F_{23} & \cdots \\ F_{31} & F_{32} & F_{33} & \cdots \\ & \cdots\cdots\cdots & & \end{pmatrix} \begin{pmatrix} d_1 \\ d_2 \\ d_3 \\ \vdots \end{pmatrix} \tag{19}$$

このようなわけで，以後は関数を見たらそれがベクトルに見えてこなければならないし，演算子はベクトルを他のベクトルに変えるので，正方行列のように思うことが必要である．なお，ベクトルというからには，**大きさ**あるいは**長さ**が考えられるが，それは

$$(f, f) \equiv \int f^*(\boldsymbol{q}) f(\boldsymbol{q})\, d\boldsymbol{q} = \sum_n c_n{}^* c_n = \sum_n |c_n|^2 \tag{20}$$

の正の 2 乗根として定義される．

$$\|f\| = \sqrt{(f, f)} = \sqrt{\sum_n |c_n|^2} \tag{21}$$

これを関数 $f(\boldsymbol{q})$ の**ノルム**という．ただ，いまの場合には成分の数が無限にあり，$f(\boldsymbol{q})$ が与えられたとき (8) 式で c_n を求めても，(20) 式の無限級数が収束しないことがありうるので注意を要する．ノルムが収束するような無限次元のベクトルの集合を**ヒルベルト空間**とよぶ．

ヒルベルト空間は無限次元であるが，この次元数と，もとの関数 $f(\boldsymbol{q})$，$g(\boldsymbol{q})$ などの変数 $\boldsymbol{q}$ の次元数とは全く別であるから混同しないように注意してほしい．

なお，関数 $f(\boldsymbol{q})$ の展開式 (7) の右辺の係数 c_n に (8) 式を代入すると

$$f(\boldsymbol{q}) = \sum_n u_n(\boldsymbol{q}) \int u_n{}^*(\boldsymbol{q}') f(\boldsymbol{q}')\, d\boldsymbol{q}'$$

$$= \int f(\boldsymbol{q}') \{\sum_n u_n{}^*(\boldsymbol{q}') u_n(\boldsymbol{q})\}\, d\boldsymbol{q}'$$

となるが，これと §3.7 (12a) 式 (87 ページ) とを比べてみると

$$\sum_n u_n{}^*(\boldsymbol{q}') u_n(\boldsymbol{q}) = \delta(\boldsymbol{q} - \boldsymbol{q}') \tag{22}$$

であることがわかる．これは関数系 $\{u_1(\boldsymbol{q}), u_2(\boldsymbol{q}), u_3(\boldsymbol{q}), \cdots\}$ が規格化された完全直交系であるための条件であると考えることができる．

[例題1] $-\pi \leqq x \leqq \pi$ において

$$u_1(x) = \sqrt{\frac{1}{2\pi}}, \quad u_2(x) = \sqrt{\frac{1}{\pi}}\cos x, \quad u_3(x) = \sqrt{\frac{1}{\pi}}\sin x,$$

$$u_4(x) = \sqrt{\frac{1}{\pi}}\cos 2x, \quad u_5(x) = \sqrt{\frac{1}{\pi}}\sin 2x, \cdots$$

一般に

$$u_{2n}(x) = \sqrt{\frac{1}{\pi}}\cos nx, \quad u_{2n+1}(x) = \sqrt{\frac{1}{\pi}}\sin nx$$

は規格化された完全直交関数系になっている．この関数系を基底に用いたときの，演算子 $d/dx, d^2/dx^2$ の行列を (12) 式を使って求めよ．また，d/dx の行列の 2 乗を計算して，それが d^2/dx^2 の行列と一致することを確かめよ．

[解] 三角関数を微分すればすぐわかるように

$$\frac{d}{dx}u_{2n}(x) = -n\,u_{2n+1}(x), \qquad \frac{d}{dx}u_{2n+1}(x) = n\,u_{2n}(x)$$

$$\frac{d^2}{dx^2}u_{2n}(x) = -n^2\,u_{2n}(x), \qquad \frac{d^2}{dx^2}u_{2n+1}(x) = -n^2\,u_{2n+1}(x)$$

であるから，(12) 式により

$$\frac{d}{dx} \longrightarrow \begin{pmatrix} 0 & 0 & 0 & 0 & 0 & \cdots \\ 0 & 0 & 1 & 0 & 0 & \cdots \\ 0 & -1 & 0 & 0 & 0 & \cdots \\ 0 & 0 & 0 & 0 & 2 & \cdots \\ 0 & 0 & 0 & -2 & 0 & \cdots \\ & & \cdots\cdots\cdots\cdots\cdots\cdots & & \end{pmatrix}$$

$$\frac{d^2}{dx^2} \longrightarrow \begin{pmatrix} 0 & 0 & 0 & 0 & 0 & \cdots \\ 0 & -1 & 0 & 0 & 0 & \cdots \\ 0 & 0 & -1 & 0 & 0 & \cdots \\ 0 & 0 & 0 & -4 & 0 & \cdots \\ 0 & 0 & 0 & 0 & -4 & \cdots \\ & & \cdots\cdots\cdots\cdots\cdots\cdots & & \end{pmatrix}$$

になることは容易にわかる．d/dx の行列を 2 乗すれば d^2/dx^2 の行列になることもすぐにわかると思う．✐

[**例題2**] 上の例題と同じ区間 $-\pi \leqq x \leqq \pi$ において

$$u_1'(x) = \sqrt{\frac{1}{2\pi}}, \qquad u_2'(x) = \sqrt{\frac{1}{2\pi}}\, e^{ix}, \qquad u_3'(x) = \sqrt{\frac{1}{2\pi}}\, e^{-ix}$$

$$u_4'(x) = \sqrt{\frac{1}{2\pi}}\, e^{2ix}, \qquad u_5'(x) = \sqrt{\frac{1}{2\pi}}\, e^{-2ix}, \qquad \cdots$$

$$u_{2n}'(x) = \sqrt{\frac{1}{2\pi}}\, e^{nix}, \qquad u_{2n+1}'(x) = \sqrt{\frac{1}{2\pi}}\, e^{-nix}, \qquad \cdots$$

で定義された完全正規直交関数系を基底にとったときの演算子 $d/dx, d^2/dx^2$ の行列を求めよ．また，[例題1] の基底からこの基底へのユニタリー変換の行列 (T_{ij}) を求めよ．

[**解**]

$$\frac{d}{dx} \longrightarrow \begin{pmatrix} 0 & 0 & 0 & 0 & 0 & \cdots \\ 0 & i & 0 & 0 & 0 & \cdots \\ 0 & 0 & -i & 0 & 0 & \cdots \\ 0 & 0 & 0 & 2i & 0 & \cdots \\ 0 & 0 & 0 & 0 & -2i & \\ & & & \cdots\cdots\cdots\cdots\cdots & & \end{pmatrix}$$

d^2/dx^2 の行列は [例題1] のときと同じである．ユニタリー変換の行列を求めるには，前節 (8) 式 (149 ページ) で e の代りに u と書いたものを用いればよい．

$$u_1 = u_1', \quad \begin{cases} u_2 = \dfrac{1}{\sqrt{2}}(u_2' + u_3'), \\ u_3 = \dfrac{-i}{\sqrt{2}}(u_2' - u_3'), \end{cases} \cdots, \quad \begin{cases} u_{2n} = \dfrac{1}{\sqrt{2}}(u_{2n}' + u_{2n+1}'), \\ u_{2n+1} = \dfrac{-i}{\sqrt{2}}(u_{2n}' - u_{2n+1}'), \end{cases} \cdots$$

であるから，

$$\mathbf{T} = \begin{pmatrix} 1 & 0 & 0 & 0 & 0 & \cdots \\ 0 & \dfrac{1}{\sqrt{2}} & -\dfrac{i}{\sqrt{2}} & 0 & 0 & \cdots \\ 0 & \dfrac{1}{\sqrt{2}} & \dfrac{i}{\sqrt{2}} & 0 & 0 & \cdots \\ 0 & 0 & 0 & \dfrac{1}{\sqrt{2}} & -\dfrac{i}{\sqrt{2}} & \cdots \\ 0 & 0 & 0 & \dfrac{1}{\sqrt{2}} & \dfrac{i}{\sqrt{2}} & \cdots \\ & & & \cdots\cdots\cdots\cdots\cdots & & \end{pmatrix}$$

が得られる．これがユニタリー行列であることはすぐにわかるであろう．✒

§6.4　状態ベクトル

　前節の議論を使えば，波動関数はヒルベルト空間のベクトルということになり，物理量（力学変数）はこのベクトルに作用する演算子ということになる．量子力学では特に

> 観測にかかるような物理量はエルミート演算子になる

ということが要請されている．次節以下では，いままでに現れたいろいろな量や波動関数をこの立場で見直してみることにしたいと思う．なお，波動関数は考えている力学系の（運動の）状態を表す上述の意味でのベクトルなので，**状態ベクトル**とよばれることもある．

　ある物理量を表す演算子を表現する行列をつくるには，規格化された完全直交関数系 $u_1(\boldsymbol{q}), u_2(\boldsymbol{q}), u_3(\boldsymbol{q}), \cdots$ を定めた上で前節 (12) 式（159 ページ）

$$F_{ij} = \int u_i{}^*(\boldsymbol{q}) F u_j(\boldsymbol{q}) \, d\boldsymbol{q} \tag{1}$$

によって行列要素を求めてこれを並べるわけである．(1) 式もその例であるが，よく計算を必要とされるのは，2 つの関数 $\varphi_n(\boldsymbol{q}), \varphi_m(\boldsymbol{q})$ で演算子をはさんだ

$$\int \varphi_n{}^*(\boldsymbol{q}) F \varphi_m(\boldsymbol{q}) \, d\boldsymbol{q} \tag{2}$$

という形の式である．これは $\varphi_n(\boldsymbol{q})$ と $F\varphi_m(\boldsymbol{q})$ との内積なので $(\varphi_n, F\varphi_m)$ と書いてもよいが，量子力学では

$$\langle \varphi_n | F | \varphi_m \rangle \qquad \text{あるいは} \qquad (\varphi_n | F | \varphi_m)$$

と記すことが多い．さらに略して $\langle n|F|m \rangle$ などと書くこともある．このとき，完全直交関数系 $u_1(\boldsymbol{q}), u_2(\boldsymbol{q}), \cdots$ を用いて $\varphi_n = \sum_i c_i u_i(\boldsymbol{q})$, $\varphi_m = \sum_j b_j u_j(\boldsymbol{q})$ と展開すれば，行列表示で

$$\langle \varphi_n | \longrightarrow (c_1{}^* \quad c_2{}^* \quad c_3{}^* \quad \cdots), \quad |\varphi_m\rangle \longrightarrow \begin{pmatrix} b_1 \\ b_2 \\ b_3 \\ \vdots \end{pmatrix} \tag{3}$$

のようになり，演算子 F は正方行列になる．この $|\varphi_m\rangle$ のように縦長の行列で表されるときの状態ベクトルを**ケット**または**ケットベクトル**ということもある．これに対し，内積の相手として左側にきて横長の行列で表されるときのベクトル $\langle\varphi_n|$ のことを**ブラ**または**ブラベクトル**という．* ブラとケットは，通常は間に演算を表す正方行列をはさんで $\langle\varphi_n|F|\varphi_m\rangle$ のように閉じて**ブラケット**（"かっこ"という意味）をつくるが，このときには

$$\sum_i \sum_j c_i^* F_{ij} b_j \tag{4}$$

という足し算，または

$$\int \varphi_n^*(\boldsymbol{q}) F \varphi_m(\boldsymbol{q})\, d\boldsymbol{q} \tag{5}$$

という定積分を行ってくれ，という要求が含まれているので，ブラケットとして閉じたものは，ただの数（スカラー）である．2つの関数の内積は $F=1$ の特別な場合で，行列としては $F_{ij}=\delta_{ij}$ という単位行列である．内積をブラケット記号では $\langle\varphi_n|\varphi_m\rangle$ などと記す．

　さて，波動関数や演算子を行列で表すためには，完全直交関数系を定めることが必要である．** そのような関数系の例は前節に列挙したが，これらはいずれも比較的簡単な，しかし重要な物理量の固有関数である．簡単とはいっても，なじみの薄い読者にはむずかしいという印象を与えてきたかもしれない．いままで現れた運動は，自由粒子，調和振動子，水素原子内電子のケプラー運動，という大変に簡単なものだけで，それでもこんなにむずかしいのだから，もっと複雑な運動になったら大変だと思うかもしれない．確かに，いままでのようにシュレーディンガー方程式を偏微分方程式としてまと

---

* この少し妙な命名は P. A. M. Dirac による．

** 実をいえば，波動関数自身も，§3.7 でちょっと触れたように，位置の固有関数で展開した"係数"と考えられるので，これも ∞ 行1列の行列なのであって，特別なものではない．つまり，波動関数は状態ベクトルというもっと抽象的な実体の<u>1つの</u>表現である．しかし，この場合には固有関数に $1, 2, 3, \cdots$ のような番号をつけられないので，行列といっても普通のように書けない．したがって，本書では一応特別扱いをしておき，とびとびの固有関数を用いるときだけを行列扱いにする．

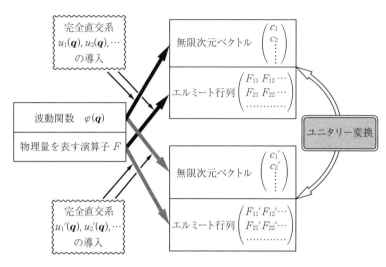

6-3図 状態ベクトルと物理量のいろいろな表現

もに解いていたのでは大変で，手に負えないことが多い．だからこそ，行列
で表すという方法を援用する必要が生じてくるのである．この場合，何しろ
話が無限次元なので行列要素が簡単に計算できなくては困るから，直交関数
系としては性質のよくわかった比較的簡単なものが実用的である．このよう
な理由で，以下においてはもっと複雑な運動を扱うけれども，用いる関数は
大体いままでに現れたもの程度であるから，あまり心配する必要はない．そ
の代り，こういった関数をいろいろに組み合わせる必要があり，その組合せ
方をきめるのに行列の方法が有効なのである．

定常状態の波動関数は，$H \varphi_n(\boldsymbol{q}) = \varepsilon_n \varphi_n(\boldsymbol{q})$ として

$$\psi_n(\boldsymbol{q}, t) = \mathrm{e}^{-i\varepsilon_n t/\hbar} \varphi_n(\boldsymbol{q}) \tag{6}$$

のように表されるので，

$$\varphi_n(\boldsymbol{q}) = \sum_i c_i u_i(\boldsymbol{q}) \tag{7}$$

とすれば c_i は定数であり

$$\psi_n(\boldsymbol{q}, t) = \sum_i \mathrm{e}^{-i\varepsilon_n t/\hbar} c_i u_i(\boldsymbol{q}) \tag{8}$$

となる. 非定常の場合 ── たとえば§3.6で調べた崩壊する波束 ── には

$$H\psi(\boldsymbol{q},t) = i\hbar\frac{\partial\psi(\boldsymbol{q},t)}{\partial t} \tag{9}$$

の解として, 初期条件として, たとえば $t=0$ のときに

$$\psi(\boldsymbol{q},0) = \psi_0(\boldsymbol{q}) \tag{10}$$

を与え, その後の ψ が (9) 式によってどのように変化するかを調べることが多い. このときには

$$\psi(\boldsymbol{q},t) = \sum_i b_i(t)\,u_i(\boldsymbol{q}), \qquad b_j(t) = \int u_j{}^*(\boldsymbol{q})\,\psi(\boldsymbol{q},t)\,d\boldsymbol{q}$$

となって展開係数が t の関数であるから, これを並べたケットやブラの行列も t の関数である. それらが t の関数としてどう変化するかを知るには, 時間を含むシュレーディンガー方程式を使って調べなければならない.

　特に, 完全直交系として規格化された H の固有関数 $\varphi_1(\boldsymbol{q}), \varphi_2(\boldsymbol{q}), \cdots$ を用いる場合を考えよう. H は t を含まないとする. $\psi_0(\boldsymbol{q})$ をこの $\varphi_1, \varphi_2, \cdots$ で展開することは可能であるから

$$\psi_0(\boldsymbol{q}) = \sum_j a_j{}^0 \varphi_j(\boldsymbol{q}), \qquad a_j{}^0 = \int \varphi_j{}^*(\boldsymbol{q})\,\psi_0(\boldsymbol{q})\,d\boldsymbol{q}$$

と展開したとする. さらに $t\neq0$ のときの $\psi(\boldsymbol{q},t)$ を

$$\psi(\boldsymbol{q},t) \equiv \sum_j a_j(t)\,\varphi_j(\boldsymbol{q}) \tag{11}$$

とおけば, 明らかに

$$a_j(0) = a_j{}^0 = \int \varphi_j{}^*(\boldsymbol{q})\,\psi_0(\boldsymbol{q})\,d\boldsymbol{q} \equiv \langle\varphi_j|\psi_0\rangle \tag{12}$$

でなくてはならない.

　(11) 式をシュレーディンガー方程式 (9) に代入すると

$$\sum_j a_j(t)\,H\varphi_j(\boldsymbol{q}) = \sum_j i\hbar\frac{da_j}{dt}\,\varphi_j(\boldsymbol{q})$$

であるが, φ_j は H の固有関数なので

$$\sum_j a_j(t)\,\varepsilon_j\,\varphi_j(\boldsymbol{q}) = \sum_j i\hbar\frac{da_j}{dt}\,\varphi_j(\boldsymbol{q})$$

となる．これに $\varphi_n{}^*(\boldsymbol{q})$ を掛けて積分すれば，$\langle \varphi_n | \varphi_j \rangle = \delta_{nj}$ により

$$\varepsilon_n\, a_n(t) = i\hbar \frac{da_n}{dt}$$

が得られるから，これを積分し初期条件（12）式を入れると

$$a_n = a_n{}^0 \mathrm{e}^{-i\varepsilon_n t/\hbar} = \langle \varphi_n | \psi_0 \rangle \mathrm{e}^{-i\varepsilon_n t/\hbar} \tag{13}$$

となることがわかる．したがって

$$\psi(\boldsymbol{q}, t) = \sum_n \langle \varphi_n | \psi_0 \rangle \mathrm{e}^{-i\varepsilon_n t/\hbar}\, \varphi_n(\boldsymbol{q}) \tag{14}$$

を得る（これは §3.6 でやったことを一般化したものである）．

　いま，演算子の指数関数を次のように級数で定義する．

$$\mathrm{e}^A = 1 + A + \frac{1}{2!} A^2 + \frac{1}{3!} A^3 + \cdots$$

$$\text{ただし} \qquad A^n = \underbrace{AA \cdots A}_{n\,\text{個}}$$

たとえば，A が $-i\hbar(\partial/\partial x)$ ならば $A^3 = (-i\hbar)^3 (\partial^3/\partial x^3) = i\hbar^3 (\partial^3/\partial x^3)$ などである．そして，ハミルトニアン H に関する

$$\mathrm{e}^{-iHt/\hbar}\varphi_n(\boldsymbol{q}) = \left\{ 1 + \frac{-it}{\hbar} H + \frac{1}{2!}\left(\frac{-it}{\hbar}\right)^2 H^2 + \cdots \right\} \varphi_n(\boldsymbol{q})$$

という演算を考えよう．φ_n は H の固有関数なので

$$H^l \varphi_n = H^{l-1} H \varphi_n = H^{l-1} \varepsilon_n \varphi_n = \varepsilon_n H^{l-1} \varphi_n = \varepsilon_n H^{l-2} H \varphi_n$$

$$= \varepsilon_n H^{l-2} \varepsilon_n \varphi_n = \varepsilon_n{}^2 H^{l-2} \varphi_n = \cdots = \varepsilon_n{}^l \varphi_n$$

となるから，{ }内の各項ごとに H を全部 ε_n で置き換えることができる．そうすると{ }内は $\mathrm{e}^{-i\varepsilon_n t/\hbar}$ の展開式と同じになるから，結局

$$\mathrm{e}^{-iHt/\hbar}\varphi_n(\boldsymbol{q}) = \mathrm{e}^{-i\varepsilon_n t/\hbar}\varphi_n(\boldsymbol{q}) \tag{15}$$

となることがわかる．指数関数でなくても，べき級数で定義できるような関数について一般に

$$f(H)\varphi_n(\boldsymbol{q}) = f(\varepsilon_n)\varphi_n(\boldsymbol{q}) \tag{16}$$

となることが同様にしてわかる．そこで，(14) 式の右辺の指数関数を演算子

$\mathrm{e}^{-iHt/\hbar}$ に置き換えてよいことになり，係数 $\langle\varphi_n|\psi_0\rangle = a_n{}^0$ はただの定数で H の演算と無関係であるから，H と順序を交換できて，結局

$$\psi(\boldsymbol{q}, t) = \mathrm{e}^{-iHt/\hbar} \sum_n a_n{}^0 \varphi_n(\boldsymbol{q}) = \mathrm{e}^{-iHt/\hbar} \psi_0(\boldsymbol{q}) \tag{17}$$

が得られる．これは，シュレーディンガー方程式（9）において H が演算子ではあるけれども，数であるかのように扱ってこれを積分し，初期条件（10）式を入れたものと考えることができる（このようなとき，演算子は普通の数と違うので，やたらに順序を入れ換えることができない点に注意を要する）．

さらに，時間の原点を適当にずらすならば，時刻 t_0 における波動関数が $\psi(\boldsymbol{q}, t_0)$ として与えられたときに時間を含むシュレーディンガー方程式（9）の解は，形式的に

$$\psi(\boldsymbol{q}, t) = \mathrm{e}^{-iH(t-t_0)/\hbar} \psi(\boldsymbol{q}, t_0) \tag{18}$$

と書けることがわかる．$\mathrm{e}^{-iH(t-t_0)/\hbar}$ は，$\psi(\boldsymbol{q}, t_0)$ から出発して，波動関数（＝状態ベクトル）のその後の時間的変化を導く演算子と考えられるので，**時間発展の演算子**とよばれている．（18）式が，定常状態の場合の（6）式を特別の場合として含むことはいうまでもないであろう．

§6.5　行列表示の具体例（Ⅰ）　調和振動子

本節以下では，位置の固有関数や無限の空間での運動量の固有関数のように，連続的に無限個存在する固有関数はやめにして，とびとびの固有関数からできている完全直交関数系を用いた行列表示の実例をいくつか考えよう．

1次元調和振動子について§2.6で求めた固有関数（24a）式（51ページ）を $u_0(x), u_1(x), u_2(x), \cdots$ と書くことにすると，これらは $-\infty < x < \infty$ で規格化された完全直交関数系になっている．この関数系を基底にとった場合の

$$H = -\frac{\hbar^2}{2m}\frac{d^2}{dx^2} + \frac{1}{2}m\omega^2 x^2 \tag{1}$$

の行列は, $Hu_n(x) = \left(n + \dfrac{1}{2}\right)\hbar\omega\,u_n(x)$ であるから, 次の対角行列になる.

$$H \longrightarrow \begin{pmatrix} \dfrac{1}{2}\hbar\omega & 0 & 0 & \cdots \\[2mm] 0 & \dfrac{3}{2}\hbar\omega & 0 & \cdots \\[2mm] 0 & 0 & \dfrac{5}{2}\hbar\omega & \cdots \\[2mm] & & \cdots\cdots\cdots & \end{pmatrix} \tag{2}$$

また, §2.6 (27a), (27b) 式 (52 ページ) を再び記すと,

$$a^* = \sqrt{\frac{m\omega}{2\hbar}}\left(x - \frac{i}{m\omega}\,p_x\right), \quad a = \sqrt{\frac{m\omega}{2\hbar}}\left(x + \frac{i}{m\omega}\,p_x\right)$$

で定義された演算子 a^*, a に対して $u_n(x)$ は

$$a^* u_n(x) = \sqrt{n+1}\,u_{n+1}(x), \quad a u_n(x) = \sqrt{n}\,u_{n-1}(x)$$

という関係があるから, これらと $u_m(x)$ との内積をとると

$$\langle u_m | a^* | u_n \rangle = \sqrt{n+1}\,\delta_{m,n+1} \quad \begin{pmatrix} m = n+1 \text{ のとき} & \sqrt{n+1} \\ \text{その他のとき} & 0 \end{pmatrix}$$
$$\tag{3a}$$

$$\langle u_m | a | u_n \rangle = \sqrt{n}\,\delta_{m,n-1} \quad \begin{pmatrix} m = n-1 \text{ のとき} & \sqrt{n} \\ \text{その他のとき} & 0 \end{pmatrix} \tag{3b}$$

であることがわかる. これらは, $u_0, u_1, u_2, \cdots$ を基底ベクトルとしたときの a^* および a の行列要素であるから, a^* と a の行列は次の形になることがわかる.

$$a^* \longrightarrow \begin{pmatrix} 0 & 0 & 0 & 0 & \cdots \\ \sqrt{1} & 0 & 0 & 0 & \cdots \\ 0 & \sqrt{2} & 0 & 0 & \cdots \\ 0 & 0 & \sqrt{3} & 0 & \cdots \\ & & \cdots\cdots\cdots\cdots & & \end{pmatrix}, \quad a \longrightarrow \begin{pmatrix} 0 & \sqrt{1} & 0 & 0 & \cdots \\ 0 & 0 & \sqrt{2} & 0 & \cdots \\ 0 & 0 & 0 & \sqrt{3} & \cdots \\ 0 & 0 & 0 & 0 & \cdots \\ & & \cdots\cdots\cdots\cdots & & \end{pmatrix}$$
$$\tag{4}$$

この行列表示を用いると, たとえば $u_1(x)$, $u_2(x)$ は

$$u_1(x) \longrightarrow \begin{pmatrix} 0 \\ 1 \\ 0 \\ 0 \\ 0 \\ \vdots \end{pmatrix}, \quad u_2(x) \longrightarrow \begin{pmatrix} 0 \\ 0 \\ 1 \\ 0 \\ 0 \\ \vdots \end{pmatrix}$$

と表されるから,

$$a^* u_1(x) \longrightarrow \begin{pmatrix} 0 & 0 & 0 & 0 & \cdots \\ \sqrt{1} & 0 & 0 & 0 & \cdots \\ 0 & \sqrt{2} & 0 & 0 & \cdots \\ 0 & 0 & \sqrt{3} & 0 & \cdots \\ & & \cdots\cdots\cdots\cdots & & \end{pmatrix} \begin{pmatrix} 0 \\ 1 \\ 0 \\ 0 \\ \vdots \end{pmatrix} = \begin{pmatrix} 0 \\ 0 \\ \sqrt{2} \\ 0 \\ \vdots \end{pmatrix} = \sqrt{2} \begin{pmatrix} 0 \\ 0 \\ 1 \\ 0 \\ \vdots \end{pmatrix}$$

$$\longrightarrow \sqrt{2}\, u_2(x)$$

となるのである.

a^*, a の定義の式からわかるように

$$x = \sqrt{\frac{\hbar}{2m\omega}}\, (a^* + a) \tag{5}$$

であるから，（4）式を用いて x（x を掛けるという演算）の行列は

$$x \longrightarrow \sqrt{\frac{\hbar}{2m\omega}} \begin{pmatrix} 0 & \sqrt{1} & 0 & 0 & \cdots \\ \sqrt{1} & 0 & \sqrt{2} & 0 & \cdots \\ 0 & \sqrt{2} & 0 & \sqrt{3} & \cdots \\ 0 & 0 & \sqrt{3} & 0 & \cdots \\ & & \cdots\cdots\cdots\cdots & & \end{pmatrix} \tag{6}$$

となることがわかる. 同様に

$$p_x = -i\hbar \frac{d}{dx} = i\sqrt{\frac{m\omega\hbar}{2}}\, (a^* - a) \tag{7}$$

に（4）式を用いて

$$p_x \longrightarrow \sqrt{\frac{m\omega\hbar}{2}} \begin{pmatrix} 0 & -i & 0 & 0 & \cdots \\ i & 0 & -\sqrt{2}\,i & 0 & \cdots \\ 0 & \sqrt{2}\,i & 0 & -\sqrt{3}\,i & \cdots \\ 0 & 0 & \sqrt{3}\,i & 0 & \cdots \\ & & \cdots\cdots\cdots\cdots & & \end{pmatrix} \tag{8}$$

を得る．1つの $u_n(x)$ に x や p_x を掛けたものは，$u_{n-1}(x)$ と $u_{n+1}(x)$ を重ねたものになり，それらはもはや H の固有関数になってはいない．

ここでわかるもう1つのことは (6) 式と (8) 式はエルミート行列 ($F_{ij} = F_{ji}{}^*$) になっているが，a や a^* を表す行列 (4) 式はそうではないということである．位置とか運動量というような量は観測にかけることのできる物理量（**オブザーバブル**という）であるが，量子数を1つだけ上げたり下げたりする a^* や a は，直接には観測と結びつかない抽象的な量だからである．

x^2 や $p_x{}^2$ の行列をつくることも容易である．a^* と a で表して上と同様に求めてもよいし，(6), (8) 式から直接に計算してもよい．

$$x^2 \longrightarrow \frac{\hbar}{2m\omega} \begin{pmatrix} 1 & 0 & \sqrt{1\cdot2} & 0 & 0 & \cdots \\ 0 & 3 & 0 & \sqrt{2\cdot3} & 0 & \cdots \\ \sqrt{1\cdot2} & 0 & 5 & 0 & \sqrt{3\cdot4} & \cdots \\ 0 & \sqrt{2\cdot3} & 0 & 7 & 0 & \cdots \\ 0 & 0 & \sqrt{3\cdot4} & 0 & 9 & \cdots \\ & & \cdots\cdots\cdots\cdots\cdots\cdots & & & \end{pmatrix} \tag{9}$$

$$p_x{}^2 \longrightarrow \frac{m\omega\hbar}{2} \begin{pmatrix} 1 & 0 & -\sqrt{2} & 0 & 0 & \cdots \\ 0 & 3 & 0 & -\sqrt{6} & 0 & \cdots \\ -\sqrt{2} & 0 & 5 & 0 & -\sqrt{12} & \cdots \\ 0 & -\sqrt{6} & 0 & 7 & 0 & \cdots \\ 0 & 0 & -\sqrt{12} & 0 & 9 & \cdots \\ & & \cdots\cdots\cdots\cdots\cdots\cdots & & & \end{pmatrix} \tag{10}$$

これから，ハミルトニアンの行列が次のようになることはすぐにわかる．

$$H = \frac{1}{2m} p_x{}^2 + \frac{m\omega^2}{2} x^2 \longrightarrow \begin{pmatrix} \frac{1}{2}\hbar\omega & 0 & 0 & \cdots \\ 0 & \frac{3}{2}\hbar\omega & 0 & \cdots \\ 0 & 0 & \frac{5}{2}\hbar\omega & \cdots \\ \multicolumn{4}{c}{\cdots\cdots\cdots\cdots\cdots} \end{pmatrix}$$

§6.6 行列表示の具体例（Ⅱ） 角運動量

角運動量については，§4.2 で学んだように，その固有関数は球面調和関数 $Y_l{}^m(\theta,\phi)$ であり，これは角運動量の大きさの 2 乗

$$\boldsymbol{l}^2 Y_l{}^m(\theta,\phi) = \hbar^2 l(l+1) Y_l{}^m(\theta,\phi) \tag{1}$$

および角運動量の z 成分

$$l_z Y_l{}^m(\theta,\phi) = m\hbar Y_l{}^m(\theta,\phi) \tag{2}$$

の固有関数になっている．しかし，x 成分 l_x や y 成分 l_y については固有関数になっておらず，これらの演算子に関しては

$$(l_x \pm il_y) Y_l{}^m(\theta,\phi) = \hbar\sqrt{(l\mp m)(l\pm m+1)}\, Y_l{}^{m\pm1}(\theta,\phi) \tag{3}$$

等の性質がある．

これでわかるように，l_x, l_y, l_z やその組合せを $Y_l{}^m(\theta,\phi)$ に演算子として作用させても l は変化しない．したがって，このような演算子の行列要素は同じ l の中だけに限られる．そこで，完全正規直交関数系 $Y_0{}^0, Y_1{}^1, Y_1{}^0, Y_1{}^{-1}, Y_2{}^2, Y_2{}^1, Y_2{}^0, \cdots$ を基底にとって，上記のような演算子の行列をつくると，それらはすべて次の形になる．

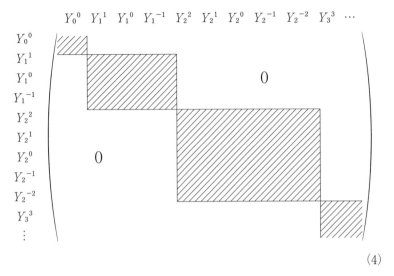

$$(4)$$

ただし，斜線を引いた部分は，該当する l に関する $(2l+1)$ 行 $(2l+1)$ 列の部分行列であり，それ以外の白いところに大きく 0 と書いてあるのは，そこの行列要素がすべて 0 ばかりであることを示す．

このように行列が分かれるということは，すべての $Y_l{}^m$ が張る無限次元の空間を考えるときに，これらを全部いっぺんに考える必要はなく，各 l ごとの $2l+1$ 次元の**部分空間**で別々に考えればよいことを示している．そこで，以後は勝手な l についての 1 つの部分空間だけについて調べることにする．そうすると，明らかに

$$l^2 \longrightarrow \hbar^2 \begin{pmatrix} l(l+1) & & & \\ & l(l+1) & & 0 \\ & & \ddots & \\ 0 & & & l(l+1) \end{pmatrix} = \hbar^2 l(l+1)\mathbf{E} \qquad (5)$$

$$l_z \longrightarrow \hbar \begin{pmatrix} l & & & & \\ & l-1 & & & \\ & & l-2 & & 0 \\ & & & \ddots & \\ 0 & & & & -l+1 \\ & & & & & -l \end{pmatrix} \qquad (6)$$

である．これらは実数の対角行列だから，もちろんエルミート行列になっている．次に (3) 式によって $l_\pm = l_x \pm il_y$ の行列をつくってみると，これらは前の a^*, a と似ていて，n の代りに m を 1 つだけ変える演算子であるから，対角線の隣りのところに 0 でない要素が並ぶ．l はきまっているから $Y_l{}^m$ を単に $|m\rangle$，左から掛けるその複素共役を $\langle m|$ と記すことにし，ブラケットを閉じるときには $\iint \cdots \sin\theta\, d\theta\, d\phi$ を行うものと約束すれば，(3) 式は

$$\langle m\pm1|l_x \pm il_y|m\rangle = \hbar\sqrt{(l \mp m)(l \pm m + 1)} \tag{7}$$

だけが 0 でない行列要素であることを示す．ゆえに

$$l_x + il_y \longrightarrow \hbar \begin{pmatrix} 0 & \sqrt{1\cdot2l} & 0 & 0 & \cdots & 0 \\ 0 & 0 & \sqrt{2\cdot(2l-1)} & 0 & \cdots & 0 \\ 0 & 0 & 0 & \sqrt{3\cdot(2l-2)} & \cdots & 0 \\ \multicolumn{6}{c}{\cdots\cdots\cdots\cdots\cdots\cdots\cdots\cdots\cdots\cdots\cdots} \\ 0 & 0 & 0 & 0 & \cdots & \sqrt{2l\cdot1} \\ 0 & 0 & 0 & 0 & \cdots & 0 \end{pmatrix} \tag{8}$$

$$l_x - il_y \longrightarrow \hbar \begin{pmatrix} 0 & 0 & 0 & \cdots & 0 & 0 \\ \sqrt{2l\cdot1} & 0 & 0 & \cdots & 0 & 0 \\ 0 & \sqrt{(2l-1)\cdot2} & 0 & \cdots & 0 & 0 \\ 0 & 0 & \sqrt{(2l-2)\cdot3} & \cdots & 0 & 0 \\ \multicolumn{6}{c}{\cdots\cdots\cdots\cdots\cdots\cdots\cdots\cdots\cdots\cdots\cdots} \\ 0 & 0 & 0 & \cdots & \sqrt{1\cdot2l} & 0 \end{pmatrix} \tag{9}$$

という行列が得られる．これらがエルミート行列でないことは a^*, a の場合と同じである．物理量として直接意味のある

$$l_x = \frac{1}{2}(l_+ + l_-), \qquad l_y = \frac{1}{2i}(l_+ - l_-) \tag{10}$$

の行列は前節の x, p_x などと同様，非対角なエルミート行列である．

行列 (8) と (9) の積として対角行列

$$l_+ l_- \longrightarrow \hbar^2 \begin{pmatrix} 2l\cdot1 & & & & \\ & (2l-1)\cdot2 & & 0 & \\ & & (2l-2)\cdot3 & & \\ & & & \ddots & \\ & 0 & & & 1\cdot2l \\ & & & & & 0 \end{pmatrix} \tag{11}$$

$$l_- l_+ \longrightarrow \hbar^2 \begin{pmatrix} 0 & & & & \\ & 2l\cdot1 & & 0 & \\ & & (2l-1)\cdot2 & & \\ & & & \ddots & \\ & 0 & & 2\cdot(2l-1) & \\ & & & & 1\cdot2l \end{pmatrix} \tag{12}$$

を得るが，この差を計算してみると

$$l_+ l_- - l_- l_+ \longrightarrow 2\hbar^2 \begin{pmatrix} l & & & & \\ & l-1 & & 0 & \\ & & l-2 & & \\ & & & \ddots & \\ & 0 & & -l+1 & \\ & & & & -l \end{pmatrix}$$

であるから

$$l_+ l_- - l_- l_+ \longrightarrow 2\hbar l_z \tag{13a}$$

が得られる．l_x, l_y で表すと左辺は

$$(l_x + il_y)(l_x - il_y) - (l_x - il_y)(l_x + il_y)$$
$$= l_x{}^2 - il_x l_y + il_y l_x + l_y{}^2 - l_x{}^2 - il_x l_y + il_y l_x - l_y{}^2$$
$$= -2i(l_x l_y - l_y l_x)$$

となるから

$$l_x l_y - l_y l_x = i\hbar l_z \tag{14a}$$

が得られる．同様なことを行えば容易に

$$l_z l_+ - l_+ l_z = \hbar l_+, \qquad l_z l_- - l_- l_z = -\hbar l_- \tag{13b}$$

を得るから，これらを l_x, l_y で表した式を加えたものと引いたものから，上と同様の関係

$$l_y l_z - l_z l_y = i\hbar l_x, \qquad l_z l_x - l_x l_z = i\hbar l_y \qquad (14\mathrm{b})$$

が得られる．2つの演算子（または行列）A, B があるときに，$AB - BA$ は一般には0ではない．これを A と B の**交換子**とよび，$[A, B]$ で表すことが多い．この記号を用いると，角運動量成分の間の**交換関係**として

$$[l_x, l_y] = i\hbar l_z, \qquad [l_y, l_z] = i\hbar l_x, \qquad [l_z, l_x] = i\hbar l_y \qquad (15)$$

が得られる．この関係式は大変重要である．

§6.7 可換性と同時観測可能性

　前節の終りに角運動量成分の交換関係を導いた．一般に量子力学的な量を表すのは演算子もしくはそれを表現する行列であって，これらは $AB = BA$ という交換則を満たしていないのが普通である．ディラックは，古典力学で現れる諸量は普通の数で表されるのに，量子力学的な量は演算子で表されるので，前者を **c - 数**，後者を **q - 数**とよんだ．c と q はそれぞれ cardinal, quantum mechanical の頭文字である．ところで，いろいろな量は座標と運動量の関数として $F(\boldsymbol{r}, \boldsymbol{p})$ のように表され，その $\boldsymbol{p}$ を $-i\hbar\nabla$ という演算子に置き換えたものが，量子力学で用いる演算子 $F(\boldsymbol{r}, -i\hbar\nabla)$ である．そこで，最も基本となる $\boldsymbol{r}$ と $-i\hbar\nabla$ の交換関係を調べてみよう．

　明らかに $-i\hbar(\partial/\partial x)$ と y や z とは交換する．なぜなら

$$-i\hbar\frac{\partial}{\partial x} y\varphi(x, y, z) = y\left(-i\hbar\frac{\partial}{\partial x}\varphi\right) \qquad 等$$

だからである．しかし，$-i\hbar(\partial/\partial x)$ と x とは交換しない．

$$-i\hbar\frac{\partial}{\partial x}(x\varphi) = -i\hbar\varphi - i\hbar x\frac{\partial\varphi}{\partial x}$$

であるから，関数 φ を省いて演算子の関係として

$$x\left(-i\hbar\frac{\partial}{\partial x}\right) - \left(-i\hbar\frac{\partial}{\partial x}\right)x = i\hbar$$

を得る.ゆえに,p_x, p_y, p_z が $-i\hbar(\partial/\partial x), -i\hbar(\partial/\partial y), -i\hbar(\partial/\partial z)$ を表すとして

$$xp_x - p_x x = i\hbar \qquad 等$$

すなわち,座標と運動量の成分の**交換関係**

$$[x, p_x] = [y, p_y] = [z, p_z] = i\hbar \qquad\qquad (1\text{a})$$

$$[x, p_y] = [x, p_z] = [y, p_x] = [y, p_z] = [z, p_x] = [z, p_y] = 0 \quad (1\text{b})$$

が得られる.

　角運動量については

$$l_x = yp_z - zp_y, \qquad l_y = zp_x - xp_z, \qquad l_z = xp_y - yp_x$$

より,

$$
\begin{aligned}
[l_x, l_y] &= [yp_z, zp_x] - [yp_z, xp_z] - [zp_y, zp_x] + [zp_y, xp_z] \\
&= yp_x[p_z, z] + p_y x[z, p_z] \\
&= -i\hbar(yp_x - p_y x) \\
&= i\hbar l_z
\end{aligned}
$$

のようにして前節(15)式が得られる.

　今度は交換可能性と測定値の確定性について考えてみよう.2つの物理量 F と G があるとき,これらの演算子の固有状態を考える.まず,F の固有関数が求められたとし,その固有値と規格化された固有関数を $f_1, f_2, \cdots$; $u_1, u_2, \cdots$ とする.

$$Fu_n = f_n u_n \qquad (n = 1, 2, 3, \cdots) \qquad\qquad (2)$$

ただし,縮退があるときには u_n は一意的にはきまらないので(たとえば §4.5(109〜111 ページ)を参照),一応適当な直交するものをとっておく.

　いま,ある状態ベクトルが,この $u_1, u_2, \cdots$ を使って

$$\varphi = c_1 u_1 + c_2 u_2 + \cdots \qquad\qquad (3)$$

のように表されたとすると,この状態にある系で F を測定したときには,値 f_1 を得る確率が $|c_1|^2$,f_2 を得る確率が $|c_2|^2$,$\cdots$ となり,期待値が

$$\langle \varphi | F | \varphi \rangle \equiv \int \varphi^* F \varphi \, d\boldsymbol{q} = \sum_i \sum_j \int c_i^* u_i^* F c_j u_j \, d\boldsymbol{q}$$

$$= \sum_i \sum_j c_i^* c_j \int u_i^* f_j u_j \, d\boldsymbol{q} = \sum_i \sum_j c_i^* c_j f_j \langle u_i | u_j \rangle$$

$$= \sum_i \sum_j c_i^* c_j f_j \delta_{ij} = \sum_j |c_j|^2 f_j \tag{4}$$

で与えられるということは，すでに学んだとおりである（§2.3，§3.4）．一般には
いろいろな f_j に対する c_j が現れるから，そのような φ で F を測定したときの結果
は確定しない．しかし，1つの c_j だけが0でなく（$|c_j| = 1$），他の係数が全部0なら
ば $\varphi \propto u_j$ であるから，φ は実は F の固有状態で，F の測定結果は f_j に確定する．
また，たとえいくつかの c_j が現れても，それが全部等しい（縮退した）固有値に対
するものだけならば，やはり結果は確定する．

　いま，F と G が**交換可能**（**可換**ともいう）であるとする．

$$FG = GF \tag{5}$$

F の固有関数を使ったとき，F を表す行列はもちろん

$$\mathbf{F} \longrightarrow \begin{pmatrix} f_1 & & & \\ & f_2 & & \text{\Large 0} \\ & & f_3 & \\ \text{\Large 0} & & & \ddots \end{pmatrix} \tag{6}$$

という対角型であるが，G の行列を

$$\mathbf{G} \longrightarrow \begin{pmatrix} G_{11} & G_{12} & G_{13} & \cdots \\ G_{21} & G_{22} & G_{23} & \cdots \\ G_{31} & G_{32} & G_{33} & \cdots \\ & \cdots\cdots\cdots\cdots & & \end{pmatrix} \tag{7}$$

とすると，$FG = GF$ に対応する行列の関係は

$$\begin{pmatrix} f_1 G_{11} & f_1 G_{12} & f_1 G_{13} & \cdots \\ f_2 G_{21} & f_2 G_{22} & f_2 G_{23} & \cdots \\ f_3 G_{31} & f_3 G_{32} & f_3 G_{33} & \cdots \\ & \cdots\cdots\cdots\cdots & & \end{pmatrix} = \begin{pmatrix} f_1 G_{11} & f_2 G_{12} & f_3 G_{13} & \cdots \\ f_1 G_{21} & f_2 G_{22} & f_3 G_{23} & \cdots \\ f_1 G_{31} & f_2 G_{32} & f_3 G_{33} & \cdots \\ & \cdots\cdots\cdots\cdots & & \end{pmatrix} \tag{8a}$$

あるいは

$$f_i \, G_{ij} = f_j \, G_{ij} \tag{8b}$$

であるから

$$(f_i - f_j)G_{ij} = 0$$

ゆえに $f_i \neq f_j$ ならば

$$G_{ij} = 0 \qquad (f_i \neq f_j) \tag{9}$$

でなくてはならない.

$u_1, u_2, u_3, \cdots$ の番号をつけるときに,固有値 f_j の等しいものがまとまるようにしてあるものとすると,行列 (6) は

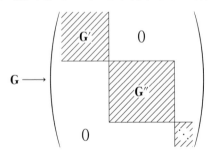

の形になっている.(9) 式によってこれに対する G の行列をつくると

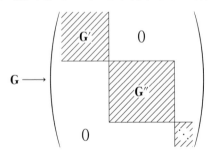

という形になるわけである.$\mathbf{G}', \mathbf{G}'', \cdots$ と記したところが全部対角行列になっていれば,$u_1, u_2, \cdots$ は F の固有関数であると同時に G の固有関数にもなっているわけであるから,この u_n について

$$F u_n = f_n u_n, \qquad G u_n = g_n u_n$$

が成り立ち,F と G の両方について確定した測定値を得ることが可能である.しかし,一般には $\mathbf{G}', \mathbf{G}'', \cdots$ と記した部分には非対角要素も存在するのが普

通である．そこで，このようなときには $\mathbf{G'}, \mathbf{G''}, \cdots$ のそれぞれについてユニタリー変換をやってこれを対角化する．これは，はじめにとった $u_1, u_2, \cdots$ は，F の縮退した固有値 $f', f'', \cdots$ のそれぞれに関する範囲内では一意的ではなく，互いに直交するものを適当にとってもよいことを利用して，次のように組み換えることを意味する．

$$\overbrace{u_1, u_2, \cdots, u_\alpha}^{f'} ; \quad \overbrace{u_{\alpha+1}, u_{\alpha+2}, \cdots, u_{\alpha+\beta}}^{f''} ; \quad \overbrace{u_{\alpha+\beta+1}, \cdots, u_{\alpha+\beta+\gamma}}^{f'''} ; \cdots$$

ユニタリー変換 $\quad \mathbf{T'} \downarrow \qquad\qquad \mathbf{T''} \downarrow \qquad\qquad \mathbf{T'''} \downarrow$

$$v_1, v_2, \cdots, v_\alpha ; \quad v_{\alpha+1}, v_{\alpha+2}, \cdots, v_{\alpha+\beta} ; \quad v_{\alpha+\beta+1}, \cdots, v_{\alpha+\beta+\gamma} ; \cdots$$

$\mathbf{G'}, \mathbf{G''}, \cdots$ はエルミート行列なので，§6.2 に述べたように上のようなユニタリー変換でそれぞれを対角化することができる．こうすると，$v_1, v_2, v_3, \cdots$ を基底の完全直交系として表した G の行列は

$$\mathbf{G} \longrightarrow \begin{pmatrix} g_1 & & & & & \\ & g_2 & & & \mathbf{0} & \\ & & \ddots & & & \\ & & & g_\alpha & & \\ & \mathbf{0} & & & g_{\alpha+1} & \\ & & & & & \ddots \end{pmatrix}$$

という対角型になる．このとき，どの v_m も F の同じ固有値に属する u_j だけの組合せであるから，F の固有状態であることに変わりがない．たとえば，$\mathbf{G'}$ の部分について

$$v_i = \sum_{j=1}^{\alpha} c_{ij} u_j, \qquad G v_i = g_i v_i$$

であるが，$u_1, u_2, \cdots, u_\alpha$ はすべて F の固有値 f' をもつので

$$F v_i = \sum_{j=1}^{\alpha} c_{ij} F u_j = \sum_{j=1}^{\alpha} c_{ij} f' u_j = f' \sum_{j=1}^{\alpha} c_{ij} u_j = f' v_i$$

となるからである．あるいは，単位行列はユニタリー変換で不変なので

$$\mathbf{T}' \begin{pmatrix} f' & & & 0 \\ & f' & & \\ & & \ddots & \\ 0 & & & f' \end{pmatrix} \mathbf{T}'^{-1} = f'\mathbf{T}'\mathbf{E}\mathbf{T}'^{-1} = f'\mathbf{E} = \begin{pmatrix} f' & & & 0 \\ & f' & & \\ & & \ddots & \\ 0 & & & f' \end{pmatrix}$$

となるからであるといってもよい. 以上によって

> 2つの物理量を表す演算子が交換可能ならば, この2つの物理量を同時
> に観測して両方について確定値を得ることが可能である

ということがわかる.

　この逆も正しい. F と G について同時に確定値が得られるということは, 両方の固有関数を全部一致させることができるということであり, それらを基底にして行列をつくれば, F も G も対角行列になる. 2つの対角行列は交換可能である. ユニタリー変換をしても行列の可換性は変わらないから*, 常に F と G は可換である.

　もし2つの量を表す演算子が可換でなければ, 同時に対角化することはできない. したがって, この2つの量を同時に確定することは不可能である. 位置と運動量についての交換関係 (1a), (1b) 式はこのことを表しており, §2.2で述べた不確定性原理をもっと厳密に演算子の形で表現したものと考えることができるのである. つまり,

$$\Delta x \cdot \Delta p_x \cong h \quad \text{etc} \quad \longrightarrow \quad [x, p_x] = i\hbar \quad \text{etc}$$

と考えればよいのである.

§6.8 行列対角化の例

前節の具体例として, 変数が θ, ϕ だけの場合を考え, 演算子 F として

---

* $\mathbf{FG} = \mathbf{GF}$ ならば両辺の左側から $\mathbf{T}$, 右側から $\mathbf{T}^{-1}$ を掛けて $\mathbf{TFGT}^{-1} = \mathbf{TGFT}^{-1}$.
ところが, $\mathbf{T}^{-1}\mathbf{T} = \mathbf{E}$ だから
$$\mathbf{TFGT}^{-1} = \mathbf{TFT}^{-1}\mathbf{TGT}^{-1} = \mathbf{F}'\mathbf{G}', \quad \mathbf{TGFT}^{-1} = \mathbf{TGT}^{-1}\mathbf{TFT}^{-1} = \mathbf{G}'\mathbf{F}'$$
ゆえに $\mathbf{F}'\mathbf{G}' = \mathbf{G}'\mathbf{F}'$ ($\mathbf{TFT}^{-1} = \mathbf{F}'$, $\mathbf{TGT}^{-1} = \mathbf{G}'$) である.

l^2 を, G として $l_x{}^2 - l_y{}^2$ を考えてみよう. この 2 つが交換することは容易に証明できる.

$$[l^2, l_x{}^2 - l_y{}^2] = 0 \tag{1}$$

l^2 の固有関数として $Y_l{}^m(\theta, \phi)$ をとることができることは, すでに学んだとおりである. これは同時に l_z の固有関数にもなっている. もちろん

$$[l^2, l_z] = 0 \tag{2}$$

になっているのである. (1), (2) 式については読者みずから確かめていただきたい. さて, それでは $Y_l{}^m(\theta, \phi)$ は $l_x{}^2 - l_y{}^2$ の固有関数になっているのだろうか. l_+, l_- で表してみると,

$$l_x{}^2 - l_y{}^2 = \frac{1}{2}(l_+{}^2 + l_-{}^2) \tag{3}$$

であるから

$$
\begin{aligned}
(l_x{}^2 &- l_y{}^2)\, Y_l{}^m \\
&= \frac{1}{2}(l_+{}^2 + l_-{}^2)\, Y_l{}^m \\
&= \frac{\hbar}{2}\sqrt{(l-m)(l+m+1)}\, l_+ Y_l{}^{m+1} + \frac{\hbar}{2}\sqrt{(l+m)(l-m+1)}\, l_- Y_l{}^{m-1} \\
&= \frac{\hbar^2}{2}\sqrt{(l-m)(l+m+1)(l-m-1)(l+m+2)}\, Y_l{}^{m+2} \\
&\quad + \frac{\hbar^2}{2}\sqrt{(l+m)(l-m+1)(l+m-1)(l-m+2)}\, Y_l{}^{m-2}
\end{aligned}
$$

となり, $Y_l{}^m$ は $l_x{}^2 - l_y{}^2$ の固有関数ではない. $Y_l{}^m$ を $|l, m\rangle$ と記してブラケット記号で表すことにすると, 行列要素は

$$
\begin{aligned}
\langle l', &m' | l_x{}^2 - l_y{}^2 | l, m\rangle \\
&= \delta_{ll'}\Bigg\{ \frac{\hbar^2}{2}\sqrt{(l-m)(l+m+1)(l-m-1)(l+m+2)}\, \delta_{m',m+2} \\
&\quad + \frac{\hbar^2}{2}\sqrt{(l+m)(l-m+1)(l+m-1)(l-m+2)}\, \delta_{m',m-2} \Bigg\}
\end{aligned}
\tag{4}
$$

と書かれる. 前節の G (180 ページ) と同様に, $F = l^2$ の異なる固有値に対

する関数 $(l \neq l')$ の間の行列要素は確かに 0 である（上の (4) 式では $\delta_{ll'}$ で
これを表してある）.

そこで，各 l に属する $2l+1$ 次元の部分空間ごとに，上記の $l_x{}^2 - l_y{}^2$ を対
角化すればよい. $l = 0, 1, 2$ の場合に $Y_l{}^m$ による行列を各 l ごとに別々に書
いてみると

$l = 0$ $\qquad$ $l = 1$ $\qquad\qquad\qquad\qquad$ $l = 2$

$$(0) \qquad \begin{pmatrix} 0 & 0 & \hbar^2 \\ 0 & 0 & 0 \\ \hbar^2 & 0 & 0 \end{pmatrix} \qquad \begin{pmatrix} 0 & 0 & \sqrt{6}\,\hbar^2 & 0 & 0 \\ 0 & 0 & 0 & 3\hbar^2 & 0 \\ \sqrt{6}\,\hbar^2 & 0 & 0 & 0 & \sqrt{6}\,\hbar^2 \\ 0 & 3\hbar^2 & 0 & 0 & 0 \\ 0 & 0 & \sqrt{6}\,\hbar^2 & 0 & 0 \end{pmatrix} \qquad (5)$$

$l = 0$ については問題はない.

$l = 1$ の場合：上記の行列は $Y_1{}^1, Y_1{}^0, Y_1{}^{-1}$ の順に基底をとってあるのだが，
順序を変えれば

$$\begin{array}{c} \\ Y_1{}^0 \\ Y_1{}^1 \\ Y_1{}^{-1} \end{array} \begin{array}{ccc} Y_1{}^0 & Y_1{}^1 & Y_1{}^{-1} \\ \left(\begin{array}{c:cc} 0 & 0 & 0 \\ \hdashline 0 & 0 & \hbar^2 \\ 0 & \hbar^2 & 0 \end{array} \right) \end{array} \qquad (6)$$

となり，$Y_1{}^0$ の部分は分離して $Y_1{}^{\pm 1}$ とは無縁であることがはっきりする.
$Y_1{}^0$ は固有関数で，固有値は 0 である.

次は，$Y_1{}^{\pm 1}$ の部分を対角化することを考える. ユニタリー変換を

$$\mathbf{T} = \begin{pmatrix} T_{11} & T_{12} \\ T_{21} & T_{22} \end{pmatrix} \qquad (7)$$

とすると，これによって

$$\mathbf{T} \begin{pmatrix} 0 & \hbar^2 \\ \hbar^2 & 0 \end{pmatrix} \mathbf{T}^{-1} = \begin{pmatrix} \alpha_1 & 0 \\ 0 & \alpha_2 \end{pmatrix} \qquad (8)$$

という形になるはずである. ここで α_1, α_2 は永年方程式

$$\begin{vmatrix} 0-\alpha & \hbar^2 \\ \hbar^2 & 0-\alpha \end{vmatrix} = 0$$

の根であるから，$\alpha^2 - \hbar^4 = 0$ より

$$\alpha_1 = \hbar^2, \qquad \alpha_2 = -\hbar^2 \tag{9}$$

であることがわかる．ゆえに，(8) 式の両辺の右から $\mathbf{T}$ を掛けた式

$$\begin{pmatrix} T_{11} & T_{12} \\ T_{21} & T_{22} \end{pmatrix} \begin{pmatrix} 0 & \hbar^2 \\ \hbar^2 & 0 \end{pmatrix} = \begin{pmatrix} \hbar^2 & 0 \\ 0 & -\hbar^2 \end{pmatrix} \begin{pmatrix} T_{11} & T_{12} \\ T_{21} & T_{22} \end{pmatrix}$$

の掛け算を実行して

$$\begin{pmatrix} T_{12} & T_{11} \\ T_{22} & T_{21} \end{pmatrix} = \begin{pmatrix} T_{11} & T_{12} \\ -T_{21} & -T_{22} \end{pmatrix}$$

を得，これから

$$T_{12} = T_{11}, \qquad T_{22} = -T_{21} \tag{10}$$

という関係を知る．T_{ij} は §6.2 (8) 式 $\boldsymbol{e}_j = \sum_i T_{ij}\boldsymbol{e}_i{}'$ が示すように，新しい基底（すなわち $l_x{}^2 - l_y{}^2$ の固有関数）ともとの $Y_l{}^m$ の関係を示すもので，いまの場合には根 $\alpha_1 = +\hbar^2$ に対する固有関数を v_1，$\alpha_2 = -\hbar^2$ に対するそれを v_2 とすると

$$\left.\begin{array}{l} Y_1{}^1(\theta,\phi) = T_{11}v_1 + T_{21}v_2 \\ Y_1{}^{-1}(\theta,\phi) = T_{12}v_1 + T_{22}v_2 \end{array}\right\} \tag{11}$$

の係数である．逆に v_1, v_2 を $Y_1{}^{\pm1}$ で表す式は，これの逆行列が転置共役行列であること（ユニタリー性）から

$$\left.\begin{array}{l} v_1 = T_{11}{}^* Y_1{}^1(\theta,\phi) + T_{12}{}^* Y_1{}^{-1}(\theta,\phi) \\ v_2 = T_{21}{}^* Y_1{}^1(\theta,\phi) + T_{22}{}^* Y_1{}^{-1}(\theta,\phi) \end{array}\right\} \tag{12}$$

である．$Y_l{}^m$ は規格化されているので，v_1, v_2 も規格化しておくためには

$$|T_{11}|^2 + |T_{12}|^2 = 1, \qquad |T_{21}|^2 + |T_{22}|^2 = 1$$

でなければならない．これと (10) 式から，最も簡単な選び方として

$$T_{11} = T_{12} = \frac{1}{\sqrt{2}}, \qquad T_{21} = -T_{22} = \frac{1}{\sqrt{2}}$$

が求められる．こうして，$l_x{}^2 - l_y{}^2$ の固有値 $\pm\hbar^2$ に対する固有関数は

$$
\left.\begin{aligned}
v_1 &= \frac{1}{\sqrt{2}} \{ Y_1{}^1(\theta, \phi) + Y_1{}^{-1}(\theta, \phi) \} \\
v_2 &= \frac{1}{\sqrt{2}} \{ Y_1{}^1(\theta, \phi) - Y_1{}^{-1}(\theta, \phi) \}
\end{aligned}\right\} \tag{13}
$$

であることがわかる.

ここで，係数をきめるときに絶対値が 1 の共通定数因子（一般に $e^{i\gamma}$ と書けて，γ は実数の定数）だけ不定さが残っていることに気がつくであろう．量子力学では $\psi(\boldsymbol{r}, t)$ と $e^{i\gamma} \psi(\boldsymbol{r}, t)$ とは全く同じ状態を表すものと考えて区別しない．行列要素も期待値も，複素共役との積の積分の形になるので，γ は結果には影響しないのである．

$$
\langle e^{i\gamma} \psi' | F | e^{i\gamma} \psi \rangle = \int e^{-i\gamma} \psi'^* F e^{i\gamma} \psi \, d\boldsymbol{r} = \int \psi'^* F \psi \, d\boldsymbol{r} = \langle \psi' | F | \psi \rangle
$$

したがって，なるべく計算が簡単になるようにきめた方が得である．ただし，一度きめたならば，同じ計算の途中で変更してはならない．

$l = 2$ の場合：基底の順序を変えると (5) 式の 3 つ目の行列は次のように 2 つの部分に分けられる（$\hbar^2$ を省いた）．

$$
\begin{array}{c}
\begin{array}{ccccc}
Y_2{}^1 & Y_2{}^{-1} & Y_2{}^2 & Y_2{}^{-2} & Y_2{}^0
\end{array} \\
\begin{array}{c}
Y_2{}^1 \\ Y_2{}^{-1} \\ Y_2{}^2 \\ Y_2{}^{-2} \\ Y_2{}^0
\end{array}
\left(
\begin{array}{ccccc}
0 & 3 & 0 & 0 & 0 \\
3 & 0 & 0 & 0 & 0 \\
0 & 0 & 0 & 0 & \sqrt{6} \\
0 & 0 & 0 & 0 & \sqrt{6} \\
0 & 0 & \sqrt{6} & \sqrt{6} & 0
\end{array}
\right)
\end{array}
$$

このうち，$Y_2{}^{\pm 1}$ の部分は $l = 1$ の $Y_1{}^{\pm 1}$ のときと全く同じに計算できる．

$$
\left\{
\begin{aligned}
w_1 &= \frac{1}{\sqrt{2}} \{ Y_2{}^1(\theta, \phi) + Y_2{}^{-1}(\theta, \phi) \} & \text{固有値} \quad +3\hbar^2 \\
w_2 &= \frac{1}{\sqrt{2}} \{ Y_2{}^1(\theta, \phi) - Y_2{}^{-1}(\theta, \phi) \} & \text{固有値} \quad -3\hbar^2
\end{aligned}
\right.
$$

もう少し厄介なのは $Y_2{}^{\pm 2}$ と $Y_2{}^0$ のところである．永年方程式

$$\begin{vmatrix} -\alpha & 0 & \sqrt{6}\,\hbar^2 \\ 0 & -\alpha & \sqrt{6}\,\hbar^2 \\ \sqrt{6}\,\hbar^2 & \sqrt{6}\,\hbar^2 & -\alpha \end{vmatrix} = -\alpha^3 + 12\alpha\hbar^4 = 0$$

の根は

$$\alpha = 0, \ \pm\sqrt{12}\,\hbar^2$$

であるが，3 行 3 列の (T_{ij}) をいきなりきめようとしないで，試みに

$$\chi_+ = \frac{1}{\sqrt{2}}\{Y_2{}^2(\theta,\phi) + Y_2{}^{-2}(\theta,\phi)\}$$

$$\chi_- = \frac{1}{\sqrt{2}}\{Y_2{}^2(\theta,\phi) - Y_2{}^{-2}(\theta,\phi)\}$$

とおいて，$Y_2{}^0(\theta,\phi)$, χ_+, χ_- の 3 つ
を基底にとって行列をつくり直して
みると，

$$\begin{array}{c} \begin{array}{ccc} Y_2{}^0 & \chi_+ & \chi_- \end{array} \\ \begin{array}{c} Y_2{}^0 \\ \chi_+ \\ \chi_- \end{array} \left(\begin{array}{cc|c} 0 & \sqrt{12} & 0 \\ \sqrt{12} & 0 & 0 \\ \hline 0 & 0 & 0 \end{array} \right) \end{array}$$

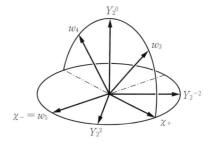

となって，まず χ_- が固有値 0 に対
する固有関数になっていることがわ
かる．残りの部分は前と同じで

6-4 図　$Y_2{}^2, Y_2{}^{-2}, Y_2{}^0$ は複素数の "ベクト
ル" であるが，これを普通のベクトルの
ように描くと，$\chi_+, \chi_- = w_5, w_3, w_4$ との
関係は図のようになる．

$$w_3 = \frac{1}{\sqrt{2}}\{Y_2{}^0 + \chi_+\} = \frac{1}{\sqrt{2}}Y_2{}^0 + \frac{1}{2}(Y_2{}^2 + Y_2{}^{-2}) \qquad 固有値 \quad +\sqrt{12}\,\hbar^2$$

$$w_4 = \frac{1}{\sqrt{2}}\{Y_2{}^0 - \chi_+\} = \frac{1}{\sqrt{2}}Y_2{}^0 - \frac{1}{2}(Y_2{}^2 + Y_2{}^{-2}) \qquad 固有値 \quad -\sqrt{12}\,\hbar^2$$

であることがわかる．

以上をまとめ，$\chi_- = w_5$ と記すと，w_1, w_2, w_3, w_4, w_5 を基底に用いた $l_x{}^2 - l_y{}^2$
の行列は

$$
\begin{array}{c}
\begin{array}{ccccc}
w_1 & w_2 & w_3 & w_4 & w_5
\end{array}\\
\begin{array}{c}
w_1\\ w_2\\ w_3\\ w_4\\ w_5
\end{array}
\begin{pmatrix}
3\hbar^2 & 0 & 0 & 0 & 0\\
0 & -3\hbar^2 & 0 & 0 & 0\\
0 & 0 & \sqrt{12}\,\hbar^2 & 0 & 0\\
0 & 0 & 0 & -\sqrt{12}\,\hbar^2 & 0\\
0 & 0 & 0 & 0 & 0
\end{pmatrix}
\end{array}
$$

となる. χ_+, χ_- をつくったのは, 関数の対称性に着目した簡単化の一例である. このようなことを組織的に行うのには群論が用いられるが, ここでは触れない.

§6.9　シュレーディンガー表示とハイゼンベルク表示

いままでは, 力学系の状態を表す波動関数, あるいはもっと一般的にいって状態ベクトル $|\psi\rangle$ が時間の関数として変化しており, この力学系について何かある物理量の値を求めたいと思ったら, それを演算子 F で表して

$$
\langle \psi | F | \psi \rangle \tag{1}
$$

を求めれば, それが期待値になると考えてきた. F は, その物理量が角運動量の y 成分ならば $-i\hbar\left(z\dfrac{\partial}{\partial x} - x\dfrac{\partial}{\partial z}\right)$ というように, 求めるべき量によってきまった形をしており, $t=0$ のときにいくらだとか, その後減るとか増すとかは, それだけではわからない. $|\psi\rangle$ に作用してはじめて意味をもってくるものであり, 時間変化の様子はすべて $|\psi\rangle$ に含まれているとするのである. このような記述の仕方を**シュレーディンガー表示**とよぶ. *

波動関数の時間変化は, §6.4（18）式（169ページ）

$$
\psi(\boldsymbol{q}, t) = \mathrm{e}^{-iH(t-t_0)/\hbar}\psi(\boldsymbol{q}, t_0) \tag{2}
$$

で与えられ, $t = t_0$ のときの ψ と, ハミルトニアン H とがわかっていれば, その後の変化はこの式できまると考えられる. もちろん, 演算子の指数関数を実際に計算することは至難の場合が多いのであるが, 少なくとも原理的に

---

*　定常状態の場合には, $\psi_n(\boldsymbol{q}, t) = \exp\left(-i\varepsilon_n t/\hbar\right)\varphi_n(\boldsymbol{q})$ において $\exp\left(-i\varepsilon_n t/\hbar\right)$ を略して $\varphi_n(\boldsymbol{q})$ だけを記すのが普通であるが, 本来は全体を書くべきものである.

は（2）式は任意の時刻の $\psi(\boldsymbol{q}, t)$ を与えるということを示している．そこで，この（2）式を用いて，物理量 F の期待値を求めようというときには

$$\int \psi^*(\boldsymbol{q}, t) F \psi(\boldsymbol{q}, t)\, d\boldsymbol{q} = \int \phi_0{}^*(\boldsymbol{q}) \mathrm{e}^{iH(t-t_0)/\hbar} F \mathrm{e}^{-iH(t-t_0)/\hbar} \phi_0(\boldsymbol{q})\, d\boldsymbol{q}$$

$$(3)$$

を計算しなければならない．ここで

$$\phi_0(\boldsymbol{q}) = \psi(\boldsymbol{q}, t_0) \tag{4}$$

であり，2つの行列の積の転置共役行列について成り立つ

$$(\widetilde{\mathbf{AB}})^* = \tilde{\mathbf{B}}^* \tilde{\mathbf{A}}^*$$

を用いると，正方行列 $\mathrm{e}^{-iH(t-t_0)/\hbar}$ と ∞ 行1列の ϕ_0 との積のケットに対応するブラ（転置共役行列）は

$$\phi_0{}^*(\boldsymbol{q}) \mathrm{e}^{iH(t-t_0)/\hbar} \tag{5}$$

と書けることを使ってある（後に出る（12）式を参照せよ）．

　さて，この（3）式を解釈するのに，シュレーディンガー表示では，$\exp\{\pm iH(t-t_0)/\hbar\}$ を $\phi_0, \phi_0{}^*$ に付属させるのであるが，その代りに，これらを F といっしょにして

$$F(t - t_0) = \mathrm{e}^{iH(t-t_0)/\hbar} F \mathrm{e}^{-iH(t-t_0)/\hbar} \tag{6}$$

という演算子（行列にすれば正方行列）を考え，それを時間とは無関係な ϕ_0 と $\phi_0{}^*$ ではさんだのが $\langle F \rangle$ であると見る方法がある．この見方を**ハイゼンベルク表示**という．つまり，F という量の期待値（時間の関数）を考えるのに

$$\langle F \rangle = \langle \psi(t) | F | \psi(t) \rangle \qquad （シュレーディンガー表示）\tag{7a}$$
$$= \langle \phi_0 | \mathrm{e}^{iH(t-t_0)/\hbar} F \mathrm{e}^{-iH(t-t_0)/\hbar} | \phi_0 \rangle \quad （ハイゼンベルク表示）\tag{7b}$$

のように2通りの仕方があるのである．

　上の2つの表し方を，ハミルトニアン H の固有関数 $\varphi_1(\boldsymbol{q}), \varphi_2(\boldsymbol{q}), \cdots$ を用いた行列表示で調べてみよう．

$$H \varphi_n(\boldsymbol{q}) = \varepsilon_n \varphi_n(\boldsymbol{q})$$

とする．§6.4でやったように

$$\psi_0(\boldsymbol{q}) = a_1{}^0\varphi_1(\boldsymbol{q}) + a_2{}^0\varphi_2(\boldsymbol{q}) + \cdots \tag{8}$$

として，シュレーディンガー表示で考えると

$$\psi(\boldsymbol{q},t) = a_1(t)\,\varphi_1(\boldsymbol{q}) + a_2(t)\,\varphi_2(\boldsymbol{q}) + \cdots \tag{9}$$

$$a_n(t) = a_n{}^0\mathrm{e}^{-i\varepsilon_n(t-t_0)/\hbar} \tag{9a}$$

であるから，$\psi(\boldsymbol{q},t)$ を表すケットは，$t-t_0 = \tau$ として

$$\psi(\boldsymbol{q},t) \longrightarrow \begin{pmatrix} a_1{}^0\mathrm{e}^{-i\varepsilon_1\tau/\hbar} \\ a_2{}^0\mathrm{e}^{-i\varepsilon_2\tau/\hbar} \\ a_3{}^0\mathrm{e}^{-i\varepsilon_3\tau/\hbar} \\ \vdots \end{pmatrix} \tag{10}$$

と書けるわけである．これを分ければ，次のような 2 つの行列の積と書くこともできる．

$$\begin{pmatrix} a_1{}^0\mathrm{e}^{-i\varepsilon_1\tau/\hbar} \\ a_2{}^0\mathrm{e}^{-i\varepsilon_2\tau/\hbar} \\ a_3{}^0\mathrm{e}^{-i\varepsilon_3\tau/\hbar} \\ \vdots \end{pmatrix} = \begin{pmatrix} \mathrm{e}^{-i\varepsilon_1\tau/\hbar} & & & \\ & \mathrm{e}^{-i\varepsilon_2\tau/\hbar} & & \mathbf{0} \\ & & \mathrm{e}^{-i\varepsilon_3\tau/\hbar} & \\ \mathbf{0} & & & \ddots \end{pmatrix} \begin{pmatrix} a_1{}^0 \\ a_2{}^0 \\ a_3{}^0 \\ \vdots \end{pmatrix} \tag{11}$$

これが $\mathrm{e}^{-iH\tau/\hbar}$ と $\psi_0(\boldsymbol{q})$ の積をそれぞれ $\varphi_1(\boldsymbol{q}),\varphi_2(\boldsymbol{q}),\cdots$ を基底にして行列で表したものである．これに対応するブラは

$$(a_1{}^{0*}\quad a_2{}^{0*}\quad a_3{}^{0*}\quad \cdots)\begin{pmatrix} \mathrm{e}^{i\varepsilon_1\tau/\hbar} & & & \\ & \mathrm{e}^{i\varepsilon_2\tau/\hbar} & & \mathbf{0} \\ & & \mathrm{e}^{i\varepsilon_3\tau/\hbar} & \\ \mathbf{0} & & & \ddots \end{pmatrix} \tag{12}$$

である．この (11) 式と (12) 式で

$$\mathbf{F} \longrightarrow \begin{pmatrix} F_{11} & F_{12} & F_{13} & \cdots \\ F_{21} & F_{22} & F_{23} & \cdots \\ F_{31} & F_{32} & F_{33} & \cdots \\ \cdots\cdots\cdots\cdots\cdots \\ \cdots\cdots\cdots\cdots\cdots \end{pmatrix}, \quad F_{nm} = \langle\varphi_n|F|\varphi_m\rangle \tag{13}$$

をはさんで掛けたものが $\langle F\rangle$ である．

シュレーディンガー表示では，状態が（11）式で表され，物理量が（13）式で表されると考える．これに対し，ハイゼンベルク表示では，状態は

$$\psi_0(\boldsymbol{q}) \longrightarrow \begin{pmatrix} a_1{}^0 \\ a_2{}^0 \\ a_3{}^0 \\ \vdots \end{pmatrix}$$

で時間的には変化せず，物理量が

$$\begin{pmatrix} e^{i\varepsilon_1\tau/\hbar} & & & 0 \\ & e^{i\varepsilon_2\tau/\hbar} & & \\ & & e^{i\varepsilon_3\tau/\hbar} & \\ 0 & & & \ddots \end{pmatrix} \begin{pmatrix} F_{11} & F_{12} & F_{13} & \cdots \\ F_{21} & F_{22} & F_{23} & \cdots \\ F_{31} & F_{32} & F_{33} & \cdots \\ \cdots\cdots\cdots\cdots \end{pmatrix} \begin{pmatrix} e^{-i\varepsilon_1\tau/\hbar} & & & 0 \\ & e^{-i\varepsilon_2\tau/\hbar} & & \\ & & e^{-i\varepsilon_3\tau/\hbar} & \\ 0 & & & \ddots \end{pmatrix}$$

$$= \begin{pmatrix} F_{11} & F_{12}e^{i(\varepsilon_1-\varepsilon_2)\tau/\hbar} & F_{13}e^{i(\varepsilon_1-\varepsilon_3)\tau/\hbar} & \cdots \\ F_{21}e^{i(\varepsilon_2-\varepsilon_1)\tau/\hbar} & F_{22} & F_{23}e^{i(\varepsilon_2-\varepsilon_3)\tau/\hbar} & \cdots \\ F_{31}e^{i(\varepsilon_3-\varepsilon_1)\tau/\hbar} & F_{32}e^{i(\varepsilon_3-\varepsilon_2)\tau/\hbar} & F_{33} & \cdots \\ \cdots\cdots\cdots\cdots \end{pmatrix} \tag{14}$$

のように時間変化する行列で表されると考える．特に F がハミルトニアン H 自身の場合には $H_{nm} = \varepsilon_n \delta_{nm}$ であるから

$$H(t) = H \longrightarrow \begin{pmatrix} \varepsilon_1 & & & 0 \\ & \varepsilon_2 & & \\ & & \varepsilon_3 & \\ 0 & & & \ddots \end{pmatrix} \tag{15}$$

のようになり，時間には関係しない．

　古典力学では，粒子の位置 $\boldsymbol{q}$ や運動量 $\boldsymbol{p}$，その他の物理量 $F(\boldsymbol{q}, \boldsymbol{p})$ が運動とともに時間の関数として変化すると考える．したがって，ハイゼンベルク表示の考え方の方が古典力学との対応がつけやすい．その具体例は後に示す（§8.6, 247 ページ）．§1.2 でも述べたようにハイゼンベルクは，古典力学におけるいろいろな物理量を（14）式のような行列と考え直すことによって古典力学から量子力学へ移行できることを示し，その行列力学を建設したのである．このハイゼンベルクの考え方を追うのも非常に有益ではあるが，相当

の準備を必要とするので，それは他書に譲り，本書ではシュレーディンガー
の波動方程式から入って，逆の道をたどって（14）式に到達した．ハイゼン
ベルクは行列を用いたハイゼンベルク表示で彼の行列力学をつくり上げ，シ
ュレーディンガーは波動関数という表し方を用いたシュレーディンガー表示
（波動関数を時間の関数と考える）でその波動力学を導いた．波動関数と演
算子を使うか行列表現を用いるかは，いままでに述べたように同じ内容を異
なる表現法で表したに過ぎない．また，ハイゼンベルク表示とシュレーディ
ンガー表示は，どこまでを状態ベクトルとみなし，どこまでを物理量と考え
るかという考え方の相違である．どれを用いても，実験と比較されるべき最
後の結果は同一である．目的によって，計算しやすい表し方，考えやすい表
示を用いればよいのである．現在では行列力学と波動力学が同じものの異な
る表し方であることが証明されて，量子力学という一般的な理論に統一され
ているのであるから，読者は表面的な式をただおぼえるだけでなく，内容を
しっかり理解し，いつでも1つの表し方から別の表し方に翻訳できるように
しておくことが望ましい．そうでなく，相互の関係がよくわからずに個々の
場合を別々に記憶したりしても，いざというときには大して役には立たない．

　　[例題]　$\psi_0(\boldsymbol{q})$ がハミルトニアン H の固有関数の1つに等しい場合（定常状
態）には $\langle F \rangle$ は時間に関係しないことを確かめよ．

　　[解]　（8）式で $a_1{}^0, a_2{}^0, \cdots$ のうちのどれか1つ，たとえば $a_n{}^0$ だけが1に等しく，
他は全部0であるとすると，(12), (11) 式でそのようにおいたもので (13) 式の行列
を左右からはさんで積を計算すれば，ただちに

$$\langle F \rangle = F_{nn}$$

が得られる．
　　これは次のようにして確かめてもよい．(7b) 式で

$$\begin{aligned}
\langle F \rangle &= \langle \psi_0 | e^{iH(t-t_0)/\hbar} F e^{-iH(t-t_0)/\hbar} | \psi_0 \rangle \\
&= \langle \varphi_n | e^{iH(t-t_0)/\hbar} F e^{-iH(t-t_0)/\hbar} | \varphi_n \rangle \\
&= \langle \varphi_n | e^{i\varepsilon_n(t-t_0)/\hbar} F e^{-i\varepsilon_n(t-t_0)/\hbar} | \varphi_n \rangle \\
&= \langle \varphi_n | F | \varphi_n \rangle \equiv F_{nn}
\end{aligned}$$

§6.10　ハイゼンベルクの運動方程式

　古典力学では時間の関数としての位置 $q(t)$ や運動量 $p(t)$, その他の物理量の時間変化がどのように行われるかを見るために, これらを t で微分した量を調べることが重要である. ハイゼンベルク表示でも同様であって, 演算子あるいは行列としての $F(t)$ の時間変化を調べることが重要である. そこで,

$$F(t) = e^{iH(t-t_0)/\hbar} F e^{-iH(t-t_0)/\hbar} \tag{1}$$

を t で微分してみよう. 指数関数はべき級数で定義されていること, 演算子は一般には掛ける順序を逆にはできないこと ($AB \neq BA$) に注意して, 微分を実行すれば

$$\frac{d}{dt}F(t) = \frac{i}{\hbar} H e^{iH(t-t_0)/\hbar} F(t) e^{-iH(t-t_0)/\hbar} - \frac{i}{\hbar} e^{iH(t-t_0)/\hbar} F(t) H e^{-iH(t-t_0)/\hbar}$$

$$= \frac{i}{\hbar}\{HF(t) - F(t)H\}$$

すなわち

$$\frac{d}{dt}F(t) = \frac{i}{\hbar}[H, F(t)] \tag{2}$$

が得られる. H と $e^{-iH(t-t_0)/\hbar}$ とはもちろん交換可能である.

　　　　上の微分は演算子のままで行ったけれども, 前節 (14) 式 (191 ページ) の行列を使って行うこともできる. 行列を微分するときには, その行列要素を全部いっぺんに微分したものをつくればよいので, 前節 (14) 式を t で微分したものの nm 要素は

$$F_{nm}\frac{i}{\hbar}(\varepsilon_n - \varepsilon_m)e^{i(\varepsilon_n-\varepsilon_m)t/\hbar}$$

である. 一方, 前節 (15) 式と (14) 式から

$$\frac{i}{\hbar}\{HF(t) - F(t)H\} \text{ の } nm \text{ 要素} = \frac{i}{\hbar}(\varepsilon_n - \varepsilon_m)F_{nm}e^{i(\varepsilon_n-\varepsilon_m)t/\hbar}$$

は容易に求められるので, (2) 式が証明されることになる.

この (2) 式を物理量 F に関する**ハイゼンベルクの運動方程式**とよぶ. (1) 式は (2) 式の形式的な解であるが，シュレーディンガー方程式の形式解が $e^{-iH(t-t_0)/\hbar}\psi(\boldsymbol{q}, t_0)$ であったのと同様，いろいろな原理的な問題には役に立っても，実際の計算はこれだけでは困難なことが多い. どういう場合にこの方程式がどのように使われるかは，後の例で示すことにしよう.

H の固有関数を用いた行列表示をつくってみればわかるように，

$$e^{iH(t-t_0)/\hbar}e^{-iH(t-t_0)/\hbar} = 1$$

である. 1 は何もしないという演算で，行列でいえば単位行列である:

$$\begin{pmatrix} e^{iH\tau/\hbar} & & & \\ & e^{iH\tau/\hbar} & & 0 \\ & & \ddots & \\ 0 & & & \ddots \end{pmatrix} \begin{pmatrix} e^{-iH\tau/\hbar} & & & \\ & e^{-iH\tau/\hbar} & & 0 \\ & & \ddots & \\ 0 & & & \ddots \end{pmatrix} = \begin{pmatrix} 1 & & & \\ & 1 & & 0 \\ & & \ddots & \\ 0 & & & \ddots \end{pmatrix}$$

いま，F という演算子がハミルトニアン H と交換可能であるならば

$$F(t) = e^{iH(t-t_0)/\hbar}Fe^{-iH(t-t_0)/\hbar} = e^{iH(t-t_0)/\hbar}e^{-iH(t-t_0)/\hbar}F = F$$

であり，$[H, F] = 0$ であるから

$$\frac{d}{dt}F(t) = 0 \qquad ([H, F] = 0 \text{ のとき}) \tag{3}$$

となることがわかる. つまり，

> ハミルトニアンと交換可能な演算子で表される物理量は，時間的に変化しない保存量である

ということができる. §6.7 で調べたように，H と交換する F の行列は，H の固有関数を適当に選べば H と同時に対角型にすることができ，前節 (14) 式が示すように，$F(t)$ の対角要素は t を含まないから，その行列は完全に t に依存しない. ゆえに，もとの $F(t)$ も t に無関係である. 中心力場内を運動する粒子の $\boldsymbol{l}^2$ や l_z はその一例である.

ハイゼンベルク表示で量子力学の諸公式をつくると，古典力学をハミルト

ニアン形式で表したものとの対応がついて面白いのであるが，そのような古典論（解析力学）になじみの深くない読者には面白くなく，かえって迷惑かと思うので，ここではそのような議論は割愛することにする．1つの簡単な適用例が§8.6で現れるので，そのときにもう一度復習していただけば理解が深まると思う．

［**例題**］　1次元調和振動子のハミルトニアンは

$$H = \frac{1}{2m}\,p_x{}^2 + \frac{1}{2}\,m\omega^2 x^2, \qquad p_x = -i\hbar\frac{d}{dx}$$

で与えられる．ハイゼンベルクの運動方程式 (2) を $F = p_x$ の場合に適用し，古典力学の運動方程式と比較せよ．

［**解**］　(2) 式を $F = p_x$ の場合に記せば

$$\frac{d}{dt}\,p_x(t) = \frac{i}{\hbar}\,[H, p_x(t)]$$

であるが，$\exp\{\pm iH(t - t_0)/\hbar\}$ は H と可換であるから

$$\frac{d}{dt}\,p_x(t) = \frac{i}{\hbar}\,\mathrm{e}^{iH(t-t_0)/\hbar}(H p_x - p_x H)\,\mathrm{e}^{-iH(t-t_0)/\hbar}$$

と書ける．ところで，上に与えられた H と，§6.7 (1a) 式（178 ページ）とを用いると

$$\begin{aligned}
Hp_x - p_x H &= \frac{1}{2}\,m\omega^2(x^2 p_x - p_x x^2)\\
&= \frac{1}{2}\,m\omega^2\{x(xp_x - p_x x) + (xp_x - p_x x)x\}\\
&= i\hbar m\omega^2 x
\end{aligned}$$

が得られる．ゆえに

$$\begin{aligned}
\frac{d}{dt}\,p_x(t) &= \mathrm{e}^{iH(t-t_0)/\hbar}(-m\omega^2 x)\,\mathrm{e}^{-iH(t-t_0)/\hbar}\\
&= -m\omega^2 x(t)
\end{aligned}$$

となる．最後の $x(t)$ は (1) 式で $F = x$ としたものである．

古典力学では，運動方程式は

$$m\frac{d^2 x}{dt^2} = -kx$$

であるが，$p_x = m\dfrac{dx}{dt}$ であり，$k = m\omega^2$ であるから，これは

$$\frac{dp_x}{dt} = -m\omega^2 x$$

となり，上に求めた式と形の上では全く一致することがわかる．🖋

7

摂動論と変分法

いままで簡単な系について波動関数を求めることを行ってきたが，それでもいろいろな特殊関数が必要で，相当な数学的技巧が要求された．もっと複雑な系，特に粒子の数がたくさんになった場合には困難は激増し，正確な解を求めることは到底できないのがむしろ大部分の場合である．そのようなときには，いろいろな**近似**を行って，何とか実際に近いような答を出す工夫をしなければならない．極端なことをいえば，水素原子以外には正確に扱える原子はなく，分子や固体にいたっては波動方程式を解くのは絶望的であるといってもよい．それにもかかわらず量子力学がこれらあらゆる場合に適用されて威力を発揮しているのは，いろいろな近似方法が用いられて，現象の一番大切な核心だけはこれを捉えて処理することができる場合が多いからである．そのような近似法のうちで，最も広く用いられているのは**摂動論**と**変分法**である．この章では定常状態の問題に対するこれらの適用法を調べる．

§7.1 定常状態に対する摂動論（Ⅰ） 縮退のない場合

摂動論というのは，はじめは天体力学で惑星の運動を計算するために考えられた方法である．惑星が太陽からの万有引力によって，太陽を1つの焦点とする楕円を描いて運動することは周知のとおりである．この運動は正確に計算することが可能である．しかし，惑星は1つではなくていくつも存在し，互いに万有引力をおよぼし合っている．1つの惑星に着目した場合に，これが他の惑星から受ける引力は，太陽からの引力に比べるとずっと小さい．そこでこのようなときには，まず太陽からの引力だけがあるとして惑星の運動

を一応求めておき，次に他惑星からの力を，この楕円運動をかき乱す小さな補正と考えて逐次近似の方法でその補正を計算するのである．

　量子力学の場合も同様で，ハミルトニアン H が

$$H = H_0 + \lambda H' \tag{1}$$

のように2つの部分に分けられ，主な部分 H_0 に対する波動関数 $\varphi_n^{(0)}$ とその固有値 $\varepsilon_n^{(0)}$ は既知であるとし，摂動 $\lambda H'$ による補正を求めようというのである．ここで λ はその摂動の大きさを表すためのパラメータで，たとえば水素原子を一様な電場（強さを E とする）の中に入れた場合ならば，電子は電場から力を受け，そのポテンシャルエネルギーが $\lambda H'$ に相当するが，これは E に比例するから，λ としては電場の強さ E を選べばよい．

　この節では，**無摂動系**（たとえば，外部電場がないときの水素原子）の縮退していない固有値に属する固有状態を考えよう．$\varphi_n^{(0)}(n = 1, 2, 3, \cdots)$ は

$$H_0 \varphi_n^{(0)} = \varepsilon_n^{(0)} \varphi_n^{(0)} \tag{2}$$

を満たし，$\varepsilon_n^{(0)}$ に等しい他の固有値はないとするのである．

　さて，H_0 の固有関数 $\varphi_1^{(0)}, \varphi_2^{(0)}, \varphi_3^{(0)},$ … は完全直交関数系をつくるので，H の固有関数もこれで展開することができる．$\lambda H'$ は小さいと考えるので，H の n 番目の固有関数 φ_n およびその固有値 ε_n は，それぞれ $\varphi_n^{(0)}$ および $\varepsilon_n^{(0)}$

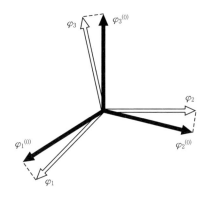

7-1 図　ハミルトニアンの固有関数はヒルベルト空間（∞ 次元複素ベクトル空間）の互いに直交するベクトルである．これを普通のベクトルのようにして描けばこの図のようになるであろう．摂動のために，固有関数はわずかずつ変化する．

とあまり違わないであろう．そして，$\lambda \rightarrow 0$ としたときには

$$\lim_{\lambda \to 0} \varphi_n = \varphi_n^{(0)}, \qquad \lim_{\lambda \to 0} \varepsilon_n = \varepsilon_n^{(0)} \tag{3}$$

となるであろう．そこで，φ_n も ε_n も λ のべき級数に展開できると考え，(3)

式を考慮して

$$\varphi_n = \varphi_n^{(0)} + \lambda\varphi_n^{(1)} + \lambda^2\varphi_n^{(2)} + \cdots \tag{4}$$

$$\varepsilon_n = \varepsilon_n^{(0)} + \lambda\varepsilon_n^{(1)} + \lambda^2\varepsilon_n^{(2)} + \cdots \tag{4}'$$

とおいて，これを

$$H\varphi_n = (H_0 + \lambda H')\varphi_n = \varepsilon_n\varphi_n \tag{5}$$

に代入する．λ のべき によって整理すると

$$H_0\varphi_n^{(0)} + \lambda\{H'\varphi_n^{(0)} + H_0\varphi_n^{(1)}\} + \lambda^2\{H'\varphi_n^{(1)} + H_0\varphi_n^{(2)}\} + \cdots$$

$$= \varepsilon_n^{(0)}\varphi_n^{(0)} + \lambda\{\varepsilon_n^{(1)}\varphi_n^{(0)} + \varepsilon_n^{(0)}\varphi_n^{(1)}\}$$

$$+ \lambda^2\{\varepsilon_n^{(2)}\varphi_n^{(0)} + \varepsilon_n^{(1)}\varphi_n^{(1)} + \varepsilon_n^{(0)}\varphi_n^{(2)}\} + \cdots$$

となるが，この式が成り立つためには，λ の各べき ごとに左右両辺が等しいことが必要である．ゆえに

λ^0 の項　　$H_0\varphi_n^{(0)} = \varepsilon_n^{(0)}\varphi_n^{(0)}$ $\qquad\qquad\qquad$ (6a)

λ^1 の項　　$H'\varphi_n^{(0)} + H_0\varphi_n^{(1)} = \varepsilon_n^{(1)}\varphi_n^{(0)} + \varepsilon_n^{(0)}\varphi_n^{(1)}$ $\qquad$ (6b)

λ^2 の項　　$H'\varphi_n^{(1)} + H_0\varphi_n^{(2)} = \varepsilon_n^{(2)}\varphi_n^{(0)} + \varepsilon_n^{(1)}\varphi_n^{(1)} + \varepsilon_n^{(0)}\varphi_n^{(2)}$ (6c)

$\cdots\cdots\cdots\cdots\cdots\cdots\cdots\cdots\cdots\cdots\cdots\cdots\cdots\cdots\cdots\cdots\cdots\cdots\cdots\cdots\cdots$

でなければならない．(6a) 式は自動的に満たされているから (6b) 式以下を考えればよい．(6b) 式から $\varepsilon_n^{(1)}$ と $\varphi_n^{(1)}$ をきめるために，未知の関数 $\varphi_n^{(1)}$ を $\varphi_1^{(0)}, \varphi_2^{(0)}, \varphi_3^{(0)}, \cdots$ で表す．

$$\varphi_n^{(1)} = c_1\varphi_1^{(0)} + c_2\varphi_2^{(0)} + c_3\varphi_3^{(0)} + \cdots \tag{7}$$

これを (6b) 式に代入すると

$$H'\varphi_n^{(0)} + H_0\sum_j c_j\varphi_j^{(0)} = \varepsilon_n^{(1)}\varphi_n^{(0)} + \varepsilon_n^{(0)}\sum_j c_j\varphi_j^{(0)}$$

となるが，$H_0\varphi_j^{(0)} = \varepsilon_j^{(0)}\varphi_j^{(0)}$ であるから

$$H'\varphi_n^{(0)} + \sum_j c_j(\varepsilon_j^{(0)} - \varepsilon_n^{(0)})\varphi_j^{(0)} = \varepsilon_n^{(1)}\varphi_n^{(0)} \tag{8}$$

が得られる．この式の各項に左から $\varphi_n^{(0)*}$ を掛けて積分すれば，$\varphi_j^{(0)}$ の規格化直交性により，j についての和のうちで $j = n$ の項だけ残り，他は消える．左辺の第2項の和では $\varepsilon_n^{(0)} - \varepsilon_n^{(0)} = 0$ となるので $j = n$ の項は消えてしま

うから，結局

$$\langle n|H'|n\rangle = \varepsilon_n^{(1)} \tag{9}$$

が得られる．ただし，$|\varphi_n^{(0)}\rangle$ と記す代りに略して $|n\rangle$ と書いた（ブラも同じ）．これで **1 次の摂動エネルギー**が求まった．

次に，(8) 式と $\varphi_i^{(0)}$ $(i \ne n)$ との内積をとると

$$\langle i|H'|n\rangle + c_i(\varepsilon_i^{(0)} - \varepsilon_n^{(0)}) = 0$$

となるから

$$c_i = -\frac{\langle i|H'|n\rangle}{\varepsilon_i^{(0)} - \varepsilon_n^{(0)}} \qquad (i \ne n) \tag{10}$$

が定まる．ただし，c_n だけは (8) 式からはきまらないが，これは

$$c_n = 0 \tag{11}$$

とすればよいことが，φ_n の規格化条件から次のようにしてわかる．

(4) 式から

$$\langle\varphi_n|\varphi_n\rangle = \langle\varphi_n^{(0)}|\varphi_n^{(0)}\rangle + \lambda\{\langle\varphi_n^{(0)}|\varphi_n^{(1)}\rangle + \langle\varphi_n^{(1)}|\varphi_n^{(0)}\rangle\}$$
$$+ \lambda^2\{\langle\varphi_n^{(1)}|\varphi_n^{(1)}\rangle + \langle\varphi_n^{(0)}|\varphi_n^{(2)}\rangle + \langle\varphi_n^{(2)}|\varphi_n^{(0)}\rangle\} + \cdots \tag{12}$$

が得られるが，右辺の第 1 項は 1 であるから，左辺が 1 になるためには { } の中がそれぞれ全部 0 でなければいけない．λ の { } 内を見ると 2 つの項があるが，これらは互いに複素共役である．したがって，その和が 0 であるためには $\langle\varphi_n^{(0)}|\varphi_n^{(1)}\rangle$ $= -\langle\varphi_n^{(1)}|\varphi_n^{(0)}\rangle =$ 純虚数であればよい．この虚数として 0 でないものをとるというのは λ までの範囲で $1 + i\lambda\gamma = e^{i\lambda\gamma}$ なので，φ_n 全体に $e^{i\lambda\gamma}$ という絶対値が 1 の数を掛けるということになるのであって，実質的なことは何もないから，0 としてしまって全くさしつかえないのである．

次に，2 次の項 (6c) 式を考える．前と同様に

$$\varphi_n^{(2)} = \sum_j d_j\varphi_j^{(0)} \tag{13}$$

とおいて (6c) 式に代入すると

$$\sum_j' c_j H' \varphi_j^{(0)} + \sum_j' d_j(\varepsilon_j^{(0)} - \varepsilon_n^{(0)}) \varphi_j^{(0)} = \varepsilon_n^{(2)}\varphi_n^{(0)} + \langle n|H'|n\rangle \sum_j' c_j\varphi_j^{(0)}$$

$$(14)$$

となる. ここで $\sum_j'$ は, j についての和をとるとき $j = n$ は除外する $(c_n = 0)$ ことを示す. この (14) 式と $\varphi_n^{(0)}$ との内積をとれば

$$\sum_j' c_j \langle n|H'|j\rangle = \varepsilon_n^{(2)}$$

を得るから, c_j に (10) 式を用いれば, **2 次の摂動エネルギー**として

$$\varepsilon_n^{(2)} = -\sum_j' \frac{\langle n|H'|j\rangle\langle j|H'|n\rangle}{\varepsilon_j^{(0)} - \varepsilon_n^{(0)}} \tag{15}$$

が求められる. たいていの計算では, エネルギーは 2 次まで, 波動関数は 1 次までで話をすすむのが普通である.

[**例題**]　上と同様にして d_j と $\varepsilon_n^{(3)}$ を求めよ.

[**解**]　計算は機械的にできるから読者の演習にまかせ, 結果だけを記すことにする. d_n を求めるときには (12) 式を援用する必要があることだけを断っておこう.

$$d_j = \sum_i' \frac{\langle j|H'|i\rangle\langle i|H'|n\rangle}{(\varepsilon_j^{(0)} - \varepsilon_n^{(0)})(\varepsilon_i^{(0)} - \varepsilon_n^{(0)})} - \frac{\langle j|H'|n\rangle\langle n|H'|n\rangle}{(\varepsilon_j^{(0)} - \varepsilon_n^{(0)})^2} \qquad (j \neq n)$$

$$(16\text{a})$$

$$d_n = -\frac{1}{2}\sum_i' \frac{\langle n|H'|i\rangle\langle i|H'|n\rangle}{(\varepsilon_i^{(0)} - \varepsilon_n^{(0)})^2} \tag{16b}$$

$$\varepsilon_n^{(3)} = \sum_j'\sum_i' \frac{\langle n|H'|j\rangle\langle j|H'|i\rangle\langle i|H'|n\rangle}{(\varepsilon_j^{(0)} - \varepsilon_n^{(0)})(\varepsilon_i^{(0)} - \varepsilon_n^{(0)})} - \sum_i' \frac{\langle n|H'|i\rangle\langle i|H'|n\rangle\langle n|H'|n\rangle}{(\varepsilon_i^{(0)} - \varepsilon_n^{(0)})^2}$$

$$(17)$$ ✐

§7.2　水素原子の分極率

摂動論適用の例として, 一様な電場 (強さ E, z 方向とする) の中に置かれた水素原子を考えよう. 原子核 (陽子) はやはり固定した点電荷とし, その電荷を $+e$ とする. 電子の質量を m, 電荷を $-e$ とすると, 電子が電場から受ける力は $-z$ 方向に大きさ eE であるから, そのポテンシャルは $V' = eEz$ と表すことができる. なぜなら

$$-\frac{\partial V'}{\partial x} = -\frac{\partial V'}{\partial y} = 0, \quad -\frac{\partial V'}{\partial z} = -eE$$

となるからである. そこで λ として E をとれば, $H' = ez$, 極座標で書けば

$$H' = er \cos \theta \tag{1}$$

である.

§4.3 で調べたように, 基底状態の水素原子の波動関数は

$$\varphi_{1s}{}^{(0)} = \sqrt{\frac{1}{\pi a_0{}^3}}\, \mathrm{e}^{-r/a_0} \tag{2}$$

で, その固有値は

$$\varepsilon_1{}^{(0)} = -\frac{me^4}{(4\pi\epsilon_0)^2 \cdot 2\hbar^2} \tag{3}$$

である. 励起状態は $R_{nl}(r)\, Y_l{}^m(\theta, \phi)$, $\varepsilon_n{}^{(0)}/n^2$ で与えられることも §4.3 で求めてあるとおりである.

以上をもとにして前節の結果を適用してみよう. 1 次の摂動エネルギーは前節 (9) 式 (200 ページ) により

$$\varepsilon_n{}^{(1)} = \langle 1s | er \cos \theta | 1s \rangle$$

$$= \frac{e}{\pi a_0{}^3} \int_0^\infty \mathrm{e}^{-2r/a_0} r^3\, dr \int_0^\pi \cos \theta \sin \theta\, d\theta \int_0^{2\pi} d\phi$$

を計算すればよいのだが, θ の積分が消えるので

$$\varepsilon_{1s}{}^{(1)} = 0 \tag{4}$$

となる. したがって, 電場の強さに比例する項はない.

次に, 前節 (10) 式 (200 ページ) によって波動関数の 1 次の変化を求めてみよう. $|n\rangle$ はいまの場合 φ_{1s} であり, $|i\rangle$ は 1s 以外のすべての励起状態である. したがって, $\langle i | H' | n \rangle$ は

$$\langle nlm | H' | 1s \rangle$$

$$= \sqrt{\frac{1}{\pi a_0{}^3}}\, e \int_0^\infty R_{nl}(r)\, \mathrm{e}^{-r/a_0} r^3\, dr \int_0^\pi Y_l{}^{m*}(\theta, \phi) \cos \theta \sin \theta\, d\theta \int_0^{2\pi} d\phi \tag{5}$$

となるが, §4.2 (6b) 式 (96 ページ) によれば

$$\cos\theta = \sqrt{\frac{4\pi}{3}}\, Y_1{}^0(\theta, \phi)$$

であるから, 球面調和関数の直交性

$$\int_0^\pi d\theta \int_0^{2\pi} d\phi\, Y_l{}^{m*}(\theta, \phi)\, Y_{l'}{}^{m'}(\theta, \phi)\,\sin\theta = \delta_{ll'}\delta_{mm'}$$

によって, $l=1,\ m=0$ 以外のものについては (5) 式はすべて 0 になってしまう. $l=1,\ m=0$ については

$$\langle nlm|H'|1\mathrm{s}\rangle = \delta_{l1}\delta_{m0}\sqrt{\frac{4}{3a_0{}^3}}\, e \int_0^\infty R_{np}(r)\, \mathrm{e}^{-r/a_0}\, r^3\, dr \tag{6}$$

となる. §4.3 (103 ページ) に与えられた $R_{nl}(r)$ を用いて, $n=2,3,4$ の 3 つだけを計算すると,

$$\langle 2\mathrm{p}0|H'|1\mathrm{s}\rangle = \frac{128}{243}\sqrt{2}\,a_0 e = 0.745\,a_0 e \tag{7a}$$

$$\langle 3\mathrm{p}0|H'|1\mathrm{s}\rangle = \frac{27}{128}\sqrt{2}\,a_0 e = 0.298\,a_0 e \tag{7b}$$

$$\langle 4\mathrm{p}0|H'|1\mathrm{s}\rangle = \frac{6144}{78125}\sqrt{5}\,a_0 e = 0.176\,a_0 e \tag{7c}$$

となる. 前節 (10) 式の分母 (**エネルギー分母**という) は

$$2\mathrm{p}: \quad \varepsilon_{2\mathrm{p}}{}^{(0)} - \varepsilon_{1\mathrm{s}}{}^{(0)} = \frac{e^2}{4\pi\epsilon_0}\frac{1}{2a_0}\left(1 - \frac{1}{2^2}\right) \tag{8a}$$

$$3\mathrm{p}: \quad \varepsilon_{3\mathrm{p}}{}^{(0)} - \varepsilon_{1\mathrm{s}}{}^{(0)} = \frac{e^2}{4\pi\epsilon_0}\frac{1}{2a_0}\left(1 - \frac{1}{3^2}\right) \tag{8b}$$

$$4\mathrm{p}: \quad \varepsilon_{4\mathrm{p}}{}^{(0)} - \varepsilon_{1\mathrm{s}}{}^{(0)} = \frac{e^2}{4\pi\epsilon_0}\frac{1}{2a_0}\left(1 - \frac{1}{4^2}\right) \tag{8c}$$

であるから, これらを前節 (10) 式に代入すると

$$c_{2\mathrm{p}0} = -1.99\frac{4\pi\epsilon_0 a_0{}^2}{e} \qquad \left(\frac{4\pi\epsilon_0 a_0{}^2}{e} = 1.94 \times 10^{-12}\,\mathrm{m/V}\right)$$

$$c_{3\mathrm{p}0} = -0.67\frac{4\pi\epsilon_0 a_0{}^2}{e}$$

$$c_{4p0} = -0.38 \frac{4\pi\epsilon_0 a_0{}^2}{e}$$

が得られる。これに前節のλとしての電場の強さE（単位は V/m）を掛けたものが，$\varphi_{1s}{}^{(0)}$に付加すべき$\varphi_{2p0}{}^{(0)}$, $\varphi_{3p0}{}^{(0)}$, $\varphi_{4p0}{}^{(0)}$に掛かる係数（単位のない数）である。

$$\varphi_{1s} = \varphi_{1s}{}^{(0)} + \sum_{n=2}^{\infty} c_{np0} E \varphi_{np0}{}^{(0)} \tag{9}$$

次に$\varepsilon_{1s}{}^{(2)}$を求めよう。前節（15）式（201 ページ）に上に求めた数値を代入すればよい。λ^2に相当するE^2まで掛けておくと

$$E^2 \varepsilon_{1s}{}^{(2)} = -\left(\frac{0.745^2}{3/8} + \frac{0.298^2}{4/9} + \frac{0.176^2}{15/32} + \cdots \right) \cdot 4\pi\epsilon_0 a_0{}^3 E^2$$

$$= -(1.48 + 0.20 + 0.06 + \cdots) \cdot 4\pi\epsilon_0 a_0{}^3 E^2 \tag{10}$$

が得られる。この（　）内の級数の収束はあまりよくないが，実はこの問題は摂動論によらないで正しい解が求められており，その結果によれば，この（　）内は9/4に等しい。原子や分子のエネルギーが，電場の強さEの関数として

$$\varepsilon = \varepsilon^{(0)} - \frac{1}{2}\alpha E^2 \tag{11}$$

のように書けるときに，αを**分極率**という。水素原子の分極率は

$$\alpha = \frac{9}{2} \cdot 4\pi\epsilon_0 a_0{}^3 \tag{12}$$

である。

　ここで分極の意味と，それが量子力学でどのように表されているかを考えてみよう。電場がないときの波動関数$\varphi_{1s}{}^{(0)}$は原点のまわりに球対称であるから，

$$\langle 1s|x|1s \rangle = \langle 1s|y|1s \rangle = \langle 1s|z|1s \rangle = 0$$

である。したがって，電子の平均の位置は原点にあって，陽子とちょうど重なっていることになる。電子の運動は非常に速いので，その影響をそれに比

べてゆっくりした仕方で調べる場合には，$-e|\varphi_{1s}{}^{(0)}|^2$ という密度の負電荷の雲のように扱ってもよいであろう．そうすると，この負電荷の雲の中心はちょうど陽子の正電荷と一致するので，外から見た場合には電気的には何もないのと同じである．

ところがこれに電場をかけると，電子は電場と反対方向に力を受ける．しかし，電子と陽子は互いに引き合っているから，離れ去るわけにはいかない．電場がよほど強くない限り，その影響は電子の平均の位置（荷電雲の中心）と陽子の位置を少しずらす効果となって現れるはずである．これが**分極**であって，電場があまり大きくなければ分極の大きさは電場の強さに比例し，その比例の係数が分極率である．そこで，摂動を受けた波動関数 φ_{1s} について，z の平均値を求めてみよう．

$$\varphi_{1s} = \varphi_{1s}{}^{(0)} + \sum_{n=2}^{\infty} c_{np0} E \varphi_{np0}{}^{(0)}$$

であるから

$$\langle z \rangle \equiv \langle \varphi_{1s} | z | \varphi_{1s} \rangle$$

$$= \langle 1s | z | 1s \rangle + \sum_{n=2}^{\infty} \{ c_{np0} \langle 1s | z | np0 \rangle + c_{np0}{}^* \langle np0 | z | 1s \rangle \} E$$

$$+ \sum_n \sum_{n'} c_{np0}{}^* c_{n'p0} \langle np0 | z | n'p0 \rangle E^2$$

となるが，$\langle 1s | z | 1s \rangle$ および $\langle np0 | z | n'p0 \rangle$ は明らかに 0 である．それは，積分される関数が z に関して奇関数になっていることからもわかるし，θ についての積分のところをていねいに書き下してみてもわかる．したがって，残るのは 1s 関数と $np0$ 関数で $z = r\cos\theta$ をはさんだ積分だけである．2p, 3p, 4p の場合についてそれらは（7a）〜（7c）式に求めてあるが，われわれの関数についてはこれらの積分は正で，それに掛かる係数 c_{np0} が負である．* ゆえに $\langle z \rangle$ は負の数になる．$\varphi_{1s}{}^{(0)}$ も $\varphi_{np0}{}^{(0)}$ も実数なので

---

* 波動関数は絶対値が 1 の因子だけ不定であるから，もし選んだ関数が $e^{i\gamma}$ 倍だけ違っていれば積分も違ってくる．しかし，そのときは c_{np0} も異なってくるので，最後の結果の $\langle z \rangle$ は同じである．

$$\langle z \rangle = 2 \sum_{n=2}^{\infty} c_{np0} \langle np0 | z | 1s \rangle E = \frac{2}{e} \sum_{n=2}^{\infty} c_{np0} \langle np0 | H' | 1s \rangle E$$

$$= -\frac{2E}{e} \sum_{n=2}^{\infty} \frac{\langle 1s | H' | np0 \rangle \langle np0 | H' | 1s \rangle}{\varepsilon_{np}{}^{(0)} - \varepsilon_{1s}{}^{(0)}}$$

$$= \frac{2E}{e} \varepsilon_{1s}{}^{(2)} \tag{13}$$

ところで

$$\varepsilon_{1s} = \varepsilon_{1s}{}^{(0)} + \varepsilon_{1s}{}^{(2)} E^2 + \cdots$$

$$= \varepsilon_{1s}{}^{(0)} - \frac{1}{2} \alpha E^2 + \cdots$$

なのであるから $\varepsilon_{1s}{}^{(2)} = -\alpha/2$ であり，これと $\langle z \rangle$ の式から導かれる

$$e \langle z \rangle = 2 \varepsilon_{1s}{}^{(2)} E$$

を比べれば

$$-e \langle z \rangle = \alpha E \tag{14}$$

となっていることがわかる．陽子の $+e$ が原点にあり，電子（$-e$）の荷電雲の中心が $\langle z \rangle$ にあるのだから，水素原子の電気双極子モーメントは $-e\langle z \rangle$ である．この双極子モーメントは電場によって誘起されたものであり，それの大きさは E に比例する．分極率 α は，その比例定数なのである．

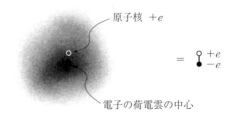

原子核 $+e$

電子の荷電雲の中心

$= \begin{smallmatrix} +e \\ -e \end{smallmatrix}$

7-2 図　電子の荷電雲の中心は核から少しずれるので，この原子を外から見ると右側に描いた電気双極子と同じになる．

　次に，$\varphi_{1s}{}^{(0)}$ や $\varphi_{np0}{}^{(0)}$ のそれぞれでは $\langle z \rangle$ は 0 であるのに，これらを重ね合わせたものでは $\langle z \rangle \neq 0$ になる理由を考えてみよう．関数

$$\varphi_{1s}{}^{(0)} \propto e^{-r/a_0}$$

は原点のまわりに球対称で，いたるところで正である．ところが

$$\varphi_{2p0}{}^{(0)} \propto r e^{-r/2a_0} \cos \theta$$

は$z>0$の側では正であるが，$z<0$の側では負になる関数である．* そこ
で，$\varphi_{2p0}^{(0)}$に小さな負の数を掛けたものを$\varphi_{1s}^{(0)}$に加えると，$z>0$の側では
$\varphi_{1s}^{(0)}$は正なのにそれに重ねられる関数は負なので，関数の値は減少する．
逆に$z<0$の側では正と正とが合わさって，もとよりも値が大きくなる．こ
うしてφ_{1s}は全体としてzの負の側に重心がずれたものになり，$|\varphi_{1s}|^2$もそ
うなる．これが電場（$+z$方向）による電子の変位と，それによる水素原子
の分極を量子力学的に表しているのである．

§7.3 非調和振動子

原点からの距離に比例する引力による運動は，古典力学では単振動であり，
その振動数は振幅によらない一定値をとる．これに対応する量子力学的運動
については§2.6で学んだ．いま，これに小さな摂動として原点からの距離
の3乗に比例する力が付加されたらどうなるかを調べてみることにしよう．

摂動がないときのハミルトニアンは

$$H_0 = -\frac{\hbar^2}{2m}\frac{d^2}{dx^2} + \frac{1}{2}m\omega^2 x^2 \tag{1}$$

あるいは§2.6（31）式（53ページ）により

$$H_0 = \left(a^*a + \frac{1}{2}\right)\hbar\omega \tag{2}$$

と書くこともできる．H_0の固有値は$\left(n+\dfrac{1}{2}\right)\hbar\omega$ で，

$$H_0 u_n^{(0)} = \left(n+\frac{1}{2}\right)\hbar\omega u_n^{(0)} \qquad (n=0,1,2,\cdots) \tag{3}$$

と書くことができ，a^*とaは固有関数に対し

$$a^* u_n^{(0)} = \sqrt{n+1}\, u_{n+1}^{(0)}, \qquad a u_n^{(0)} = \sqrt{n}\, u_{n-1}^{(0)} \tag{4}$$

のように作用する．§2.6（27a），（27b）式（52ページ）から，xは

---

* 波動関数は正にも負にもなりうる．粒子の存在確率を表す$|\varphi|^2$は，いたるところで
正（または0）である．混同しないように注意してほしい．

$$x = \sqrt{\frac{\hbar}{2m\omega}}\,(a^* + a) \tag{5}$$

と表されることもすでに知っている.

　摂動を

$$\lambda H' = \lambda x^4 \quad \begin{pmatrix} \lambda > 0 \text{ ならば } x = 0 \text{ へ向かう引力} \\ \lambda < 0 \text{ ならば斥力} \end{pmatrix} \tag{6}$$

とおけば, a^* と a を用いて

$$H' = \left(\frac{\hbar}{2m\omega}\right)^2 (a^* + a)^4 \tag{7}$$

と書かれるが, これによる1次の摂動エネルギーは, $u_n^{(0)}$ を $|n\rangle$ と略記すれば,

$$\varepsilon_n^{(1)} = \left(\frac{\hbar}{2m\omega}\right)^2 \langle n|(a^* + a)^4|n\rangle \tag{8}$$

によって計算される. ところで, a^* は量子数を1つ増し, a は1つ減らす演算子である. $(a^* + a)^4$ を分解すると16の項がでてくるが, それらを $|n\rangle$ に作用させて得られる16項のうちで, もとの $|n\rangle$ に数を掛けたものだけが, $\langle n|$ とブラケットをとったとき (内積をとったとき) に残り, 他は直交性で消えてしまう. したがって, $\varepsilon_n^{(1)}$ に寄与しうるのは, これら16項のうちで, 等しい個数の a^* と a を含むものだけである. それは6項あって

$$a^*a^*aa + a^*aa^*a + aa^*a^*a + aa^*aa^* + aaa^*a^* + a^*aaa^*$$

である. (4)式および $a^*a|n\rangle = n|n\rangle$, $aa^*|n\rangle = (n+1)|n\rangle$ などを用いれば,

$$a^*a^*aa|n\rangle = n(n-1)|n\rangle, \qquad a^*aa^*a|n\rangle = n^2|n\rangle$$
$$aa^*a^*a|n\rangle = n(n+1)|n\rangle, \qquad aa^*aa^*|n\rangle = (n+1)^2|n\rangle$$
$$aaa^*a^*|n\rangle = (n+1)(n+2)|n\rangle, \quad a^*aaa^*|n\rangle = n(n+1)|n\rangle$$

は容易にわかる. これらと $\langle n|$ との内積をとって合計すれば

$$\langle n|(a^* + a)^4|n\rangle$$
$$= n(n-1) + n^2 + 2n(n+1) + (n+1)^2 + (n+1)(n+2)$$
$$= 6n^2 + 6n + 3 \tag{9}$$

となるから, 結局1次の摂動エネルギーとして

$$\lambda \varepsilon_n{}^{(1)} = \frac{3\hbar^2\lambda}{4m^2\omega^2}(2n^2 + 2n + 1) \tag{10}$$

が得られる.

　$u_n{}^{(1)}$ として $|n\rangle$ に混じるのが $|n \pm 4\rangle$ と $|n \pm 2\rangle$ であることは (7) 式の形から明らかである. その係数や $\varepsilon_n{}^{(2)}$ を求めることも, a^* と a を用いればそれほど困難ではない.

　なお (10) 式は, n の大きい状態ほど, 摂動によるエネルギーの変化が大きいことを示している. これは次のように説明される. 摂動 λx^4 は $|x|$ の大きいところほどその影響が大きい. ところで, H_0 の固有状態で n の大きいものというのは, 古典的にいえば振幅の大きい振動であり, 量子力学的にいっても $|x|$ の大きいところに滞在する確率が大きいような運動である（2-8 図（52 ページ）を参照). したがって, そのような運動ほど λx^4 の影響の受け方もいちじるしい.

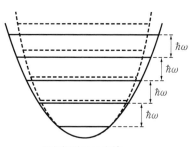

調和振動子は実線
非調和振動子は破線

7-3 図　横線はエネルギー準位を示す.

　(10) 式が n によって異なるので, 摂動を受けている場合のエネルギー固有値の並び方はもはや等間隔ではなくて, $\lambda > 0$ ならば上へ行くほど間隔は広くなり, $\lambda < 0$ ならばその逆の傾向を示す.

§7.4　定常状態に対する摂動論（II）　縮退のある場合

　考えている定常状態が縮退している場合には, §7.1 の方法をそのまま用いることはできない. たとえば, §7.1 (10) 式や (15) 式 (200, 201 ページ) の分母が 0 で, 分子が有限のときがありうるから, これらの式は使えない.

　そもそも縮退のある場合には, §2.5 や §4.5 などで知ったように, 固有関数（あるいは状態ベクトル）のとり方は一意的ではない. たとえば, 状態

$\varphi_1{}^{(0)}$ は縮退していないが，$\varphi_2{}^{(0)}$ と $\varphi_3{}^{(0)}$ が縮退しているとすると，$\varphi_1{}^{(0)}$ の選び方は他には存在しないが，$\varphi_2{}^{(0)}$ と $\varphi_3{}^{(0)}$ の方はこの2つの代りに，それらの1次結合でできる互いに直交する2つの関数ならば何をとってもよいのである．

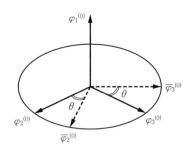

$\varphi_4{}^{(0)}$ 以下をしばらく考えずに，$\varphi_1{}^{(0)}$，$\varphi_2{}^{(0)}$, $\varphi_3{}^{(0)}$ だけを考えて，これを実空間のベクトルのように扱ってみると 7-4 図のようになる．ベクトル $\varphi_1{}^{(0)}$ の方向は確定しているのに，$\varphi_2{}^{(0)}$ と $\varphi_3{}^{(0)}$ は自由にこの平面内でぐるぐる回れるような状態になっているといってよいであろう．

7-4 図　$\varepsilon_1{}^{(0)} < \varepsilon_2{}^{(0)} = \varepsilon_3{}^{(0)}$ の場合 $\varphi_1{}^{(0)}$ はきまるが，$\varphi_2{}^{(0)}$ と $\varphi_3{}^{(0)}$ はきまらない．$\overline{\varphi_2}{}^{(0)}, \overline{\varphi_3}{}^{(0)}$ のようにとってもよい．

　摂動 $\lambda H'$ が加えられてもこの縮退が残る場合もあるが，そうでなくて $\varphi_1, \varphi_2, \varphi_3$ が確定する場合を考えよう．φ_1 は $\varphi_1{}^{(0)}$ に近いであろうが，φ_2 と φ_3 は $\varphi_2{}^{(0)}, \varphi_3{}^{(0)}$ に近くはなくて，これを θ だけ回した

$$\overline{\varphi_2}{}^{(0)} = \varphi_2{}^{(0)} \cos \theta + \varphi_3{}^{(0)} \sin \theta$$
$$\overline{\varphi_3}{}^{(0)} = -\varphi_2{}^{(0)} \sin \theta + \varphi_3{}^{(0)} \cos \theta$$

に近いとして，まずこの θ を求めることを考える（7-4 図）．"近い"といったのは，正しい固有関数は，一般にはこの面から少しはずれた方向をもつはずだからである．この面からのはずれは，$\varphi_2{}^{(0)}$ および $\varphi_3{}^{(0)}$ 以外の $\varphi_1{}^{(0)}, \varphi_4{}^{(0)}$, $\varphi_5{}^{(0)}, \cdots$ が少しずつ混じるということであって，それは §7.1 と同様の手続きで計算できる．

　もう少し一般的にいうと，§7.1 の (10) 式や (15) 式で困るのは，分母が0なのに分子がそうでない場合である．つまり，縮退した状態同士の間で H' の行列要素があると困るのである．そこでこの困難を除くには，縮退した状態の間で適当なユニタリー変換を行って，上の例の $\overline{\varphi_2}{}^{(0)}, \overline{\varphi_3}{}^{(0)}$ に相当するものを求め，これらの間では H' の行列要素が0になるようにすればよい．

　いま，$\varphi_{l+1}{}^{(0)}, \varphi_{l+2}{}^{(0)}, \cdots, \varphi_{l+g}{}^{(0)}$ の g 個の状態が g 重に縮退しているときに，

この g 次元の部分空間内での H' の行列は，非対角要素

$$\langle \varphi_{l+i}{}^{(0)} | H' | \varphi_{l+j}{}^{(0)} \rangle = \langle l + i | H' | l + j \rangle \qquad (i \neq j)$$

をもつが，これをなくして対角化すればよいのである．

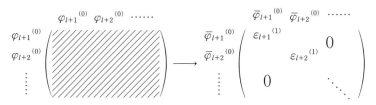

この手続きは有限次元（g 次元）の固有値問題であるから，§6.2 で学んだ方法によって固有値 $\varepsilon_{l+1}{}^{(1)}, \varepsilon_{l+2}{}^{(1)}, \cdots, \varepsilon_{l+g}{}^{(1)}$ と固有関数（固有ベクトル）$\overline{\varphi}_{l+1}{}^{(0)}$, $\overline{\varphi}_{l+2}{}^{(0)}, \overline{\varphi}_{l+g}{}^{(0)}$ を求めることができる．こうして得られた $\overline{\varphi}_{l+i}{}^{(0)}(i = 1, 2, \cdots, g)$ を **0 次近似**の固有関数とよぶ．

0 次近似の固有関数が求められれば，その後の手続きは縮退のない場合と同じである．1 次のエネルギーはすでに求めた $\varepsilon_{l+i}{}^{(1)}$ $(i = 1, 2, \cdots, g)$ であるから，後は各 $\overline{\varphi}_{l+i}{}^{(0)}$ に $g - 1$ 個以外の状態がどのように混じって，どのように $\varepsilon_{l+i}{}^{(2)}$ を生じるかを §7.1 の方法で見ればよい．

1 次摂動のエネルギー $\varepsilon_{l+1}{}^{(1)}, \varepsilon_{l+2}{}^{(1)}, \cdots$ のなかにまだ縮退が残る場合もある．このときには $\overline{\varphi}_{l+1}{}^{(0)}, \overline{\varphi}_{l+2}{}^{(0)}, \cdots$ の全部が確定せず，その一部に不定さが残り，2 次以上の効果を考えてはじめて完全に縮退がとれる場合もあり，いくらやってもとれない場合もある．残っていた縮退がはじめてとれるときには，この節のはじめに述べた事情がきいて，取扱いに注意を要することがある．それについては，後で実例に関連させて説明することにしよう．

§7.5 励起水素原子のシュタルク効果

縮退がある場合の摂動の例として，主量子数 n が 2 の励起状態にある水素原子に対する電場の影響を考えよう．$n = 2$ の状態としては 2s と 3 個（$m = 1, 0, -1$）の 2p の合計 4 つがあるから，縮退は四重である．$\varphi_{2s}{}^{(0)} =$

$-R_{2s}Y_0{}^0$, $\varphi_{2pm}{}^{(0)} = R_{2p}Y_1{}^m$ として

$$H' = ez$$

の行列を $\varphi_{2s}{}^{(0)}$, $\varphi_{2p1}{}^{(0)}$, $\varphi_{2p0}{}^{(0)}$, $\varphi_{2p-1}{}^{(0)}$ を基底としてつくると，$|2s\rangle$ と $|2p0\rangle$ の間の行列要素以外はすべて 0 であることが（θ, ϕ の積分をやってみると）容易にわかる.

$$
\begin{array}{c}
\begin{array}{cccc} \quad 2s & 2p0 & 2p1 & 2p-1 \end{array} \\
\begin{array}{c} 2s \\ 2p0 \\ 2p1 \\ 2p-1 \end{array}
\left(
\begin{array}{cc:cc}
0 & 3a_0e & 0 & 0 \\
3a_0e & 0 & 0 & 0 \\ \hdashline
0 & 0 & 0 & 0 \\
0 & 0 & 0 & 0
\end{array}
\right)
\end{array}
$$

これを対角化するには，2s と 2p0 の部分について

$$\overline{\varphi}_+{}^{(0)} = \frac{1}{\sqrt{2}}\left(\varphi_{2s}{}^{(0)} + \varphi_{2p0}{}^{(0)}\right)$$

$$\overline{\varphi}_-{}^{(0)} = \frac{1}{\sqrt{2}}\left(\varphi_{2s}{}^{(0)} - \varphi_{2p0}{}^{(0)}\right)$$

とおけばよいことは §6.8 の場合と全く同様である.

$$
\begin{array}{c}
\begin{array}{cccc} \quad + & - & 2p1 & 2p-1 \end{array} \\
\begin{array}{c} + \\ - \\ 2p1 \\ 2p-1 \end{array}
\left(
\begin{array}{cccc}
3a_0e & 0 & 0 & 0 \\
0 & -3a_0e & 0 & 0 \\
0 & 0 & 0 & 0 \\
0 & 0 & 0 & 0
\end{array}
\right)
\end{array}
$$

つまり，0 次近似の波動関数は $\overline{\varphi}_+{}^{(0)}$, $\overline{\varphi}_-{}^{(0)}$, $\varphi_{2p1}{}^{(0)}$, $\varphi_{2p-1}{}^{(0)}$ であって，H_0 の固有値は全部共通の $\varepsilon_2{}^{(0)}$ であり，1 次のエネルギーがそれぞれ $3a_0eE$, $-3a_0eE$, $0, 0$ なのである. 電場 E があるときのエネルギー固有値を図示すると 7-5 図のようになる. 四重に縮退していた $n = 2$ のエネルギー準位は，3 つの準位に分裂する. 電場によるエネルギー準位の変化を**シュタ**

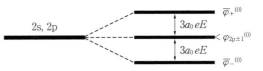

7-5図 水素原子の $n = 2$ 準位のシュタルク分裂

ルク効果というが，水素の $n = 2$ の準位はこのように電場の強さに比例した
シュタルク分裂を起こす．

§7.2で調べた $n = 1$ の状態では，エネルギー固有値の変化は E^2 に比例し
たのに，ここでは E の1次の項が存在することがいちじるしい違いである．
この1次の項が生じる原因は次のように説明される．

$n = 2$ の4つの状態のエネルギーはすべて等しいので，この4つの適当な
組合せでつくられる（互いに直交する）4つの状態ならば，どのようなもので
も固有状態でありうる．2s と 2p を重ねたものは，1s と 2p の場合と同様に，
原子核の位置（原点）からずれたところに重心をもつような分布を表す．そ
のような状態が，電場のないときでも定常状態として存在しうるということ
は，$n = 2$ に励起された水素は，電場がなくても，電気的に分極したままで
安定に存在できることを意味している．つまり，$n = 2$ の水素原子は自発的
に分極して，電気双極子モーメントをもっていられるのである．双極子モー
メントが p の場合に，これを電場の中に入れれば，エネルギー $-pE\cos\theta$
（θ は電場の方向と双極子モーメントの方向とのつくる角）をもつ．E で誘
起された p ではないから，p は一定であり，このエネルギーは E に比例する．

以上のことと，$\overline{\varphi}_{\pm}{}^{(0)}$ の関数形とを比べてみればすぐわかるように，$\overline{\varphi}_{\pm}{}^{(0)}$
は $+z$ 方向の双極子モーメント $\mp 3a_0 e$ をもち，それが電場と作用して
$\pm 3a_0 eE$ のエネルギーとなっている．ただし，双極子モーメントは

$$\langle z \rangle_{\pm} = \langle \overline{\varphi}_{\pm}{}^{(0)} | z | \overline{\varphi}_{\pm}{}^{(0)} \rangle$$

$$= \pm \frac{1}{2} \{ \langle 2s | z | 2p0 \rangle + \langle 2p0 | z | 2s \rangle \} = \pm 3a_0$$

に $-e$ を掛けて $\mp 3a_0 e$ と得られる．

2次以上の摂動計算をすれば，電場によって誘起されて上の値に付加され
る双極子モーメントに起因する E^2 の項などが加わる．

§7.6　変分原理とシュレーディンガー方程式

摂動論と並んで有力な近似法は**変分法**である．この方法は次に述べる**変分原理**に基づいている．

> シュレーディンガー方程式 $H\varphi = \varepsilon\varphi$ の解 φ は，無限にたくさんある関数のなかで $(\varphi, \varphi) = 1$ を満たし，積分
>
> $$I \equiv \int \varphi^* H\varphi \, d\boldsymbol{q} \tag{1}$$
>
> に停留値（極大，極小または鞍点値の総称）をとらせるようなものであり，その停留値が $H\varphi = \varepsilon\varphi$ の固有値 ε である．

特に I を"最小"にする関数は基底状態の固有関数を表し，その最小値が基底状態のエネルギー固有値である．

いま，1つの規格化された完全直交系 $u_1, u_2, u_3, \cdots$ を用いて φ を展開したとする．

$$\varphi = c_1 u_1 + c_2 u_2 + c_3 u_3 + \cdots$$

そうすると，φ の形をいろいろに変えるということは，係数 $c_1, c_2, \cdots$ をいろいろに変えるということである．φ の規格化条件 $(\varphi, \varphi) = 1$ は

$$J \equiv c_1^* c_1 + c_2^* c_2 + c_3^* c_3 + \cdots - 1 = 0 \tag{2}$$

と表されるから，$c_1, c_2, \cdots$ を変えるといっても，この条件にかなうようになっていなければいけない．(1) 式は

$$I = \sum_i \sum_j c_i^* c_j H_{ij} \tag{3}$$

となるから，(2) 式の条件のもとに I に停留値をとらせるような $c_1, c_2, c_3, \cdots$ を求めることがわれわれの問題である．

c_j は複素数であるから，これを変化させるということは，その実部（a_j とする）と虚部（b_j とする）を別々に変化させることである．ところが

$$c_j = a_j + ib_j, \qquad c_j^* = a_j - ib_j$$

であるから，これらの関数である任意の量 F について

$$\frac{\partial F}{\partial a_j} = \frac{\partial c_j}{\partial a_j}\frac{\partial F}{\partial c_j} + \frac{\partial c_j{}^*}{\partial a_j}\frac{\partial F}{\partial c_j{}^*} = \frac{\partial F}{\partial c_j} + \frac{\partial F}{\partial c_j{}^*}$$

$$\frac{\partial F}{\partial b_j} = \frac{\partial c_j}{\partial b_j}\frac{\partial F}{\partial c_j} + \frac{\partial c_j{}^*}{\partial b_j}\frac{\partial F}{\partial c_j{}^*} = i\frac{\partial F}{\partial c_j} - i\frac{\partial F}{\partial c_j{}^*}$$

が成り立つ．ただし，$\partial F/\partial c_j$ および $\partial F/\partial c_j{}^*$ は，F に含まれる c_j と $c_j{}^*$ とを<u>独立な変数のように考えて</u>偏微分せよという意味である．そうすると

$$\frac{\partial F}{\partial a_j} = 0, \qquad \frac{\partial F}{\partial b_j} = 0$$

と

$$\frac{\partial F}{\partial c_j} = 0, \qquad \frac{\partial F}{\partial c_j{}^*} = 0$$

とは同じことであることがわかる．なぜなら，$\partial F/\partial b_j = 0$ から $\partial F/\partial c_j = \partial F/\partial c_j{}^*$ を得るが，$\partial F/\partial a_j = 0$ はこれの 2 倍が 0 だという式になっているからである．そこで，以下では c_j と $c_j{}^*$ とは独立な数として扱う．

　条件 (2) 式があるので，$c_1, c_1{}^*, c_2, c_2{}^*, \cdots$ の全部が独立な変数であると考えるわけにはいかない．そこで，$c_1{}^*, c_2, c_2{}^*, c_3, c_3{}^*, \cdots$ は独立に変化しうるとみなし，c_1 だけはこれらの関数として

$$c_1 = \frac{1}{c_1{}^*}(1 - c_2{}^*c_2 - c_3{}^*c_3 - \cdots) \tag{4}$$

によって定まるものと考えよう．つまり，(3) 式の I を $c_1{}^*, c_2, c_2{}^*, \cdots$ の関数とみなすのである．そうすると，I が停留値をとるという条件は

$$\frac{\partial I}{\partial c_1{}^*} = 0, \qquad \frac{\partial I}{\partial c_2} = 0, \qquad \frac{\partial I}{\partial c_2{}^*} = 0, \qquad \cdots \tag{5}$$

で与えられることになる．ただし，この偏微分は c_1 が $c_1{}^*, c_2, c_2{}^*, \cdots$ の関数であることを考えに入れての偏微分であるから

$$\frac{\partial I}{\partial c_1{}^*} = 0 \quad \text{より} \qquad \sum_j c_j H_{1j} + \sum_i c_i{}^* H_{i1}\frac{\partial c_1}{\partial c_1{}^*} = 0 \tag{6a}$$

$$\frac{\partial I}{\partial c_2} = 0 \quad \text{より} \qquad \sum_i c_i{}^* H_{i2} + \sum_i c_i{}^* H_{i1}\frac{\partial c_1}{\partial c_2} = 0 \tag{6b}$$

$$\frac{\partial I}{\partial c_2{}^*} = 0 \quad \text{より} \quad \sum_j c_j H_{2j} + \sum_i c_i{}^* H_{i1} \frac{\partial c_1}{\partial c_2{}^*} = 0 \qquad (6\mathrm{c})$$

....

が得られる．(4) 式から

$$\frac{\partial c_1}{\partial c_1{}^*} = -\frac{c_1}{c_1{}^*}, \qquad \frac{\partial c_1}{\partial c_2} = -\frac{c_2{}^*}{c_1{}^*}, \qquad \frac{\partial c_1}{\partial c_2{}^*} = -\frac{c_2}{c_1{}^*}, \qquad \cdots$$

が得られる（第 1 式の右辺では，$1 - c_2{}^* c_2 - c_3{}^* c_3 - \cdots = c_1{}^* c_1$ を用いた）から，(6a), (6b), (6c), …式は

$$\sum_j c_j H_{1j} - \left(\sum_i \frac{c_i{}^* H_{i1}}{c_1{}^*} \right) c_1 = 0 \qquad (7\mathrm{a})$$

$$\sum_i c_i{}^* H_{i2} - \left(\sum_i \frac{c_i{}^* H_{i1}}{c_1{}^*} \right) c_2{}^* = 0 \qquad (7\mathrm{b})$$

$$\sum_j c_j H_{2j} - \left(\sum_i \frac{c_i{}^* H_{i1}}{c_1{}^*} \right) c_2 = 0 \qquad (7\mathrm{c})$$

....

となる．ここで

$$\varepsilon = \sum_i \frac{c_i{}^* H_{i1}}{c_1{}^*} \qquad (8)$$

とおけば (7a), (7b), (7c), …式は

$$\sum_j (H_{1j} - \varepsilon \delta_{1j}) c_j = 0 \qquad (9\mathrm{a})$$

$$\sum_i c_i{}^* (H_{i2} - \varepsilon \delta_{i2}) = 0 \qquad (9\mathrm{b})$$

$$\sum_j (H_{2j} - \varepsilon \delta_{2j}) c_j = 0 \qquad (9\mathrm{c})$$

....

と書かれる．また，(8) 式の分母を払って移項すれば

$$\sum_i c_i{}^* (H_{i1} - \varepsilon \delta_{i1}) = 0$$

が得られる．この式と (9b) 式および (9a) 式と (9c) 式をまとめれば，$i, j = 1, 2, 3, \cdots$ に対し

$$\sum_{i=1}^{\infty} c_i{}^* (H_{ij} - \varepsilon \delta_{ij}) = 0, \qquad \sum_{j=1}^{\infty} (H_{ij} - \varepsilon \delta_{ij}) c_j = 0 \tag{10}$$

が成り立たねばならないことがわかる．この 2 番目の式は

$$\begin{pmatrix} H_{11} & H_{12} & \cdots \\ H_{21} & H_{22} & \cdots \\ \cdots\cdots\cdots \\ \cdots\cdots\cdots \end{pmatrix} \begin{pmatrix} c_1 \\ c_2 \\ \vdots \end{pmatrix} = \varepsilon \begin{pmatrix} c_1 \\ c_2 \\ \vdots \end{pmatrix} \tag{11}$$

であり，1 番目の式はこれのアジョイント（転置共役）であるから内容は同じである（(H_{ij}) はエルミート行列）．（11）式は完全直交系 $u_1, u_2, u_3, \cdots$ を用いた行列表示を使ってシュレーディンガー方程式

$$H \varphi = \varepsilon \varphi \tag{12}$$

を表したものに他ならない．

このようにして，変分原理からシュレーディンガー方程式が導かれることがわかった．

　　　　ここではていねいに最初からやったが，このような条件つきの停留値問題では，ラグランジュの未定係数を使って条件なしの停留値問題に直すのが常套手段である．つまり，$J = 0$ という条件の下での I の極値を探す代りに，ラグランジュの未定係数 ε を導入して，$I - \varepsilon J$ という量を考え，条件なしに $I - \varepsilon J$ の極値を求めればよいというのがラグランジュの方法である．そうすれば

$$\frac{\partial}{\partial c_i{}^*} (I - \varepsilon J) = 0 \quad \text{より} \qquad \sum_j (H_{ij} - \varepsilon \delta_{ij}) c_j = 0$$

$$\frac{\partial}{\partial c_j} (I - \varepsilon J) = 0 \quad \text{より} \qquad \sum_i c_i{}^* (H_{ij} - \varepsilon \delta_{ij}) = 0$$

がただちに得られる．

§7.7　変分法の適用

前節でわかったことは，シュレーディンガー方程式 $H \varphi = \varepsilon \varphi$ の解は，積分

$$I = \int \varphi^* H \varphi \, d\boldsymbol{q}$$

に停留値をとらせるような関数になっているということである．したがって，たとえば基底状態の波動関数を求めようと思ったら，I を最小にするような φ を探せばよいわけである．しかし，本当に最小にするような φ を求めるということは，$H\varphi = \varepsilon\varphi$ を正しく解くことと同じであるから，それが可能なくらいならわざわざ変分原理の形に焼き直しても大した得にはならない．

$H\varphi = \varepsilon\varphi$ を解くことがむずかしいときに，真の解に近いと思われる既知の関数 χ を用意する．ただし，関数 χ は全く固定してしまうのでなく，ある程度は変化しうるような余地を残しておく．たとえば $e^{-\mu r^2}$ に比例すると仮定して μ を固定しないで変えてみるとか，きまったいくつかの関数の 1 次結合をとることにしてその係数をきめずにおく，などである．そして，その限定された範囲内で変えられるところを変えてみて，

$$\frac{\int \chi^* H\chi \, d\boldsymbol{q}}{\int \chi^* \chi \, d\boldsymbol{q}}$$

がなるべく小さくなるようなものを探し出せば，基底状態の正しい波動関数に当たらずといえども遠からぬものが得られるであろう．このとき規格化が常に保たれるように変化させるならば，分母は不要である．そしてそのときの上記の式の最小値が，基底状態のエネルギーの近似値を与えるであろう．ただし，この近似値が正しい値よりは必ず上に出ることは，正しい値が本当の最小値であることから明らかであろう．このような考えは基底状態に一番よく用いられる．励起状態を求めるときには，あらかじめ基底状態に直交するように条件をつけたり，関数形に制限を加えたりして停留値をとらせればよい．以下，実例について説明する．

基底状態の水素原子の分極率

§7.2 で考察したこの問題を変分法で扱ってみよう．ハミルトニアンは

$$H = H_0 + eEz \tag{1}$$

である．波動関数を近似的に表すものとして，**試験関数**を

$$\varphi = \varphi_0(1 + \gamma z), \qquad \varphi_0 \propto e^{-r/a_0} \tag{2}$$

とおき，γ をパラメータとして変化させてみることにする．最小にすべきものは

$$\frac{\langle \varphi|H|\varphi \rangle}{\langle \varphi|\varphi \rangle} = \frac{\langle \varphi_0|H_0|\varphi_0 \rangle + 2eE\gamma\langle \varphi_0 z|z|\varphi_0 \rangle + \gamma^2\langle \varphi_0 z|H_0|\varphi_0 z \rangle}{\langle \varphi_0|\varphi_0 \rangle + \gamma^2\langle \varphi_0 z|\varphi_0 z \rangle}$$

であるから（z を奇数べき含む積分は $z>0$ と $z<0$ で打ち消して 0 になる），右辺の各項を個別に計算しよう．分母をつけたから φ_0 の規格化はどうでもよいので，$\varphi_0 = e^{-r/a_0}$ とする．

$$\langle \varphi_0|H_0|\varphi_0 \rangle = \varepsilon_1{}^{(0)}\langle \varphi_0|\varphi_0 \rangle \qquad (\varepsilon_1{}^{(0)} \text{ は水素の基底状態のエネルギー})$$

$$\langle \varphi_0|\varphi_0 \rangle = 4\pi \int_0^\infty e^{-2r/a_0} r^2\, dr = \pi a_0{}^3$$

$$\langle \varphi_0 z|z|\varphi_0 \rangle = \langle \varphi_0 z|\varphi_0 z \rangle = 2\pi \int_0^\pi \cos^2\theta \sin\theta\, d\theta \int_0^\infty e^{-2r/a_0} r^4\, dr$$

$$= \pi a_0{}^5 = a_0{}^2 \langle \varphi_0|\varphi_0 \rangle$$

また

$$\frac{\partial^2}{\partial z^2}\varphi_0 z = z\frac{\partial^2 \varphi_0}{\partial z^2} + 2\frac{\partial \varphi_0}{\partial z}$$

であるから

$$H_0\varphi_0 z = zH_0\varphi_0 - \frac{\hbar^2}{m}\frac{\partial \varphi_0}{\partial z} = \varepsilon_1{}^{(0)}z\varphi_0 - \frac{\hbar^2}{m}\frac{\partial \varphi_0}{\partial z}$$

となり

$$\langle \varphi_0 z|H_0|\varphi_0 z \rangle = \varepsilon_1{}^{(0)}\langle \varphi_0 z|z\varphi_0 \rangle - \frac{\hbar^2}{m}\iiint \varphi_0 z \frac{\partial \varphi_0}{\partial z}\, dx\, dy\, dz$$

を得るが，右辺第 2 項は z についての部分積分で

$$\int \varphi_0 z \frac{\partial \varphi_0}{\partial z}\, dz = \varphi_0{}^2 z \Big|_{-\infty}^{\infty} - \int \varphi_0\Big(\varphi_0 + z\frac{\partial \varphi_0}{\partial z}\Big)dz$$

$$= -\int \varphi_0{}^2\, dz - \int \varphi_0 z \frac{\partial \varphi_0}{\partial z}\, dz$$

となり，したがって

$$\int \varphi_0 z \frac{\partial \varphi_0}{\partial z}\, dz = -\frac{1}{2}\int \varphi_0{}^2\, dz$$

となるので，結局

$$\langle \varphi_0 z | H_0 | \varphi_0 z \rangle = \varepsilon_1{}^{(0)} a_0{}^2 \langle \varphi_0 | \varphi_0 \rangle + \frac{\hbar^2}{2m}\langle \varphi_0 | \varphi_0 \rangle$$

が得られる．したがって

$$\frac{\langle \varphi | H | \varphi \rangle}{\langle \varphi | \varphi \rangle} = \frac{\varepsilon_1{}^{(0)} + 2eE\gamma a_0{}^2 + \gamma^2 \varepsilon_1{}^{(0)} a_0{}^2 + \dfrac{\gamma^2 \hbar^2}{2m}}{1 + a_0{}^2 \gamma^2}$$

$$= \varepsilon_1{}^{(0)} + \frac{2eEa_0{}^2 \gamma + \dfrac{\gamma^2 \hbar^2}{2m}}{1 + a_0{}^2 \gamma^2} \tag{3}$$

となる．これをγで微分して0とおけばγに対する2次方程式が得られるが，$E \to 0$で$\gamma \to 0$となる根として

$$\gamma = \frac{\hbar^2}{4eEa_0{}^4 m}\left\{1 - \sqrt{1 + \left(\frac{4eEa_0{}^3 m}{\hbar^2}\right)^2}\right\}$$

$$\approx -\frac{2ea_0{}^2 m}{\hbar^2}E$$

が得られる．これを (3) 式に代入すれば，電場があるときの基底状態のエネルギーの近似値として（Eが小さいとき）

$$\varepsilon_1 = \varepsilon_1{}^{(0)} - \frac{2e^2 a_0{}^4 m}{\hbar^2}E^2$$

$$= \varepsilon_1{}^{(0)} - 2\cdot 4\pi\epsilon_0 a_0{}^3 E^2 \qquad \left(a_0 = \frac{4\pi\epsilon_0 \hbar^2}{me^2}\right)$$

が求められた．正しい値は右辺の第2項が$9\pi\epsilon_0 a_0{}^3 E^2$であるから，確かに変分法で得られたものはそれより高くなっている．

レイリー - リッツの方法

前節では任意の直交関数系$u_1, u_2, u_3, \cdots$を用いて議論をしたが，これを，

適当にとった有限個の関数の組で行えば近似になる.

$$\varphi \approx c_1 u_1 + c_2 u_2 + \cdots + c_k u_k$$

とし,

$$H_{ij} = \langle u_i | H | u_j \rangle$$

とすれば, 前節 (10), (11) 式の代りに有限次元の同様な式が得られる. したがって, §6.2, §6.8 のようにして有限次元の行列 (H_{ij}) を対角化すれば, 固有値と固有関数の近似的なものが求められる. この際, $u_1, u_2, \cdots, u_k$ として適当なものをとるかどうかで, 近似の良否は非常に左右されるから, 物理的な直観をうまくはたらかせることが重要である. (2) 式の関数も, 実はこの方法に従ってとったものなのである.

電子のスピン

　この章では，いままで質量と負電荷だけをもつ質点として扱ってきた電子が，スピンとよばれる内部運動を行っており，それによる磁気モーメントをもつことが明らかにされる．一方，角運動量をもつような軌道運動も微小円電流として磁気作用を示す．この二種類の磁気モーメントは互いに作用し合い，外から磁場が加えられれば，それとも相互作用を行う．これらの現象を，中心力場内の1個の電子の場合について考察するのがこの章の主目的である．これらは，物質の磁性の基礎になっているものであり，典型的な量子論的性質でもあるから，よく理解しておくことが必要である．

§8.1　スピン角運動量

　電子が**スピン**という内部自由度をもつということの発見のきっかけになったのは，原子スペクトルの多重線の存在である．われわれは電子を2個以上もつ原子またはイオンをまだ取扱っていないので，くわしいことは（II）巻の第10章で見ていただくことにするが，アルカリ金属原子のようなものは，球対称な電場の中を1個の電子が運動しているとして扱ってよい場合が多いのである．これはアルカリ金属の原子が1価の陽イオンになりやすいことからわかるように，1個の電子だけは特別に運動状態を変えやすく，その他はかなり強固に原子核のまわりに束縛されている，という事情による．この，とれやすい電子が受ける力は，核からの引力の他に，残りの電子からの斥力

をも含むので，ポテンシャルは定数 Z を用いて $-Ze^2/4\pi\epsilon_0 r$ という形に書けない．強いて書けば，Z を r の関数としなければならない．したがって，水素原子のときと違って，主量子数 n が同じでも，方位量子数 l の異なる状態はエネルギーの値が異なる．ところが，ボーアの振動数条件

$$\varepsilon_{nl} - \varepsilon_{n'l'} = h\nu$$

から考えられる ν と，実際に観測された振動数とを比べてみると，$l = 0$ の s 状態以外のエネルギー準位はどれもきわめて接近した 2 つの準位に分かれているとしか考えられないことがわかったのである．

　最もよく知られているナトリウムの D 線（橙色）は，波長が約 5890 Å の線スペクトルであるが，くわしく見ると，これが 6.04 Å 離れた 2 本の線からできていることがわかる．これは，p 状態から s 状態に移るときにエネルギー差を $h\nu$ として放出する光のスペクトルであり，この分離は p 状態によるものである．

　この事実を説明するために，オランダのウーレンベックとハウトスミットは，電子は単なる質点ではなくて，球の自転に相当する角運動量とそれにともなう磁気モーメントをもつという仮説を提唱した（1925 年）．この角運動量のことを**スピン**とよぶ．

　角運動量であるからには §4.2 の一般法則に従うと考えるのが自然であろう．軌道運動による角運動量の $\boldsymbol{l}$ に対して，**スピン角運動量**を $\boldsymbol{s}$ と記すことにすると，$\boldsymbol{s}^2$ の固有値は $s(s+1)\hbar^2$，s_z の固有値は $s\hbar, (s-1)\hbar, \cdots, -s\hbar$ の $2s+1$ 個存在することになる．ところが，エネルギー準位が 2 つに分かれるということは，

$$2s + 1 = 2 \qquad \text{すなわち} \qquad s = \frac{1}{2}$$

であることを暗示する．$Y_l{}^m(\theta, \phi)$ で表される軌道角運動量では l は整数で，m の個数 $2l+1$ は奇数であった．したがって，スピンは $Y_l{}^m$ で表される量ではない．

それでは，§4.2 の規則どおりに，$s_x, s_y, s_z, s_\pm$ などの演算子をうまく定義することができるであろうか．l に対応する s が 1/2 なのであるから，l_z に対応する s_z の固有値は $\pm(1/2)\hbar$ の 2 つだけである．$\boldsymbol{l}$ のときの $2l+1$ 個の固有状態は $Y_l{}^m$ で表されたが，いまの場合は 2 個の固有状態を α, β と記すことにしよう．* そうすると §4.2 (7), (8) 式 (96, 97 ページ) に対応するのは

$$\boldsymbol{s}^2\alpha = \frac{1}{2} \times \frac{3}{2}\hbar^2\alpha, \quad \boldsymbol{s}^2\beta = \frac{1}{2} \times \frac{3}{2}\hbar^2\beta \tag{1}$$

$$s_z\alpha = \frac{1}{2}\hbar\alpha, \quad s_z\beta = -\frac{1}{2}\hbar\beta \tag{2}$$

である．さらに $s_\pm = s_x \pm is_y$ に対して §4.2 (10a), (10b) 式に相当する式をつくってみると，

$$s_+\alpha = 0, \quad s_+\beta = \hbar\alpha \tag{3a}$$

$$s_-\alpha = \hbar\beta, \quad s_-\beta = 0 \tag{3b}$$

となることが容易にわかる．

次に，この α と β を基底にとって §6.6 で行ったような行列表示を求めてみると，

$$\boldsymbol{s}^2 \longrightarrow \begin{pmatrix} \dfrac{3}{4}\hbar^2 & 0 \\ 0 & \dfrac{3}{4}\hbar^2 \end{pmatrix}, \quad s_z \longrightarrow \begin{pmatrix} \dfrac{1}{2}\hbar & 0 \\ 0 & -\dfrac{1}{2}\hbar \end{pmatrix} \tag{4}$$

$$s_+ \longrightarrow \begin{pmatrix} 0 & \hbar \\ 0 & 0 \end{pmatrix}, \quad s_- \longrightarrow \begin{pmatrix} 0 & 0 \\ \hbar & 0 \end{pmatrix} \tag{5}$$

が得られる．$s_x = \dfrac{1}{2}(s_+ + s_-),\ s_y = \dfrac{1}{2i}(s_+ - s_-)$ は

$$s_x \longrightarrow \begin{pmatrix} 0 & \dfrac{1}{2}\hbar \\ \dfrac{1}{2}\hbar & 0 \end{pmatrix}, \quad s_y \longrightarrow \begin{pmatrix} 0 & -\dfrac{i}{2}\hbar \\ \dfrac{i}{2}\hbar & 0 \end{pmatrix} \tag{6}$$

---

* 強いて $Y_l{}^m$ を用いれば $Y_{1/2}{}^{1/2}, Y_{1/2}{}^{-1/2}$ に対応するのが α, β である．ただし，これらの関数の変数は，粒子の位置を表す座標とは関係ない．

というエルミート行列になる．これらが角運動量の交換関係

$$[s_x, s_y] = i\hbar s_z, \qquad [s_y, s_z] = i\hbar s_x, \qquad [s_z, s_x] = i\hbar s_y \qquad (7)$$

を満たすことは容易にわかるであろう．

　このスピン角運動量は，古典的には電子の自転に相当すると考えられるが，それでは電子はどんな形をしていて，どれだけの角速度で回っているのだろうかなどと詮索することは無意味である．この自転（？）が止まったりもっと速くなったりするということもない．いま，われわれはかなり天下り的にスピンを導入したが，これは電子の運動をもっと最初から相対論的に扱うと自動的に出てくるものであって，質量や電荷と同様に電子がもつ基本的な性質の1つなのである（（II）巻の第12章を参照）．

　スピンは量子論的な角運動量であるから，その方向を確定することはできないが，1つの方向（z方向にとるのが普通である）の成分に着目すると，それの固有値（すなわち，スピンのz成分として実験的に得られる値）は$+\hbar/2$か$-\hbar/2$かのどちらかの2つだけである．その固有状態を上記のようにα, βで表すことが多いが，z軸というのは上向きにとることが多いので，固有関数αで表される状態のことを**上向きスピン**の状態，βで表される状態のことを**下向きスピン**の状態とよぶのが普通である．しかし，s_xやs_yが0だと確定しているのでないことはもちろんである．

　s_zの固有値を$m_s\hbar$と書くと，$m_s = \pm 1/2$であるが，これを**スピン磁気量子数**とよぶ．また，

$$\sigma_x = \begin{pmatrix} 0 & 1 \\ 1 & 0 \end{pmatrix}, \quad \sigma_y = \begin{pmatrix} 0 & -i \\ i & 0 \end{pmatrix}, \quad \sigma_z = \begin{pmatrix} 1 & 0 \\ 0 & -1 \end{pmatrix} \qquad (8)$$

で定義される行列を**パウリ行列**（パウリ・マトリックス）とよぶ．これを用いると，sは$s = (\hbar/2)\boldsymbol{\sigma}$と書くことができる．

　一般のスピン状態は，すべてαとβの1次結合として$d_+\alpha + d_-\beta$のように表され，行列表示では

$$\gamma = d_+\alpha + d_-\beta \longrightarrow \begin{pmatrix} d_+ \\ d_- \end{pmatrix} \tag{9}$$

となる. 特に, α, β 自身は

$$\alpha \longrightarrow \begin{pmatrix} 1 \\ 0 \end{pmatrix}, \quad \beta \longrightarrow \begin{pmatrix} 0 \\ 1 \end{pmatrix} \tag{10}$$

と表される. $d_+\alpha + d_-\beta$ と $d_+'\alpha + d_-'\beta$ との内積は

$$(d_+{}^* \quad d_-{}^*) \begin{pmatrix} d_+' \\ d_-' \end{pmatrix} = d_+{}^*d_+' + d_-{}^*d_-' \tag{11}$$

となる. もちろん, α, β は互いに直交し, 規格化されている.

$$\langle \alpha | \alpha \rangle = \langle \beta | \beta \rangle = 1, \quad \langle \alpha | \beta \rangle = \langle \beta | \alpha \rangle = 0 \tag{12}$$

電子の軌道運動を表す状態ベクトルは, 行列

$$\varphi = c_1\varphi_1 + c_2\varphi_2 + c_3\varphi_3 + \cdots \longrightarrow \begin{pmatrix} c_1 \\ c_2 \\ c_3 \\ \vdots \end{pmatrix} \tag{13}$$

で表してもよいが, 位置座標 $\boldsymbol{r}$ (一般には $\boldsymbol{q}$) の関数 (波動関数) として $\varphi(\boldsymbol{r})$ のように表してもよい. これと同様に, スピンの状態も

$$d_+\alpha + d_-\beta \longrightarrow \begin{pmatrix} d_+ \\ d_- \end{pmatrix}$$

と表してもよいが, 新しい座標 (**スピン座標**といい, σ と記すことにしよう) の関数として $\gamma(\sigma)$ のように表すこともよく行われる. ただし, σ は連続変数ではなくて, $-\frac{1}{2}$ と $+\frac{1}{2}$ という 2 つの値だけをとると考える. そして, $\alpha(\sigma), \beta(\sigma)$ は

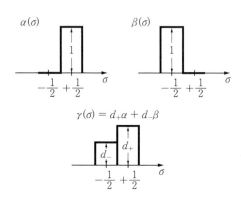

8-1 図 スピン状態 $d_+\alpha + d_-\beta$ を関数 $\gamma(\sigma)$ で表す. d_+ と d_- が実数の場合を示す.

$$\alpha\left(\frac{1}{2}\right) = 1, \qquad \alpha\left(-\frac{1}{2}\right) = 0 \qquad (14\mathrm{a})$$

$$\beta\left(\frac{1}{2}\right) = 0, \qquad \beta\left(-\frac{1}{2}\right) = 1 \qquad (14\mathrm{b})$$

となり，$\gamma(\sigma) = d_+\alpha + d_-\beta$ は

$$\gamma\left(\frac{1}{2}\right) = d_+, \qquad \gamma\left(-\frac{1}{2}\right) = d_- \qquad (15)$$

になると考えるのである．内積で $\int \cdots d\boldsymbol{r}$ に対応するのは，$\sigma = -\dfrac{1}{2}$ と $\sigma = +\dfrac{1}{2}$ の2つについての和であると思えばよい．すなわち

$$\int \gamma^*(\sigma)\gamma'(\sigma)\,d\sigma = \gamma^*\left(-\frac{1}{2}\right)\gamma'\left(-\frac{1}{2}\right) + \gamma^*\left(+\frac{1}{2}\right)\gamma'\left(+\frac{1}{2}\right)$$

$$= d_-^*d_-' + d_+^*d_+' \qquad (16)$$

[例題] 2行2列の行列は，すべて，パウリ行列 $\sigma_x, \sigma_y, \sigma_z$ と単位行列の1次結合で表されることを示せ．

[解]

$$\begin{pmatrix} a+ib & c+id \\ e+if & g+ih \end{pmatrix}$$

$$= \left(\frac{a+g}{2} + i\frac{b+h}{2}\right)\begin{pmatrix} 1 & 0 \\ 0 & 1 \end{pmatrix} + \left(\frac{a-g}{2} + i\frac{b-h}{2}\right)\begin{pmatrix} 1 & 0 \\ 0 & -1 \end{pmatrix}$$

$$+ \left(\frac{c+e}{2} + i\frac{d+f}{2}\right)\begin{pmatrix} 0 & 1 \\ 1 & 0 \end{pmatrix} + \left(\frac{f-d}{2} + i\frac{c-e}{2}\right)\begin{pmatrix} 0 & -i \\ i & 0 \end{pmatrix}$$

§8.2 スピン軌道関数の計算例

前節ではスピン部分だけに着目したが，電子は同時に軌道運動も行っているのであるから，その状態ベクトルは両方を表すものでなくてはならない．位置座標とスピン座標の関数としての波動関数は，一般的には $\psi(\boldsymbol{r}, \sigma, t)$ と表される．しばらく定常状態に話を限るならば $\varphi(\boldsymbol{r}, \sigma)$ と表されよう．これを，まず σ だけを変数のように見て $\alpha(\sigma)$ と $\beta(\sigma)$ で展開すれば

$$\varphi(\boldsymbol{r}, \sigma) = \varphi_+(\boldsymbol{r})\alpha(\sigma) + \varphi_-(\boldsymbol{r})\beta(\sigma) \qquad (1)$$

と表される．この関数で表される電子が，たとえば s_z が $-\hbar/2$ で，位置 $\boldsymbol{r}'$ を含む微小範囲 $d\boldsymbol{r}$ に見出される確率は

$$|\varphi_-(\boldsymbol{r}')|^2 \, d\boldsymbol{r}$$

で与えられる．前節で d_+, d_- と記したのは，実はこの $\varphi_+(\boldsymbol{r}), \varphi_-(\boldsymbol{r})$ なのである．このように考えると，1つの電子の波動関数は2つの成分 φ_+ と φ_- をもつものであるといってもよい．つまり，(1) 式のように書いてもよいが

$$\varphi(\boldsymbol{r}, \sigma) \longrightarrow \begin{pmatrix} \varphi_+(\boldsymbol{r}) \\ \varphi_-(\boldsymbol{r}) \end{pmatrix} \tag{2}$$

のようにスピンに関するところだけを行列表示にしてもよい．また，前節で現れた s_x, s_y, s_z などの演算子は2行2列の行列で表されたが，それはこの (2) 式の形の波動関数に作用すると考えるべきである．たとえば，

$$s_+ \varphi(\boldsymbol{r}, \sigma) \longrightarrow \begin{pmatrix} 0 & \hbar \\ 0 & 0 \end{pmatrix} \begin{pmatrix} \varphi_+(\boldsymbol{r}) \\ \varphi_-(\boldsymbol{r}) \end{pmatrix} = \begin{pmatrix} \hbar \varphi_-(\boldsymbol{r}) \\ 0 \end{pmatrix}$$

また，(2) 式で表される状態について s_z の期待値は

$$\langle s_z \rangle = \sum_\sigma \int \varphi^*(\boldsymbol{r}, \sigma) \, s_z \, \varphi(\boldsymbol{r}, \sigma) \, d\boldsymbol{r}$$

$$= \int (\varphi_+{}^*(\boldsymbol{r}) \ \ \varphi_-{}^*(\boldsymbol{r})) \begin{pmatrix} \dfrac{1}{2}\hbar & 0 \\ 0 & -\dfrac{1}{2}\hbar \end{pmatrix} \begin{pmatrix} \varphi_+(\boldsymbol{r}) \\ \varphi_-(\boldsymbol{r}) \end{pmatrix} d\boldsymbol{r}$$

$$= \int \frac{\hbar}{2} \{|\varphi_+(\boldsymbol{r})|^2 - |\varphi_-(\boldsymbol{r})|^2\} \, d\boldsymbol{r} \tag{3}$$

s_x の期待値は

$$\langle s_x \rangle = \int (\varphi_+{}^*(\boldsymbol{r}) \ \ \varphi_-{}^*(\boldsymbol{r})) \begin{pmatrix} 0 & \dfrac{1}{2}\hbar \\ \dfrac{1}{2}\hbar & 0 \end{pmatrix} \begin{pmatrix} \varphi_+(\boldsymbol{r}) \\ \varphi_-(\boldsymbol{r}) \end{pmatrix} d\boldsymbol{r}$$

$$= \int \frac{\hbar}{2} \{\varphi_+{}^*(\boldsymbol{r}) \varphi_-(\boldsymbol{r}) + \varphi_-{}^*(\boldsymbol{r}) \varphi_+(\boldsymbol{r})\} \, d\boldsymbol{r} \tag{4}$$

で計算すればよい，といった具合である．

　上の例はスピンだけに関する演算子であったが，軌道部分とスピンとの両方に関係する演算子の例として

$$(\boldsymbol{l}\cdot\boldsymbol{s}) = l_x s_x + l_y s_y + l_z s_z \tag{5}$$

を考え，これによる p 準位の分裂を扱ってみよう.

　p 状態の軌道運動状態は三重に縮退していて，その固有状態は，すでに述べたように,

$$R(r)\,Y_1{}^1(\theta,\phi), \qquad R(r)\,Y_1{}^0(\theta,\phi), \qquad R(r)\,Y_1{}^{-1}(\theta,\phi)$$

のようにとることができる. 簡単のために，これらの関数を u_1, u_0, u_{-1} と表すことにしよう. スピンまで考えると，縮退は六重で,

$$u_1\alpha, \ \ u_0\alpha, \ \ u_{-1}\alpha, \ \ u_1\beta, \ \ u_0\beta, \ \ u_{-1}\beta \tag{6}$$

の 6 個を基底の固有関数と考えることができる. 軌道部分に対する l_x, l_y, l_z の行列と，スピン部分に対する s_x, s_y, s_z の行列がわかっているから，これらを組み合わせて 6 行 6 列の行列をつくればよいのであるが，角運動量の公式を用いて直接計算しても大した手間ではない. それには

$$l_x = \frac{1}{2}(l_+ + l_-), \qquad s_x = \frac{1}{2}(s_+ + s_-)$$

$$l_y = \frac{1}{2i}(l_+ - l_-), \qquad s_y = \frac{1}{2i}(s_+ - s_-)$$

を用いると

$$l_x s_x + l_y s_y = \frac{1}{4}(l_+ + l_-)(s_+ + s_-) - \frac{1}{4}(l_+ - l_-)(s_+ - s_-)$$

$$= \frac{1}{4}(l_+ s_+ + l_+ s_- + l_- s_+ + l_- s_- - l_+ s_+ + l_+ s_- + l_- s_+ - l_- s_-)$$

$$= \frac{1}{2}(l_+ s_- + l_- s_+)$$

が得られるから,

$$(\boldsymbol{l}\cdot\boldsymbol{s}) = \frac{1}{2}(l_+ s_- + l_- s_+) + l_z s_z \tag{7}$$

と書けることを利用すると便利である. これを (6) 式の各関数に作用させると,

$$(\boldsymbol{l}\cdot\boldsymbol{s})u_1\alpha = l_z u_1 s_z \alpha = \frac{1}{2}\hbar^2 u_1\alpha$$

$$(\boldsymbol{l}\cdot\boldsymbol{s})u_0\alpha = \frac{1}{2}\sqrt{2}\,\hbar^2 u_1\beta$$

$$(\boldsymbol{l}\cdot\boldsymbol{s})u_{-1}\alpha = \frac{1}{2}\sqrt{2}\,\hbar^2 u_0\beta - \frac{1}{2}\hbar^2 u_{-1}\alpha$$

$$(\boldsymbol{l}\cdot\boldsymbol{s})u_1\beta = \frac{1}{2}\sqrt{2}\,\hbar^2 u_0\alpha - \frac{1}{2}\hbar^2 u_1\beta$$

$$(\boldsymbol{l}\cdot\boldsymbol{s})u_0\beta = \frac{1}{2}\sqrt{2}\,\hbar^2 u_{-1}\alpha$$

$$(\boldsymbol{l}\cdot\boldsymbol{s})u_{-1}\beta = \frac{1}{2}\hbar^2 u_{-1}\beta$$

が得られる．6個の関数はすべて直交するから，これらの左から$u_1{}^*\alpha^*,\cdots,$ $u_{-1}{}^*\beta^*$ を掛けて $\sum_\sigma \int \cdots d\boldsymbol{r}$ を行うことは，右辺から同じ関数の係数を拾うだけの手間に過ぎない．左から掛けたのと同じ関数がなければ0である．したがって，$(\boldsymbol{l}\cdot\boldsymbol{s})$ の行列は次のようになる．

$$
\begin{array}{c}
\begin{array}{cccccc}
u_1\alpha & u_0\alpha & u_{-1}\alpha & u_1\beta & u_0\beta & u_{-1}\beta
\end{array}\\
\begin{array}{c}
u_1\alpha\\
u_0\alpha\\
u_{-1}\alpha\\
u_1\beta\\
u_0\beta\\
u_{-1}\beta
\end{array}
\left(
\begin{array}{cccccc}
\frac{1}{2}\hbar^2 & 0 & 0 & 0 & 0 & 0\\
0 & 0 & 0 & \frac{1}{\sqrt{2}}\hbar^2 & 0 & 0\\
0 & 0 & -\frac{1}{2}\hbar^2 & 0 & \frac{1}{\sqrt{2}}\hbar^2 & 0\\
0 & \frac{1}{\sqrt{2}}\hbar^2 & 0 & -\frac{1}{2}\hbar^2 & 0 & 0\\
0 & 0 & \frac{1}{\sqrt{2}}\hbar^2 & 0 & 0 & 0\\
0 & 0 & 0 & 0 & 0 & \frac{1}{2}\hbar^2
\end{array}
\right)
\end{array}
\tag{8}
$$

これでわかるように，$(\boldsymbol{l}\cdot\boldsymbol{s})$ で結びつけられる状態は

$$l_z + s_z$$

の固有値 $\hbar(m_l + m_s)$ の等しいものだけである．これは（7）式の右辺の各項

が $m_l + m_s$ を変化させないことから当然である．たとえば，$l_+ s_-$ は磁気量子数 m_l を 1 だけ増すと同時にスピン磁気量子数 m_s を 1 だけ減らすのであるから，1 つの関数に作用したときにこれを $m_l + m_s$ の異なる状態に変化させることはない．そこで，(8) 式のように書くよりも，基底の順序を変えて，$m_l + m_s$ の同じものをまとめた方がよい．

$$
\begin{array}{cc}
m_l + m_s & \begin{array}{cccccc} \dfrac{3}{2} & \dfrac{1}{2} & \dfrac{1}{2} & -\dfrac{1}{2} & -\dfrac{1}{2} & -\dfrac{3}{2} \\ u_1\alpha & u_0\alpha & u_1\beta & u_{-1}\alpha & u_0\beta & u_{-1}\beta \end{array}
\end{array}
$$

$$
\begin{array}{cc}
\begin{array}{cc} \dfrac{3}{2} & u_1\alpha \\[2mm] \dfrac{1}{2} & u_0\alpha \\[2mm] \dfrac{1}{2} & u_1\beta \\[2mm] -\dfrac{1}{2} & u_{-1}\alpha \\[2mm] -\dfrac{1}{2} & u_0\beta \\[2mm] -\dfrac{3}{2} & u_{-1}\beta \end{array}
&
\left(\begin{array}{cccccc}
\dfrac{1}{2}\hbar^2 & & & & & \\
& 0 & \dfrac{1}{\sqrt{2}}\hbar^2 & & 0 & \\
& \dfrac{1}{\sqrt{2}}\hbar^2 & -\dfrac{1}{2}\hbar^2 & & & \\
& & & -\dfrac{1}{2}\hbar^2 & \dfrac{1}{\sqrt{2}}\hbar^2 & \\
& 0 & & \dfrac{1}{\sqrt{2}}\hbar^2 & 0 & \\
& & & & & \dfrac{1}{2}\hbar^2
\end{array}\right)
\end{array} \tag{9}
$$

これを対角化するには，それぞれ 2 行 2 列の部分行列 2 つを対角化しさえすればよい．形は同じだから，一方だけ計算することにしよう．まず，永年方程式

$$
\begin{vmatrix}
0 - \xi & \dfrac{1}{\sqrt{2}}\hbar^2 \\[3mm]
\dfrac{1}{\sqrt{2}}\hbar^2 & -\dfrac{1}{2}\hbar^2 - \xi
\end{vmatrix} = 0
$$

を解いて，2 根

$$
\xi = \frac{1}{2}\hbar^2,\ -\hbar^2 \tag{10}
$$

を得る．対角化のユニタリー行列を

$$\mathbf{T} = \begin{pmatrix} T_{11} & T_{12} \\ T_{21} & T_{22} \end{pmatrix} \tag{11}$$

とすると,

$$\mathbf{T} \begin{pmatrix} 0 & \dfrac{1}{\sqrt{2}}\hbar^2 \\ \dfrac{1}{\sqrt{2}}\hbar^2 & -\dfrac{1}{2}\hbar^2 \end{pmatrix} \mathbf{T}^{-1} = \begin{pmatrix} \dfrac{1}{2}\hbar^2 & 0 \\ 0 & -\hbar^2 \end{pmatrix}$$

すなわち

$$\begin{pmatrix} T_{11} & T_{12} \\ T_{21} & T_{22} \end{pmatrix} \begin{pmatrix} 0 & 1/\sqrt{2} \\ 1/\sqrt{2} & -1/2 \end{pmatrix} = \begin{pmatrix} 1/2 & 0 \\ 0 & -1 \end{pmatrix} \begin{pmatrix} T_{11} & T_{12} \\ T_{21} & T_{22} \end{pmatrix}$$

であるから,これから容易に

$$\frac{T_{11}}{T_{12}} = \sqrt{2}, \qquad \frac{T_{21}}{T_{22}} = -\frac{1}{\sqrt{2}} \tag{12}$$

が得られる.

　ところで,T_{ij} は §6.2 (8) 式（149 ページ）で定義されているのであるから,規格化の条件によって

$$\sum_i |T_{ij}|^2 = 1$$

であり,§6.2 (13) 式についても同様に

$$\sum_k |T_{kl}^{-1}|^2 = 1$$

が成り立つが,ユニタリー性 $T_{ij}^{-1} = T_{ji}^*$ から

$$\sum_k |T_{lk}|^2 = 1$$

となっていなければならない.したがって,(12) 式で与えられた比と,この式とから

$$T_{11} = \sqrt{\frac{2}{3}}, \quad T_{12} = \sqrt{\frac{1}{3}}, \quad T_{21} = \pm\sqrt{\frac{1}{3}}, \quad T_{22} = \mp\sqrt{\frac{2}{3}} \tag{13}$$

と選べばよいことがわかる.逆行列もすぐ求められて

$$\mathbf{T} = \begin{pmatrix} \sqrt{\dfrac{2}{3}} & \sqrt{\dfrac{1}{3}} \\[2ex] \pm\sqrt{\dfrac{1}{3}} & \mp\sqrt{\dfrac{2}{3}} \end{pmatrix}, \quad \mathbf{T}^{-1} = \begin{pmatrix} \sqrt{\dfrac{2}{3}} & \pm\sqrt{\dfrac{1}{3}} \\[2ex] \sqrt{\dfrac{1}{3}} & \mp\sqrt{\dfrac{2}{3}} \end{pmatrix} \tag{14}$$

が得られる. こうして, $(\boldsymbol{l}\cdot\boldsymbol{s})$ の固有関数が次のように定められた.

$$m_l + m_s = +\frac{1}{2} \qquad\qquad m_l + m_s = -\frac{1}{2}$$

固有値 $\dfrac{1}{2}\hbar^2$ に対して　$\sqrt{\dfrac{2}{3}}\,u_0\alpha + \sqrt{\dfrac{1}{3}}\,u_1\beta$　$\sqrt{\dfrac{2}{3}}\,u_0\beta + \sqrt{\dfrac{1}{3}}\,u_{-1}\alpha$

固有値 $-\hbar^2$ に対して　$-\sqrt{\dfrac{1}{3}}\,u_0\alpha + \sqrt{\dfrac{2}{3}}\,u_1\beta$　$\sqrt{\dfrac{1}{3}}\,u_0\beta - \sqrt{\dfrac{2}{3}}\,u_{-1}\alpha$

複号は上下のどちらをとってもよいのであるが, 後の都合で $m_l + m_s = \dfrac{1}{2}$ に対しては下側を, $-\dfrac{1}{2}$ に対しては上側を採用した.

　以上をまとめると, 中心力場内の電子の六重の準位は $(\boldsymbol{l}\cdot\boldsymbol{s})$ によって四重と二重の2つに分かれ,

$(\boldsymbol{l}\cdot\boldsymbol{s})$ の固有値 $\dfrac{1}{2}\hbar^2$ に対する固有関数として

$$\left.\begin{aligned} \varphi_{3/2} &= u_1\alpha, \quad \varphi_{1/2} = \sqrt{\frac{2}{3}}\,u_0\alpha + \sqrt{\frac{1}{3}}\,u_1\beta \\[1.5ex] \varphi_{-1/2} &= \sqrt{\frac{2}{3}}\,u_0\beta + \sqrt{\frac{1}{3}}\,u_{-1}\alpha, \quad \varphi_{-3/2} = u_{-1}\beta \end{aligned}\right\} \tag{15}$$

$(\boldsymbol{l}\cdot\boldsymbol{s})$ の固有値 $-\hbar^2$ に対する固有関数として

$$\left.\begin{aligned} \chi_{1/2} &= -\sqrt{\frac{1}{3}}\,u_0\alpha + \sqrt{\frac{2}{3}}\,u_1\beta \\[1.5ex] \chi_{-1/2} &= \sqrt{\frac{1}{3}}\,u_0\beta - \sqrt{\frac{2}{3}}\,u_{-1}\alpha \end{aligned}\right\} \tag{16}$$

が得られたことになる. この計算結果の意味については次の節で考察することにしよう.

§8.3　スピン軌道相互作用

ここでアルカリ金属原子のエネルギー準位が2つに分かれる理由を考えて

みよう．電荷の流れが磁場をつくることはよく知られているとおりで，それが円電流のように閉じたものである場合には，磁石として作用する．電子もそのスピン運動の結果，1つの小磁石のように振舞う．磁石としての強さは，その磁気モーメントで表されるが，磁気モーメント μ_s は角運動量 s に比例し，電子の電荷が負であるためにそれと逆向きである．比例の定数はディラックの相対論的電子論（（Ⅱ）巻の第 12 章）から導かれるのであるが，SI（MKSA）単位系で

$$\mu_s = -\frac{e}{m}s \tag{1}$$

となることがわかっている．CGS ガウス単位系では

$$\mu_s = -\frac{e}{mc}s \tag{1'}$$

となる．z 方向を量子化軸にとる（z 方向の成分の固有状態をもとにして考える）と，s_z の固有値は $\pm(1/2)\hbar$ なので

$$\mu_{s_z} \text{ の固有値} = \mp\frac{e\hbar}{2m} \quad \text{(SI)} \tag{2}$$

または

$$\mu_{s_z} \text{ の固有値} = \mp\frac{e\hbar}{2mc} \quad \text{(CGS)} \tag{2'}$$

となることがわかる．この $e\hbar/2m$ または $e\hbar/2mc$ という量は，微視的な磁気モーメントの大きさの単位としてしばしば現れるので，今後はこれを

$$\beta_{\mathrm{B}} = \frac{e\hbar}{2m} \quad \text{(SI)} \tag{3}$$

または

$$\beta_{\mathrm{B}} = \frac{e\hbar}{2mc} \quad \text{(CGS)} \tag{3'}$$

と表すことにする．この量を**ボーア磁子**とよび，

$$\beta_{\mathrm{B}} = 9.2740 \times 10^{-24}\,\text{A·m}^2 \quad \text{(SI)} \tag{4}$$

$$= 0.9274 \times 10^{-20}\,\text{erg/gauss} \quad \text{(CGS)} \tag{4'}$$

である. $s^2 = s(s + 1)\hbar^2$ の s は 1/2 であるから, $\hbar$ を単位としたスピン角運動量の大きさが $s = 1/2$ であると考えると, 電子がもつ固有磁気モーメントの大きさは

$$\mu_s = 2\beta_\mathrm{B}s \tag{5}$$

であるともいえる.

いま, このようにスピンとそれにともなう磁気モーメントをもった電子が, 原子核 (電荷 Ze) とそれをとり囲む $Z - 1$ 個の強く束縛された電子群 (電荷 $(Z - 1) \times (-e)$) のまわりを回っている場合を考えよう. 原子核と $Z - 1$ 個の電子をいっしょにしたものを**原子芯**とよぶが, これは外から見た場合には $+e$ の正電荷をもった球と考えられる. そこで, 8-2 図に示すように, 電子がこの原子芯のまわりを回転すると考える代りに, 電子の位置に目を置いて見れば, 右側の図のように電子のまわりを正に帯電した原子芯が回っているように見えるであろう. そう考えると, 電子は円電流の中心にいるのと同じであり, 円電流は電子の位置に図の白い矢印で表される方向の磁場をつくる. この磁場は, 電子の軌道運動の角運動量 $\boldsymbol{l}$ と同じ向きをもち, 強さもそれに比例するであろう. ゆえに

$$\boldsymbol{B}_\mathrm{eff} \propto \boldsymbol{l} \qquad (\text{CGS なら } \boldsymbol{H}_\mathrm{eff} \propto \boldsymbol{l})$$

この磁場の中に磁気モーメントが μ_s の磁石が置かれた場合には, その方向によってエネルギーが異なり, μ_s と $\boldsymbol{B}_\mathrm{eff}$ が同じ方向のときにエネルギーは最低, 逆向きのときには最高となる. 一般には, エネルギーは $-\mu_s \cdot \boldsymbol{B}_\mathrm{eff}$ (CGS

8-2 図 スピン軌道相互作用. 電子から見ると正に帯電した原子芯がまわりを回っているのと同じなので, それのつくる磁場 (白い矢印) を感じることになる.

なら $-\boldsymbol{\mu}_s\cdot\boldsymbol{H}_{\mathrm{eff}}$）で表される．ところで，$\boldsymbol{\mu}_s$ は $\boldsymbol{s}$ に比例して逆向き，$\boldsymbol{B}_{\mathrm{eff}}$ は $\boldsymbol{l}$ に比例して平行であるから，結局このエネルギーは

$$H' = \zeta(\boldsymbol{l}\cdot\boldsymbol{s}) \tag{6}$$

という形に書けることがわかる．この比例係数 ζ の形も相対論的電子論から導かれるが，ここでは単に正の定数ということにしておく．

このエネルギー H' は，なるべく $\boldsymbol{l}$ と $\boldsymbol{s}$ を反対向きにしようとする力を表す．反対向きのエネルギーが低いからである．軌道角運動量 $\boldsymbol{l}$ とスピン $\boldsymbol{s}$ との，このような相互作用のことを**スピン軌道相互作用**とよぶ．この H' を摂動とみなして，縮退がある場合の摂動論を適用すると，H' がないときに縮退していた $2\times(2l+1)$ 重の準位は2つに分裂することがわかる．2つに分かれるのは，有効磁場 $\boldsymbol{B}_{\mathrm{eff}}$ の方向に着目して，スピンがどちら向きかを求めようとすると，平行か反平行かの2通りの可能性があるためである．

もっとくわしい計算は，前節で $l=1$ の場合について行ったようになる．$l=1$ の場合の結果を，再びここに記し，比例係数 ζ を掛けて書くと

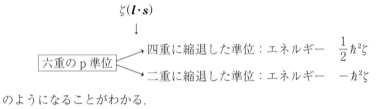

のようになることがわかる．

§8.4　1電子の角運動量の合成

スピン軌道相互作用があると，$\boldsymbol{l}$ と $\boldsymbol{s}$ とは結合し，その仕方に，古典的な類推（これはもちろん正確ではない）を用いれば，$\boldsymbol{l}$ と $\boldsymbol{s}$ が平行な場合と反平行な場合の2通りがあることが想像される（8-3図）．$\boldsymbol{l}$ と $\boldsymbol{s}$ をベクトルとして合成したものを $\boldsymbol{j}$ と記すのが普通である．

$$\boldsymbol{j} = \boldsymbol{l} + \boldsymbol{s} \tag{1}$$

$$j_x = l_x + s_x, \quad j_y = l_y + s_y, \quad j_z = l_z + s_z \tag{1a}$$

s は波動関数のうち α と β の部分に作用し，l は $\varphi_{\pm}(r)$ に作用するので，s の成分と l の成分とは交換可能である．したがって，j_x と j_y は

$$j_x j_y - j_y j_x = (l_x + s_x)(l_y + s_y) - (l_y + s_y)(l_x + s_x)$$
$$= [l_x, l_y] + [l_x, s_y] + [s_x, l_y] + [s_x, s_y]$$
$$= [l_x, l_y] + [s_x, s_y]$$
$$= i\hbar l_z + i\hbar s_z$$

すなわち

$$[j_x, j_y] = i\hbar j_z \quad (2\mathrm{a})$$

という交換関係を満たす．同様に

$$[j_y, j_z] = i\hbar j_x, \qquad [j_z, j_x] = i\hbar j_y$$
$$(2\mathrm{b})$$

も成り立っている．その他，角運動量演算子としての性質はすべて満たすことが以上をもとにして証

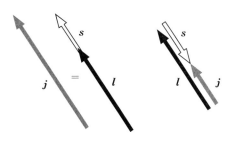

8-3図　l と s が平行または反平行に結合して j をつくる．

明されるのであるが，ここではこれを省いて結果だけを列記するとしよう．

（i）　$j^2 = j_x{}^2 + j_y{}^2 + j_z{}^2$ の固有値は $j(j+1)\hbar^2$ である．
$$\left(j = 0, \frac{1}{2}, 1, \frac{3}{2}, 2, \frac{5}{2}, \cdots\right)$$

（ii）　j_z の固有値は $j\hbar, (j-1)\hbar, \cdots, -j\hbar$ の $2j+1$ 個である．

（iii）　$j_{\pm} = j_x \pm i j_y$ によって $j_{\pm}$ を定義し，j_z の固有関数を $|m_j\rangle$ とすると

$$j_+|m_j\rangle = \hbar\sqrt{(j - m_j)(j + m_j + 1)}\,|m_j + 1\rangle$$
$$j_-|m_j\rangle = \hbar\sqrt{(j + m_j)(j - m_j + 1)}\,|m_j - 1\rangle \tag{3}$$

が成り立つ．

［**例題**］　上に述べた（i），（ii），（iii）を，§8.2で求めた関数（15），（16）式（233ページ）について確かめよ．

[解] まず, $j^2 = (l+s)^2 = l^2 + s^2 + 2(l \cdot s)$ を考えてみると, $l=1$ なので
$$l^2 u_1 = 2\hbar^2 u_1, \quad l^2 u_0 = 2\hbar^2 u_0, \quad l^2 u_{-1} = 2\hbar^2 u_{-1}$$
また
$$s^2 \alpha = \frac{3}{4}\hbar^2 \alpha, \quad s^2 \beta = \frac{3}{4}\hbar^2 \beta$$
であるから, 6個のどの関数についても $l^2 + s^2$ を掛けるのは $\left(2 + \frac{3}{4}\right)\hbar^2$ を掛けるということと同じである. $\varphi_{\pm 3/2}, \varphi_{\pm 1/2}$ に対しては
$$(l \cdot s)\varphi_{\pm 3/2} = \frac{1}{2}\hbar^2 \varphi_{\pm 3/2}, \quad (l \cdot s)\varphi_{\pm 1/2} = \frac{1}{2}\hbar^2 \varphi_{\pm 1/2}$$
であり, $\chi_{\pm 1/2}$ に対しては
$$(l \cdot s)\chi_{\pm 1/2} = -\hbar^2 \chi_{\pm 1/2}$$
である. したがって
$$j^2 \varphi_{m_j} = \frac{15}{4}\hbar^2 \varphi_{m_j} = \frac{3}{2}\left(\frac{3}{2} + 1\right)\hbar^2 \varphi_{m_j} \tag{4a}$$
$$j^2 \chi_{m_j} = \frac{3}{4}\hbar^2 \chi_{m_j} = \frac{1}{2}\left(\frac{1}{2} + 1\right)\hbar^2 \chi_{m_j} \tag{4b}$$
となるから
$$\begin{cases} \varphi_{3/2}, \varphi_{1/2}, \varphi_{-1/2}, \varphi_{-3/2} \text{ は } \quad j = \dfrac{3}{2} \\[2mm] \chi_{1/2}, \chi_{-1/2} \qquad\qquad \text{ は } \quad j = \dfrac{1}{2} \end{cases}$$
に対応する固有関数であることがわかる. 次に, j_z を作用させてみよう.
$$j_z u_{m_l}\alpha = (l_z + s_z)u_{m_l}\alpha$$
$$= l_z u_{m_l}\alpha + u_{m_l}s_z \alpha = \left(m_l + \frac{1}{2}\right)\hbar u_{m_l}\alpha$$
のような計算をやってみれば
$$j_z \varphi_{\pm 3/2} = \pm \frac{3}{2}\hbar \varphi_{\pm 3/2}, \quad j_z \varphi_{\pm 1/2} = \pm \frac{1}{2}\hbar \varphi_{\pm 1/2}$$
$$j_z \chi_{\pm 1/2} = \pm \frac{1}{2}\hbar \chi_{\pm 1/2}$$
は容易にわかる. これでわかるように, φ や χ につけた添字は j_z の固有値 (を $\hbar$ で割ったもの) m_j を表しているのである.
　次に, $j_\pm$ を作用させてみよう. たとえば,
$$j_+ \chi_{-1/2} = (l_+ + s_+)\left(\sqrt{\frac{1}{3}}\, u_0 \beta - \sqrt{\frac{2}{3}}\, u_{-1}\alpha\right)$$
$$= \sqrt{\frac{1}{3}}\,(l_+ u_0 \beta + u_0 s_+ \beta) - \sqrt{\frac{2}{3}}\,(l_+ u_{-1}\alpha + u_{-1}s_+ \alpha)$$

$$= \sqrt{\frac{1}{3}}\,\hbar(\sqrt{2}\,u_1\beta + u_0\alpha) - \sqrt{\frac{2}{3}}\,\sqrt{2}\,\hbar u_0\alpha$$

$$= \sqrt{\frac{1}{3}}\,\hbar u_0\alpha + \sqrt{\frac{2}{3}}\,\hbar u_1\beta$$

$$= \hbar\chi_{1/2}$$

のように計算すれば

$$j_+\chi_{1/2} = 0, \quad j_-\chi_{1/2} = \hbar\chi_{-1/2}, \quad j_+\chi_{-1/2} = \hbar\chi_{1/2}, \quad j_-\chi_{-1/2} = 0$$

$$j_+\varphi_{3/2} = 0, \quad j_+\varphi_{1/2} = \sqrt{3}\,\hbar\varphi_{3/2}, \quad j_+\varphi_{-1/2} = 2\hbar\varphi_{1/2}, \quad j_+\varphi_{-3/2} = \sqrt{3}\,\hbar\varphi_{-1/2}$$

$$j_-\varphi_{3/2} = \sqrt{3}\,\hbar\varphi_{1/2}, \quad j_-\varphi_{1/2} = 2\hbar\varphi_{-1/2}, \quad j_-\varphi_{-1/2} = \sqrt{3}\,\hbar\varphi_{-3/2}, \quad j_-\varphi_{-3/2} = 0$$

を証明することは困難ではないであろう. ✒

以上は，前に求めた $l = 1$ の場合を考察したのであるが，一般の l についても次のことが導かれる.

（ⅰ）　j として可能な値は $l + \dfrac{1}{2}$ と $l - \dfrac{1}{2}$ の2つである.

（ⅱ）　$\zeta(\boldsymbol{l}\cdot\boldsymbol{s}) = \dfrac{\zeta}{2}(\boldsymbol{j}^2 - \boldsymbol{l}^2 - \boldsymbol{s}^2) = \dfrac{\zeta}{2}\{j(j+1) - l(l+1)$

$-s(s+1)\}\hbar^2$ であって $s = 1/2$ であるから

$j = l + \dfrac{1}{2}$　に対しては，$\zeta(\boldsymbol{l}\cdot\boldsymbol{s})$ の固有値は　$\dfrac{1}{2}\zeta\hbar^2 l$　(5a)

$j = l - \dfrac{1}{2}$　に対しては，$\zeta(\boldsymbol{l}\cdot\boldsymbol{s})$ の固有値は　$-\dfrac{1}{2}\zeta\hbar^2(l+1)$　(5b)

に等しい.

（ⅲ）　$\boldsymbol{j}^2$ と j_z の固有関数を $|j, m_j\rangle$ と表すことにすると，$j = l + \dfrac{1}{2}$ で $m_j = l + \dfrac{1}{2}$ のものは，最大の m_l と m_s の関数を掛け合わせた $u_l\alpha$ に等しい.

$$\left|l + \frac{1}{2},\ l + \frac{1}{2}\right\rangle = u_l\alpha \tag{6}$$

これの両辺に j_- を作用させると

左辺から　$j_-\left|l + \dfrac{1}{2},\ l + \dfrac{1}{2}\right\rangle = \sqrt{2l+1}\,\hbar\left|l + \dfrac{1}{2},\ l - \dfrac{1}{2}\right\rangle$

右辺から　$(l_- + s_-)u_l\alpha = (l_-u_l)\alpha + u_l(s_-\alpha) = \sqrt{2l}\,\hbar u_{l-1}\alpha + \hbar u_l\beta$

この両者を等しいとおいて

$$\left| l + \frac{1}{2}, \ l - \frac{1}{2} \right\rangle = \sqrt{\frac{2l}{2l+1}}\, u_{l-1}\alpha + \sqrt{\frac{1}{2l+1}}\, u_l\beta \qquad (7)$$

が得られる. 以下, 次々と j_- を作用させれば, すべての $\left| l + \frac{1}{2}, \ m_j \right\rangle$ が求められる.

(iv)　$j = l - \frac{1}{2}$ で m_j の最大値は $m_j = l - \frac{1}{2}$ であるが, その固有関数は

$$\left| l - \frac{1}{2}, \ l - \frac{1}{2} \right\rangle = -\sqrt{\frac{1}{2l+1}}\, u_{l-1}\alpha + \sqrt{\frac{2l}{2l+1}}\, u_l\beta \qquad (8)$$

で与えられる. なぜなら, $m_j = m_l + m_s = l - \frac{1}{2}$ になるような組合せのもとになる関数は $u_{l-1}\alpha$ と $u_l\beta$ の2つしかないが, 1つの1次結合として (7) 式が選ばれているので, これに直交するものとして (8) 式が定まるからである. 以下, j_- を次々に作用させれば, すべての $\left| l - \frac{1}{2}, \ m_j \right\rangle$ が計算できることになる.

このように $\boldsymbol{l}$ と $\boldsymbol{s}$ が結合されて1つの角運動量 $\boldsymbol{j}$ が合成されていることがわかった. この全角運動量 $\boldsymbol{j}$ の大きさを $\hbar$ で

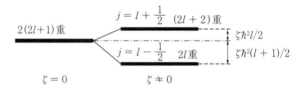

8-4図　スピン軌道相互作用による準位の分裂

割ったものに相当する量子数 $j(= l \pm 1/2)$ のことを**内量子数**, $\boldsymbol{j}$ の z 成分の固有値を $\hbar$ で割ったものに等しい $m_j(= j, j-1, \cdots, -j)$ を**内磁気量子数**とよぶことがある. また, 原子のエネルギー準位がスピン軌道相互作用で細かく分かれることを**微細構造**とよぶ. いま考えたのは, 電子が1個の場合 (または実質的に1個と同じ場合) であるが, もっと一般の多電子原子では分かれ方は複雑である. ζ の値は重い原子ほど大きいので, 微細構造も重い原子ほど顕著である.

j^2 と j_z の同時固有関数は，$j = l + \dfrac{1}{2}$ で $m_j = \pm j$ のときの $u_l\alpha, u_{-l}\beta$ を除いて，一般には $u_{m_l-1}\alpha$ と $u_{m_l}\beta$ の1次結合になっている．したがって，j_z の固有関数ではあっても，l_z や s_z の固有関数にはなっていない．$l_z = (m_l - 1)\hbar$ の可能性と $m_l\hbar$ の可能性の両方が0でなく，スピンが上向きの確率と下向きの確率が共存する．このような事情は古典的な矢印で $\boldsymbol{l}, \boldsymbol{s}, \boldsymbol{j}$ を表す方法（**ベクトル模型と**いう）ではうまく表現できない．これは，スピン軌道相互作用まで加えたハミルトニアン

$$H = H_0 + \zeta(\boldsymbol{l} \cdot \boldsymbol{s}), \quad H_0 = -\frac{\hbar^2}{2m}\nabla^2 + V(r)$$

が，j^2 や j_z とは交換可能であるが，l_z や s_z とは交換しないことに起因する．

$$[H, l_z] \neq 0, \quad [H, s_z] \neq 0$$

§6.7 で知ったように，交換しない物理量の同時固有状態をつくることは一般には不可能だからである．

§8.5 正常ゼーマン効果

軌道角運動量をもつような運動というのは，古典的にいえばぐるぐる回る運動であるから，電子のような荷電粒子がそのような運動をしていれば，円電流が流れているのと同じである．円電流は磁石と同じ作用があり，（というよりも，むしろ磁気の源は電子その

8-5 図 円電流はそれを縁とする円形磁石板と同じ磁場をつくる．

他の微粒子の回転運動であるといった方が正しい），強さ I の電流が面積 S を囲む閉曲線に沿って流れているときには，磁気モーメントが IS の磁石として観測される（CGS ガウス単位系では IS/c）．いま，これが半径 a の円で，電荷 $-e$ の電子が電流と反対向きに速さ v で回っているとすると*，

$$I = \frac{ev}{2\pi a}, \quad S = \pi a^2 \quad \left(\text{CGS でも } I = \frac{ev}{2\pi a}\right)$$

---

* I の表式を得るには，円環の1つの切口を単位時間に $-e$ が何回通過するかを考えればよい．

であるから，磁気モーメントの大きさは $\mu_l = aev/2$（CGS では $\mu_l = aev/2c$）
に等しい．角運動量の大きさは mva であるから，

$$
\left.
\begin{aligned}
\mu_l &= \frac{e}{2m}|\boldsymbol{l}| = \beta_\mathrm{B}\frac{|\boldsymbol{l}|}{\hbar} \\
\left(\text{CGS では } \mu_l \right. &\left. = \frac{e}{2mc}|\boldsymbol{l}| = \beta_\mathrm{B}\frac{|\boldsymbol{l}|}{\hbar}\right)
\end{aligned}
\right\}
\tag{1}
$$

となる．ただし，β_B はボーア磁子（234 ページ）である．

　このような電子が真空の磁場内にある場合を考えよう．磁場の向きを
z 方向にとり，磁場（磁束密度）を $\boldsymbol{B}$ とすると，磁場と磁気モーメントとの
相互作用のエネルギーは

$$
H_z' = -\boldsymbol{\mu} \cdot \boldsymbol{B} = -\mu_z B = +\frac{\beta_\mathrm{B} l_z B}{\hbar} = +\beta_\mathrm{B} m_l B
\tag{2}
$$

で表される．ただし，m_l は $l_z/\hbar$ の固有値，すなわち磁気量子数である（CGS
では B の代りに H）．

　(2) 式で表されるエネルギーを**ゼーマンエネルギー**という．この式を出す
のに，もっと厳密には付録 3 の結果を用いればよい．それによると，ベクト
ルポテンシャル $\boldsymbol{A}$ から $\boldsymbol{B} = \mathrm{rot}\,\boldsymbol{A}$（CGS では $\boldsymbol{H} = \mathrm{rot}\,\boldsymbol{A}$）で導かれるよう
な磁場内で運動する電荷 $-e$ の粒子のハミルトニアンは

$$
H = \frac{1}{2m}(\boldsymbol{p} + e\boldsymbol{A})^2 + V \quad \left(\text{CGS なら } e\boldsymbol{A} \text{ の代りに } \frac{e\boldsymbol{A}}{c}\right)
\tag{3}
$$

で与えられる．ただし，電場によるエネルギーを V としたが，これは付録 3
(7) 式の $q\Phi \to -e\Phi$ に相当する．z 方向の一様な磁場 $\boldsymbol{B} = (0, 0, B)$ を $\mathrm{rot}\,\boldsymbol{A}$
$= \boldsymbol{B}$ から導出できるような $\boldsymbol{A}$ は

$$
A_x = -\frac{1}{2}By, \quad A_y = \frac{1}{2}Bx, \quad A_z = 0
\tag{4}
$$

と選ぶことができる．これを (3) 式に代入し，$\boldsymbol{p}$ を $-i\hbar\nabla$ とすれば

$$
H = -\frac{\hbar^2}{2m}\nabla^2 + V - i\hbar\frac{eB}{2m}\left(x\frac{\partial}{\partial y} - y\frac{\partial}{\partial x}\right) + \frac{e^2B^2}{8m}(x^2 + y^2)
\tag{5}
$$

を得るが，角運動量の z 成分 l_z を用いれば

$$H = -\frac{\hbar^2}{2m}\nabla^2 + V + \frac{eB}{2m}l_z + \frac{e^2B^2}{8m}(x^2 + y^2) \qquad (6)$$

と書かれる．右辺のはじめの２項は磁場がないときのハミルトニアン，第３項が (2) 式のゼーマンエネルギーである．最後の項は，反磁性を与える項であって，ゼーマンエネルギーの項の寄与が０であったり，摂動論の２次のエネルギーではじめて現れるようなときにだけ問題にされる．ゼーマン項の寄与が大きいときには，B について２次の この反磁性項は省略されることが多い．そこで，われわれは

$$H = H_0 + H_z' \qquad (7)$$

ただし

$$\left.\begin{array}{l} H_0 = -\dfrac{\hbar^2}{2m}\nabla^2 + V(r) \\[2mm] H_z' = \dfrac{\beta_{\mathrm{B}}}{\hbar}Bl_z \end{array}\right\} \qquad (7\mathrm{a})$$

を考えることにする（CGS では $\beta_{\mathrm{B}} = e\hbar/2mc$, $B \to H$ とする）．

H_0 で $V(r)$ が $r = |\boldsymbol{r}|$ だけの関数の場合を考えているので，固有関数として $R_{nl}(r)Y_l^{m_l}(\theta, \phi)$ の形のものをとれば，これは同時に l_z の固有関数にもなっている．この関数を $|n, l, m_l\rangle$ と書くと

$$H_0|n, l, m_l\rangle = \varepsilon_{nl}{}^{(0)}|n, l, m_l\rangle$$

$$H_z'|n, l, m_l\rangle = \beta_{\mathrm{B}}m_l B|n, l, m_l\rangle$$

はただちにわかるから，$|n, l, m_l\rangle$ はそのまま H の固有関数で

$$H|n, l, m_l\rangle = (\varepsilon_{nl}{}^{(0)} + \beta_{\mathrm{B}}m_l B)|n, l, m_l\rangle$$

となることが知られる．したがって，軌道角運動量だけを考えたときには，各 $\varepsilon_{nl}{}^{(0)}$ で示される $2l + 1$ 重のエネルギー準位は，m_l の

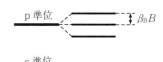

8-6図 正常ゼーマン効果（スピンがないと仮定した場合）

異なる $2l+1$ 個に分裂し，その間隔は $\beta_{\mathrm{B}}B$（CGS なら $\beta_{\mathrm{B}}H$）に等しい．このような，磁場によるエネルギー準位の分裂を**正常ゼーマン効果**という．

> ［**例題**］　磁束密度が 1 T（10000 gauss）の磁場をかけたとき，電子の正常ゼーマン効果による準位の分裂の間隔はどれだけか．この間隔に等しい $h\nu$ をもつ光の波長を求めよ．

　［**解**］　$B=1\,\mathrm{T}\,(=\mathrm{V}\!\cdot\!\mathrm{s/m^2})$ であるから，ゼーマン準位の間隔は
$$\beta_{\mathrm{B}}B = 9.27 \times 10^{-24}\,\mathrm{J} = 5.78 \times 10^{-5}\,\mathrm{eV}$$
これを $h\nu$ に等しいとおくと $\nu = 1.4 \times 10^{10}\,\mathrm{s^{-1}}$ を得るから，これに対応する波長は
$$\lambda = \frac{c}{\nu} = \frac{3.0 \times 10^8}{1.4 \times 10^{10}}\frac{\mathrm{m}\!\cdot\!\mathrm{s^{-1}}}{\mathrm{s^{-1}}} = 2.1\,\mathrm{cm}$$
である．✑

§8.6　ラーマーの歳差運動

　8-7 図からわかるように，回転する軌道運動を行う電子を含む系は 1 つの小さなこまのようなものである．これが一様な磁場内に置かれると，図のような偶力を受ける．重力場の中で傾いたこまには，重力と床の抗力からなる偶力が作用するが，回転があるため

8-7 図　回転する電子を含む系は磁気モーメント μ をもち，磁場（上向き）から白い矢印のような偶力を受ける．

にその偶力でそのまま倒れるようなことはなく，鉛直軸のまわりで首振り運動 ── **歳差運動**という ── を行う．ミクロの磁気モーメントの場合も全く同様な運動が行われると考えられるので，これを**ラーマーの歳差運動**という．磁気モーメントが軌道角運動量 $\boldsymbol{l}$ に起因する場合には，歳差運動の角振動数 ω_{L} は

$$\omega_{\mathrm{L}} = \frac{\beta_{\mathrm{B}}B}{\hbar} = \frac{eB}{2m} \quad \left(\text{CGS なら } \frac{\beta_{\mathrm{B}}H}{\hbar} = \frac{eH}{2mc}\right) \tag{1}$$

で与えられ，$\hbar\omega_L$ がゼーマン効果で分かれた準位の間隔に等しいことがわかる．本節では，まずこの運動を古典的に調べ，次に量子力学的に扱うことを試みよう．

いま，角運動量 $\boldsymbol{j}$ と，それによる磁気モーメント $\boldsymbol{\mu} = \gamma \boldsymbol{j}$ がある場合を考える．*　運動しているのが正電荷をもつものならば $\boldsymbol{\mu}$ と $\boldsymbol{j}$ は同方向であるから $\gamma > 0$ であり，負電荷をもつもののとき（たとえば電子）には $\gamma < 0$ である．z 方向の一様な磁場（磁束密度 $\boldsymbol{B}$）に，この $\boldsymbol{\mu}$ が置かれたときに受ける偶力のモーメントは $\boldsymbol{\mu} \times \boldsymbol{B}$ に等しい．古典力学では角運動量の時間的変化の割合は偶力のモーメントに等しいから，

$$\frac{d\boldsymbol{j}}{dt} = \boldsymbol{\mu} \times \boldsymbol{B} = \gamma \boldsymbol{j} \times \boldsymbol{B} \tag{2}$$

であるが，これを成分に分けて書けば

$$\frac{dj_x}{dt} = \gamma B j_y \tag{3a}$$

$$\frac{dj_y}{dt} = -\gamma B j_x \tag{3b}$$

$$\frac{dj_z}{dt} = 0 \tag{3c}$$

となる．したがって，$j_z = $ 一定 はただちにわかる．（3a）式をもう一度 t で微分し，右辺に（3b）式を代入すれば

$$\frac{d^2}{dt^2} j_x = -\gamma^2 B^2 j_x$$

同様にして

$$\frac{d^2}{dt^2} j_y = -\gamma^2 B^2 j_y$$

が得られる．これらはいずれも $\omega_L = |\gamma B|$ を角振動数とする単振動である．そこで

---

*　$\boldsymbol{j}$ は $\boldsymbol{l}$ でも $\boldsymbol{s}$ でもよい．ただし，$\boldsymbol{j} = \boldsymbol{l} + \boldsymbol{s}$ の場合は $\boldsymbol{l}$ と $\boldsymbol{s}$ とで γ が異なるので事情が複雑になる．それについては次節で説明する．

$$j_x = A\cos(\omega_{\mathrm{L}} t + \delta)$$

$$j_y = A' \sin(\omega_{\mathrm{L}} t + \delta')$$

とおいて (3a), (3b) 式に入れてみれば, $\gamma \gtrless 0$ に対して, $\delta = \delta'$, $A = \mp A'$ とすべきであることがわかる. ゆえに

$$\left. \begin{array}{l} j_x = A \cos(\omega_{\mathrm{L}} t + \delta) \\ j_y = \mp A \sin(\omega_{\mathrm{L}} t + \delta) \\ j_z = 一定 \end{array} \right\} \qquad (4)$$

という解が得られる. これは, 角
振動数が ω_{L} の歳差運動を表す
(8-8 図).

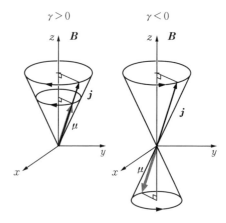

　以上は古典力学による議論であ
るが, 量子力学ではどうであろう
か. $\boldsymbol{j}$ という物理量 (= 演算子) の
時間変化を考える, という古典力
学の立場をそのまま生かしている
のはハイゼンベルク表示であるか
ら (§6.9 を参照), その考え方に従
って扱ってみよう.

8-8 図　ラーマーの歳差運動

　いまの場合のハミルトニアンは

$$H = -\gamma B j_z \qquad (j_z は演算子 = 行列)$$

である. ゆえに, $\boldsymbol{j}$ の運動は §6.10 (1) 式 (193 ページ) により ($t_0 = 0$ とす
る)

$$\boldsymbol{j}(t) = \mathrm{e}^{iHt/\hbar} \boldsymbol{j} \mathrm{e}^{-iHt/\hbar}$$

と表される. 一方, $\boldsymbol{j}(t)$ の運動をきめるハイゼンベルクの運動方程式は
§6.10 (2) 式 (193 ページ) により

$$\frac{d}{dt}\boldsymbol{j}(t) = \frac{i}{\hbar}[H, \boldsymbol{j}(t)]$$

であるが，右辺は

$$\frac{i}{\hbar}\mathrm{e}^{iHt/\hbar}[H,\boldsymbol{j}]\mathrm{e}^{-iHt/\hbar} = -\frac{i}{\hbar}\gamma B\mathrm{e}^{iHt/\hbar}[j_z,\boldsymbol{j}]\mathrm{e}^{-iHt/\hbar}$$

に等しい．ところが

$$[j_z,j_x] = i\hbar j_y, \qquad [j_z,j_y] = -i\hbar j_x, \qquad [j_z,j_z] = 0$$

であるから，この方程式を各成分ごとに分けて書くと

$$\frac{d}{dt}j_x(t) = \gamma B\mathrm{e}^{iHt/\hbar}j_y\,\mathrm{e}^{-iHt/\hbar}$$

$$\frac{d}{dt}j_y(t) = -\gamma B\mathrm{e}^{iHt/\hbar}j_x\,\mathrm{e}^{-iHt/\hbar}$$

$$\frac{d}{dt}j_z(t) = 0$$

が得られる．一般に

$$\mathrm{e}^{iHt/\hbar}F\mathrm{e}^{-iHt/\hbar} = F(t)$$

であるから，これらは

$$\frac{d}{dt}j_x(t) = \gamma B\,j_y(t), \qquad \frac{d}{dt}j_y(t) = -\gamma B\,j_x(t), \qquad \frac{d}{dt}j_z(t) = 0 \quad (5)$$

となり，古典力学のときの (3a)〜(3c) 式と全く同じ形の運動方程式が得られたことになる．もちろん，(5) 式の $j_x(t), j_y(t), j_z(t)$ は行列で表される演算子であって，普通の数（c - 数）ではない．しかし，これらの式の両辺を，時間 t には関係しないブラとケットではさんで，期待値をとれば，普通の数としての $\langle j_x(t)\rangle, \langle j_y(t)\rangle, \langle j_z(t)\rangle$ に関する方程式として

$$\frac{d}{dt}\langle j_x(t)\rangle = \gamma B\langle j_y(t)\rangle, \quad \frac{d}{dt}\langle j_y(t)\rangle = -\gamma B\langle j_x(t)\rangle, \quad \frac{d}{dt}\langle j_z(t)\rangle = 0$$

$$(6)$$

が得られる．すなわち，j_x, j_y, j_z の期待値の時間変化は，古典力学のときと全く同じラーマーの歳差運動を行うことがわかる．

　(6) 式の結果は，j_x, j_y, j_z は t に無関係で，これをはさむ波動関数（状態ベクトル）が t によって変化すると考えるシュレーディンガー表示の取扱いで

求めることもできるが，ここでは省略する．

§8.7　異常ゼーマン効果*

　前節では軌道角運動量だけがあると考えたが，実は電子はスピンを必ずもっている．l が 0 の場合はあっても s は常に $1/2$ である．スピンも磁気モーメントをともなうので，磁場内の電子はスピン磁気モーメントによるゼーマンエネルギーをもつことになる．それを導き出すことは相対論的電子論（（II）巻の第 12 章）にゆずり，結果だけを記すと，磁場（磁束密度）$\boldsymbol{B}$ の中のスピンは，ボーア磁子を β_B として

$$H_z{}^s = 2\frac{\beta_\mathrm{B}}{\hbar}\boldsymbol{s}\cdot\boldsymbol{B} \tag{1}$$

というゼーマンエネルギーをもつ．つまり，スピン $\boldsymbol{s}$ による磁気モーメントは，§8.3 でも触れたように

$$\boldsymbol{\mu}_s = -\frac{2\beta_\mathrm{B}\boldsymbol{s}}{\hbar} \tag{2}$$

と表される．これは，§8.5 で考察した軌道運動による磁気モーメント（§8.5 (1) 式，242 ページ）

$$\boldsymbol{\mu}_l = -\frac{\beta_\mathrm{B}\boldsymbol{l}}{\hbar} \tag{3}$$

と比較すると，因子 2 のある点が異なっている．

8-9 図　s 準位 ($l = 0$) の
ゼーマン分裂

　$l = 0$ の場合には，$H_z{}^l = 0$ であるから，一様な z 方向の磁場による摂動は

$$H_z{}^s = \frac{2\beta_\mathrm{B}}{\hbar}B\cdot s_z \tag{4}$$

と表される．したがって，s 軌道（$l = 0$）の電子がもつスピンによる二重の縮退は磁場によって解け，間隔が $2\beta_\mathrm{B}B$ の 2 つの準位に分裂する．このとき，

---

*　SI 単位系による式だけを記す．CGS ガウス単位系に移るには $\beta_\mathrm{B} = e\hbar/2mc$ と考え，B を H で置き換えればよい．

波動関数 $R_{ns}Y_0^0\alpha$ と $R_{ns}Y_0^0\beta$ がそのまま固有関数になっている.

さて,一般の場合には $l \neq 0$ で s があり,この2つの角運動量はスピン軌道相互作用で結合して $j = l + s$ をつくっている.ここで厄介なことは,(3) 式と (2) 式とで比例定数が2だけ違う点である.このため,μ_l のラーマー振動数は $\beta_B B/\hbar$ なのに,μ_s のそれは $2\beta_B B/\hbar$ であり,l と s は異なる角速度で歳差運動をしようとする.ところが,スピン軌道相互作用はこの l と s を結びつけておこうとするはたらきがある.この2つの作用の強弱によってゼーマン効果の様子が大分違ってくる.

$l = 1$ の場合について,これを調べてみよう.摂動のハミルトニアン(行列をつくるべき演算子)は

$$H' = \zeta(\boldsymbol{l}\cdot\boldsymbol{s}) + \frac{\beta_B B}{\hbar}(l_z + 2s_z) \tag{5}$$

である.右辺第1項のスピン軌道相互作用の固有状態は §8.2 で求めた j, j_z の固有関数(233 ページの §8.2 (15), (16) 式)で表される.念のために再び記すと

$$\left(j = \frac{3}{2}\right) \quad \varphi_{3/2} = u_1\alpha, \quad \varphi_{1/2} = \sqrt{\frac{2}{3}}\,u_0\alpha + \sqrt{\frac{1}{3}}\,u_1\beta$$

$$\varphi_{-1/2} = \sqrt{\frac{2}{3}}\,u_0\beta + \sqrt{\frac{1}{3}}\,u_{-1}\alpha, \quad \varphi_{-3/2} = u_{-1}\beta$$

$$\left(j = \frac{1}{2}\right) \quad \chi_{1/2} = -\sqrt{\frac{1}{3}}\,u_0\alpha + \sqrt{\frac{2}{3}}\,u_1\beta, \quad \chi_{-1/2} = \sqrt{\frac{1}{3}}\,u_0\beta - \sqrt{\frac{2}{3}}\,u_{-1}\alpha$$

の6つである.しかし,これらのうち,$\varphi_{\pm 1/2}, \chi_{\pm 1/2}$ は (5) 式の右辺第2項のゼーマンエネルギーの固有関数になっていない.$u_0\alpha, u_1\beta, u_0\beta, u_{-1}\alpha$ ならばゼーマンエネルギーの固有関数になっている.したがって,磁場 $B(\geqq 0)$ を 0 から次第に強くしたときの固有関数は次のように変化すると考えられる.

$$[B = 0] \qquad [B \to \infty]$$
$$\varphi_{3/2} = u_1\alpha \quad \to \quad u_1\alpha$$
$$\varphi_{1/2}, \ \chi_{1/2} \quad \to \quad u_0\alpha, \ u_1\beta$$
$$\varphi_{-1/2}, \ \chi_{-1/2} \quad \to \quad u_0\beta, \ u_{-1}\alpha$$
$$\varphi_{-3/2} = u_{-1}\beta \quad \to \quad u_{-1}\beta$$

固有ベクトルを，実ベクトルのようにみなしてこの移り変わりを図示すれば，$m_j = \pm\dfrac{1}{2}$ に対する固有状態ベクトルの変化は 8-10 図のようになる．

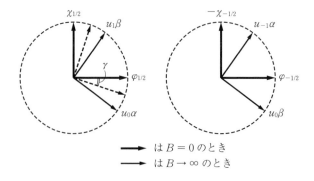

→ は $B = 0$ のとき
→ は $B \to \infty$ のとき

8-10図　磁場を変化させたときの H' の固有状態の変化

　そこで，ここでは $\varphi_{\pm3/2}, \varphi_{\pm1/2}, \chi_{\pm1/2}$ を基底にとって計算を試みることにする．$u_{m_l}\alpha, u_{m_l}\beta \ (m_l = \pm1, 0)$ を用いても全く同じ結果になるが，それは読者の演習にまかせることにする．

　さて，$\varphi_{\pm3/2}, \varphi_{\pm1/2}, \chi_{\pm1/2}$ に対しては

$$\zeta(\boldsymbol{l}\cdot\boldsymbol{s})\varphi_{m_j} = \frac{\hbar^2}{2}\zeta\varphi_{m_j}$$
$$\zeta(\boldsymbol{l}\cdot\boldsymbol{s})\chi_{m_j} = -\hbar^2\zeta\chi_{m_j}$$
$$\frac{\beta_{\mathrm{B}}B}{\hbar}(l_z + 2s_z)\varphi_{\pm3/2} = \pm\beta_{\mathrm{B}}B\left(1 + 2\times\frac{1}{2}\right)\varphi_{\pm3/2} = \pm2\beta_{\mathrm{B}}B\varphi_{\pm3/2}$$

ゆえに

$$H'\varphi_{\pm3/2} = \left(\frac{\hbar^2}{2}\zeta \pm 2\beta_{\mathrm{B}}B\right)\varphi_{\pm3/2} \qquad (\varphi_{\pm3/2} \text{ は } H' \text{ の固有関数})$$

はただちにわかる．これに反し，たとえば $\varphi_{1/2}$ に対しては

$$\frac{\beta_{\mathrm{B}}B}{2}\,(l_z + 2s_z)\,\varphi_{1/2}$$

$$= \frac{\beta_{\mathrm{B}}B}{\hbar}\,(l_z + 2s_z)\Big(\sqrt{\frac{2}{3}}\,u_0\alpha + \sqrt{\frac{1}{3}}\,u_1\beta\Big)$$

$$= \frac{\beta_{\mathrm{B}}B}{\hbar}\Big\{\sqrt{\frac{2}{3}}\,(l_z + 2s_z)\,u_0\alpha + \sqrt{\frac{1}{3}}\,(l_z + 2s_z)\,u_1\beta\Big\}$$

$$= \beta_{\mathrm{B}}B\Big\{\sqrt{\frac{2}{3}}\Big(0 + 2\times\frac{1}{2}\Big)u_0\alpha + \sqrt{\frac{1}{3}}\Big(1 + 2\times\frac{-1}{2}\Big)u_1\beta\Big\}$$

$$= \beta_{\mathrm{B}}B\sqrt{\frac{2}{3}}\,u_0\alpha$$

となるが，$u_0\alpha$ は $\varphi_{1/2}$ と $\chi_{1/2}$ の 1 次結合で

$$\langle\varphi_{1/2}|u_0\alpha\rangle = \sqrt{\frac{2}{3}}, \qquad \langle\chi_{1/2}|u_0\alpha\rangle = -\sqrt{\frac{1}{3}}$$

であるから（8-10 図），$u_0\alpha = \sqrt{2/3}\,\varphi_{1/2} - \sqrt{1/3}\,\chi_{1/2}$ となり，結局

$$H'\varphi_{1/2} = \frac{\hbar^2}{2}\zeta\varphi_{1/2} + \sqrt{\frac{2}{3}}\,\beta_{\mathrm{B}}B\Big(\sqrt{\frac{2}{3}}\,\varphi_{1/2} - \sqrt{\frac{1}{3}}\,\chi_{1/2}\Big)$$

$$= \Big(\frac{\hbar^2}{2}\zeta + \frac{2}{3}\beta_{\mathrm{B}}B\Big)\varphi_{1/2} - \frac{\sqrt{2}}{3}\beta_{\mathrm{B}}B\chi_{1/2}$$

が得られる．同様な計算を行えば

$$H'\chi_{1/2} = \Big(-\hbar^2\zeta + \frac{1}{3}\beta_{\mathrm{B}}B\Big)\chi_{1/2} - \frac{\sqrt{2}}{3}\beta_{\mathrm{B}}B\varphi_{1/2}$$

$$H'\varphi_{-1/2} = \Big(\frac{\hbar^2}{2}\zeta - \frac{2}{3}\beta_{\mathrm{B}}B\Big)\varphi_{-1/2} - \frac{\sqrt{2}}{3}\beta_{\mathrm{B}}B\chi_{-1/2}$$

$$H'\chi_{-1/2} = \Big(-\hbar^2\zeta - \frac{1}{3}\beta_{\mathrm{B}}B\Big)\chi_{-1/2} - \frac{\sqrt{2}}{3}\beta_{\mathrm{B}}B\varphi_{-1/2}$$

が得られる．ゆえに，H' の行列は $m_j = +\frac{1}{2}$ と $-\frac{1}{2}$ とに分かれ，それぞれ次のようになる．

$$\begin{array}{cc} & \varphi_{1/2} \qquad\qquad \chi_{1/2} \end{array}$$

$$\begin{array}{c} \varphi_{1/2} \\[6pt] \chi_{1/2} \end{array} \begin{pmatrix} \dfrac{\hbar^2}{2}\zeta + \dfrac{2}{3}\beta_{\mathrm B}B & -\dfrac{\sqrt{2}}{3}\beta_{\mathrm B}B \\[14pt] -\dfrac{\sqrt{2}}{3}\beta_{\mathrm B}B & -\hbar^2\zeta + \dfrac{1}{3}\beta_{\mathrm B}B \end{pmatrix} \qquad (6)$$

$$\begin{array}{cc} & \varphi_{-1/2} \qquad\qquad -\chi_{-1/2} \end{array}$$

$$\begin{array}{c} \varphi_{-1/2} \\[6pt] -\chi_{-1/2} \end{array} \begin{pmatrix} \dfrac{\hbar^2}{2}\zeta - \dfrac{2}{3}\beta_{\mathrm B}B & \dfrac{\sqrt{2}}{3}\beta_{\mathrm B}B \\[14pt] \dfrac{\sqrt{2}}{3}\beta_{\mathrm B}B & -\hbar^2\zeta - \dfrac{1}{3}\beta_{\mathrm B}B \end{pmatrix} \qquad (7)$$

　ここで，便宜上 $\chi_{-1/2}$ の代りに $-\chi_{-1/2}$ を基底にとったのは，8-10 図からわかるように，そうすると (6) 式と (7) 式を平行的に（$\pm B$ として）扱えるからである．このような実行列の対角化はすでに §8.2 で扱ったが，§8.2 のやり方は正直すぎるので，2 行 2 列のときだけのもっと簡単な方法を紹介しよう．

　(6) 式も (7) 式も実数ばかりの行列であるから，一般的に

$$\begin{array}{cc} & f_1 \qquad f_2 \end{array}$$

$$H' \longrightarrow \begin{array}{c} f_1 \\[6pt] f_2 \end{array} \begin{pmatrix} a+\varDelta & b \\[6pt] b & a \end{pmatrix} \qquad (\varDelta > 0 \text{ とする})$$

という形の実行列の対角化を考えることにしよう．永年方程式は

$$\begin{vmatrix} a+\varDelta-\varepsilon & b \\[4pt] b & a-\varepsilon \end{vmatrix} = 0 \qquad \text{すなわち}\quad (\varepsilon-a)^2 - \varDelta(\varepsilon-a) - b^2 = 0$$

であるから，根は

$$\varepsilon_{\pm} = a + \frac{1}{2}(\varDelta \pm \sqrt{\varDelta^2 + 4b^2}) \qquad (8)$$

であるが，$\varDelta \gg |b|$ であれば

$$\varepsilon_{\pm} = a + \frac{1}{2}\varDelta\left\{1 \pm \left(1 + \frac{4b^2}{\varDelta^2}\right)^{1/2}\right\}$$

$$= a + \frac{1}{2}\varDelta\left\{1 \pm \left(1 + \frac{2b^2}{\varDelta^2} + \cdots\right)\right\}$$

$$= \begin{cases} a + \Delta + \dfrac{b^2}{\Delta} + \cdots & \text{(9a)} \\[3mm] a - \dfrac{b^2}{\Delta} + \cdots & \text{(9b)} \end{cases}$$

となる.

次に固有ベクトルを求めよう. 実行列なので, ユニタリー変換も実数ばかりの直交変換でよいから, 8-10 図を考え合わせて, 固有ベクトルを

$$\left. \begin{array}{l} g_1 = f_1 \cos\gamma - f_2 \sin\gamma \\ g_2 = f_1 \sin\gamma + f_2 \cos\gamma \end{array} \right\} \tag{10}$$

とおいて γ を求めればよい. このとき

$$\begin{array}{cc} & \begin{array}{cc} f_1 & f_2 \end{array} \\ \begin{array}{c} f_1 \\ f_2 \end{array} & \begin{pmatrix} a+\Delta & b \\ b & a \end{pmatrix} \end{array} \longrightarrow \begin{array}{c} \\ \begin{array}{c} g_1 \\ g_2 \end{array} \end{array} \begin{array}{c} \begin{array}{cc} g_1 & g_2 \end{array} \\ \begin{pmatrix} \varepsilon_+ & 0 \\ 0 & \varepsilon_- \end{pmatrix} \end{array}$$

のように, 対角要素の大きさの順序が逆転しないようにしておけば, $|\gamma|$ は $\pi/4$ より小さい範囲に入る. (10) 式で $\gamma \to 0$ が $b = 0$ に対応することはすぐにわかるであろう. 一般の γ を求めるには, g_1 と g_2 でつくった H' の行列が対角型であること, すなわち $\langle g_1|H'|g_2 \rangle = 0$ を用いればよい.

$$\langle g_1|H'|g_2 \rangle = \sin\gamma \cos\gamma \{\langle f_1|H'|f_1 \rangle - \langle f_2|H'|f_2 \rangle\} + (\cos^2\gamma - \sin^2\gamma)b = 0$$

より,

$$\frac{\Delta}{2} \sin 2\gamma = -b \cos 2\gamma$$

すなわち

$$\tan 2\gamma = -\frac{2b}{\Delta}$$

である. $b \to 0$ で $\gamma \to 0$, $\Delta \to 0$ で $\gamma \to \pm\pi/4$ である. $\Delta = 0$ の場合は, §6.8 にその例があったとおりである.

われわれの問題では, $\hbar^2 \zeta \gg \beta_{\mathrm{B}} B$ のとき γ が小さく, 固有関数は $\boldsymbol{j}^2$ と j_z の固有関数 $\varphi_{\pm 1/2}, \chi_{\pm 1/2}$ に大体近くて, 固有値としては (6), (7) 式の対角成分をとればよい. 次の補正は (9a) 式と (9b) 式の $\pm b^2/\Delta$ の項であって, これは B^2 に比例する.

逆の極限では

$$\frac{b}{\Delta} = \frac{\mp(\sqrt{2}/3)\beta_\text{B}B}{\frac{3}{2}\hbar^2\zeta \pm \frac{1}{3}\beta_\text{B}B} \cong \frac{\mp(\sqrt{2}/3)\beta_\text{B}B}{\pm(1/3)\beta_\text{B}B} = -\sqrt{2}$$

であるから

$$\tan 2\gamma = 2\sqrt{2} \qquad ゆえに \qquad \tan\gamma = \frac{1}{\sqrt{2}}$$

すなわち

$$\cos\gamma = \sqrt{\frac{2}{3}}, \qquad \sin\gamma = \sqrt{\frac{1}{3}}$$

となるので，8-10 図からも明らかなように，固有関数は $u_0\alpha, u_1\beta, u_0\beta, u_{-1}\alpha$ になる．固有値は，(8) 式で

$$\varepsilon_\pm = a + \frac{1}{2}\Delta \pm |b|\sqrt{1 + \frac{\Delta^2}{4b^2}}$$

としておいて，a, Δ, b に該当する量を代入し，根号内で $(\hbar^2\zeta/\beta_\text{B}B)$ の 2 次の項を省略して $\sqrt{1 \pm \delta} \cong 1 \pm \frac{1}{2}\delta$ を使えば，$B \to \infty$ のとき

$$m_j = \frac{1}{2} \quad に対して \qquad u_0\alpha の固有値 \longrightarrow \beta_\text{B}B$$

$$u_1\beta の固有値 \longrightarrow -\frac{\hbar^2}{2}\zeta$$

$$m_j = -\frac{1}{2} \quad に対して \qquad u_0\beta の固有値 \longrightarrow -\beta_\text{B}B$$

$$u_{-1}\alpha の固有値 \longrightarrow -\frac{\hbar^2}{2}\zeta$$

となることがわかる．これに $u_1\alpha, u_{-1}\beta$ をも合わせて考えると，B に関係する項は $\beta_\text{B}(m_l + 2m_s)B$ になっている．

　両極限の中間に対しては，(8) 式に相当するものを計算すればよい．以上の結果を図示したものが 8-11 図である．

　磁場の弱いところで準位が複雑に分かれるのを **異常ゼーマン効果** といい，磁場を非常に強くしたときにスピン軌道相互作用の影響が薄くなり，状態が m_l, m_s で指定されるようになり（$u_{m_l}\alpha, u_{m_l}\beta$ が固有関数），エネルギーが

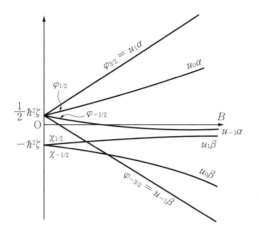

8-11図 $l=1$の場合の
異常ゼーマン効果

$\beta_{\mathrm{B}}(m_l + 2m_s)B$ で与えられる値に漸近的に近づく現象を**パッシェン‐バック効果**とよぶ.

付録 1. 解析力学

ラグランジュの運動方程式

N 個の質点からできている質点系の運動を記述するのには，$3N$ 個の座標 $x_1, y_1, z_1, x_2, y_2, \cdots,$ y_N, z_N を用いればよい．しかし，束縛条件などがあるときには，直交座標よりも他の変数を用いた方がよいことも多い．たとえば，A-1 図のような二原子分子では 6 個の直交座標を用いる代りに，重心 G の直交座標 X, Y, Z，二原子の間隔 R，分子軸の方向を指定する角 θ と ϕ の計 6 個を使うと便利である．束縛条件として，たとえば

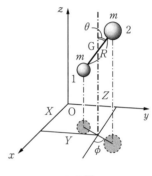

A-1 図

R が一定ならば，これを定数として変数から除外してしまえばよい．

このように，力学系が f 個の変数 $q_1, q_2, \cdots, q_f$ で完全に指定されるとき，この系の**自由度**は f で，それを記述する $q_1, q_2, \cdots, q_f$ を**一般化座標**という．

力学系の運動エネルギー（K とする）と位置エネルギー（V とする）の差を，$q_1,$ $q_2, \cdots, q_f$ と $\dot{q}_1, \dot{q}_2, \cdots, \dot{q}_f$ の関数として表したものを**ラグランジアン**といい，L で表す．$\dot{q}_j = dq_j/dt$ である．

$$L(q_1, \cdots, q_f ; \dot{q}_1, \cdots, \dot{q}_f) = K - V \tag{1}$$

A-1 図で 2 つの原子（質点とみなす）の質量が等しくて m である場合を例にとると

$$K = m(\dot{X}^2 + \dot{Y}^2 + \dot{Z}^2) + \frac{m}{4}(\dot{R}^2 + R^2\dot{\theta}^2 + R^2\dot{\phi}^2 \sin^2\theta)$$

であり，外力がなくて，2 つの原子間にはたらく力が R だけできまるポテンシャル $V(R)$ をもつならば，

$$L = m(\dot{X}^2 + \dot{Y}^2 + \dot{Z}^2) + \frac{m}{4}(\dot{R}^2 + R^2\dot{\theta}^2 + R^2\dot{\phi}^2 \sin^2\theta) - V(R) \tag{2}$$

が，この系のラグランジアンである．

ラグランジアンが求められたならば，これを $2f$ 個の独立変数 $q_1, q_2, \cdots, q_f, \dot{q}_1, \dot{q}_2,$ $\cdots, \dot{q}_f$ の関数とみなして，$\dot{q}_j$ および q_j について偏微分し，

$$\frac{d}{dt}\left(\frac{\partial L}{\partial \dot{q}_j}\right) - \frac{\partial L}{\partial q_j} = 0 \qquad (j = 1, 2, \cdots, f) \tag{3}$$

をつくれば，これがニュートンの運動方程式と同等であることが証明される．この (3) 式を**ラグランジュの運動方程式**という．たとえば，(2) 式から

$$\left.\begin{array}{l}
2m\dfrac{d}{dt}\dot{X} = 0 \quad \longrightarrow \quad \ddot{X} = 0 \\[2mm]
2m\dfrac{d}{dt}\dot{Y} = 0 \quad \longrightarrow \quad \ddot{Y} = 0 \\[2mm]
2m\dfrac{d}{dt}\dot{Z} = 0 \quad \longrightarrow \quad \ddot{Z} = 0
\end{array}\right\} \quad \text{重心は等速度運動}$$

$$\frac{m}{2}\ddot{R} = -\frac{dV}{dR} + \frac{m}{2}R\dot{\theta}^2 + \frac{m}{2}R\dot{\phi}^2\sin^2\theta \tag{4}$$

$$\frac{m}{2}\frac{d}{dt}(R^2\dot{\theta}) = \frac{m}{2}R^2\dot{\phi}^2\sin\theta\cos\theta \tag{5}$$

$$\frac{m}{2}\frac{d}{dt}(R^2\dot{\phi}\sin^2\theta) = 0 \tag{6}$$

が得られる．(4) 式は二原子分子の振動を表す方程式で，右辺の第 2 と第 3 項は回転による遠心力を表す．(4), (5), (6) 式を連立させて解けば，回転と振動が求められるわけであるが，特別な場合だけを確かめておくにとどめよう．たとえば，$\phi =$ 一定 という運動が起こりうるかどうか調べてみると，それは確かに可能で，$\dot{\phi} = 0$ であるから (5) 式より $mR^2\dot{\theta} =$ 一定 という角運動量保存則が得られる．

ハミルトンの運動方程式

座標 $q_1, q_2, \cdots, q_f$ に共役な**一般化運動量** $p_1, p_2, \cdots, p_f$ を L を用いて

$$p_j = \frac{\partial L}{\partial \dot{q}_j} \qquad (j = 1, 2, \cdots, f) \tag{7}$$

によって定義する．このときの偏微分は，L を $2f$ 個の独立変数 $q_1, \cdots, q_f, \dot{q}_1, \cdots, \dot{q}_f$ の関数とみなして行う．(2) 式の場合ならば

$$q_1 = X, \quad q_2 = Y, \quad q_3 = Z, \quad q_4 = R, \quad q_5 = \theta, \quad q_6 = \phi$$

$$p_1 = 2m\dot{X}, \quad p_2 = 2m\dot{Y}, \quad p_3 = 2m\dot{Z},$$

$$p_4 = \frac{m}{2}\dot{R}, \qquad p_5 = \frac{m}{2}R^2\dot{\theta}, \qquad p_6 = \frac{m}{2}R^2\dot{\phi}\sin^2\theta$$

である.

p_j, q_j が求められたならば,

$$H = \sum_j \dot{q}_j p_j - L \tag{8}$$

という関数をつくり，これを $q_1, q_2, \cdots, q_f, p_1, p_2, \cdots, p_f$ で表したものを**ハミルトニア
ン**とよぶ. たとえば，(2) 式から得られるハミルトニアンは

$$H = \frac{1}{4m}(p_1{}^2 + p_2{}^2 + p_3{}^2) + \frac{1}{m}\left(p_4{}^2 + \frac{p_5{}^2}{R^2} + \frac{p_6{}^2}{R^2\sin^2\theta}\right) + V(R)$$

$$\tag{9}$$

であって，全力学的エネルギー $K + V$ に等しい. ハミルトニアンが得られたら

$$\frac{dq_j}{dt} = \frac{\partial H}{\partial p_j}, \qquad \frac{dp_j}{dt} = -\frac{\partial H}{\partial q_j} \qquad (j = 1, 2, \cdots, f) \tag{10}$$

をつくると，これがニュートンもしくはラグランジュの運動方程式と同等になるこ
とが示される. (10) 式を**ハミルトンの運動方程式**という. (9) 式について (10) 式
をつくってみれば，結局ラグランジュの方程式から得られたものと全く同じ式にな
ることはすぐ確かめられるので，読者の自習にまかせよう.

実用的には，ラグランジュの運動方程式が一番役に立つことが多いが，ハミルト
ンの形式にしておくと，理論的な考察に便利なことがある. 量子力学へ移行するに
は，ハミルトニアンをつくってから

$$p_j \longrightarrow -i\hbar\frac{\partial}{\partial q_j}$$

によって量子力学的ハミルトニアン（演算子）を得るのである. ただし，直交座標
でないときには，たとえば (9) 式で単に

$$p_4{}^2 \longrightarrow -\hbar^2\frac{\partial^2}{\partial R^2}, \qquad p_5{}^2 \longrightarrow -\hbar^2\frac{\partial^2}{\partial\theta^2}$$

としてはまずく，$p_4{}^2 = \dfrac{1}{R^2}p_4 R^2 p_4$, $p_5{}^2 = \dfrac{1}{\sin\theta}p_5(\sin\theta)p_5$ としておく必要がある
等の注意がいるが，ここでは立ち入らないでおく.

付録2. エルミートの多項式 $H_n(\xi)$ の諸性質

エルミートの多項式 $H_n(\xi)$ の定義式

$$e^{-t^2+2\xi t} = \sum_{n=0}^{\infty} \frac{1}{n!} H_n(\xi)\, t^n \tag{1}$$

の両辺を ξ で微分して

$$2t e^{-t^2+2\xi t} = \sum_{n=0}^{\infty} \frac{1}{n!} H_n{}'(\xi)\, t^n \tag{2}$$

もう一度 ξ で微分して

$$4t^2 e^{-t^2+2\xi t} = \sum_{n=0}^{\infty} \frac{1}{n!} H_n{}''(\xi)\, t^n \tag{3}$$

を得る. また, (1) 式を t で微分し, $2t$ を掛けると

$$(-4t^2 + 4\xi t)\, e^{-t^2+2\xi t} = \sum_{n=0}^{\infty} \frac{1}{n!} 2n\, H_n(\xi)\, t^n \tag{4}$$

が得られる. (2) 式の (-2ξ) 倍と (3) 式と (4) 式を加えると

$$0 = \sum_{n=0}^{\infty} \frac{1}{n!} [H_n{}''(\xi) - 2\xi H_n{}'(\xi) + 2n\, H_n(\xi)]\, t^n$$

となるから, $[\cdots] = 0$ より $H_n(\xi)$ の従う微分方程式

$$\left(\frac{d^2}{d\xi^2} - 2\xi \frac{d}{d\xi} + 2n \right) H_n(\xi) = 0 \tag{5}$$

が求められる. $H_n(\xi)$ は n 次の多項式なので, $H_0{}'(\xi) = H_0{}''(\xi) = H_1{}''(\xi) = 0$ である.

(1) 式と同じ式で文字だけ変えた

$$e^{-s^2+2\xi s} = \sum_{m=0}^{\infty} \frac{1}{m!} H_m(\xi)\, s^m$$

と (1) 式の積に $e^{-\xi^2}$ を掛けた式をつくると

$$e^{-(\xi-t-s)^2+2st} = \sum_m \sum_n H_m(\xi) H_n(\xi)\, e^{-\xi^2} \frac{s^m t^n}{m!\, n!}$$

が得られるから, 両辺をそれぞれ ξ について $(-\infty, \infty)$ で積分すると,

$$\sqrt{\pi}\, e^{2st} = \sum_m \sum_n \int_{-\infty}^{\infty} H_m(\xi)\, H_n(\xi)\, e^{-\xi^2}\, d\xi\, \frac{s^m t^n}{m!\, n!}$$

となる. 左辺を $\sqrt{\pi}\, e^{2st} = \sum_n \dfrac{\sqrt{\pi}}{n!}\, 2^n s^n t^n$ と展開して右辺と比べることにより

$$\int_{-\infty}^{\infty} H_m(\xi)\, H_n(\xi)\, e^{-\xi^2}\, d\xi = 2^n n!\, \sqrt{\pi}\, \delta_{mn} \tag{6}$$

(2) 式の左辺の指数関数に (1) 式の右辺を代入し, 両辺の t^n の項の係数を等しいとおけば

$$\frac{2}{(n-1)!}\, H_{n-1}(\xi) = \frac{1}{n!}\, H_n{}'(\xi)$$

より

$$H_n{}'(\xi) = 2n\, H_{n-1}(\xi) \tag{7}$$

が得られる.

(1) 式を t で微分した式

$$(-2t + 2\xi)\, e^{-t^2 + 2\xi t} = \sum_{n=1}^{\infty} \frac{1}{(n-1)!}\, H_n(\xi)\, t^{n-1}$$

について上と同様にすれば

$$-2n\, H_{n-1}(\xi) + 2\xi\, H_n(\xi) = H_{n+1}(\xi)$$

が導かれるから, 左辺第 1 項に (7) 式を用いると

$$-H_n{}'(\xi) + 2\xi\, H_n(\xi) = H_{n+1}(\xi) \tag{8}$$

が求められる. 以下 (ξ) を省略すると,

$$\frac{d}{d\xi} e^{-\xi^2/2} H_n = e^{-\xi^2/2}(-\xi H_n + H_n{}')$$

から

$$\left(\xi + \frac{d}{d\xi}\right) e^{-\xi^2/2} H_n = e^{-\xi^2/2} H_n{}'$$

および

$$\left(\xi - \frac{d}{d\xi}\right) e^{-\xi^2/2} H_n = e^{-\xi^2/2}(2\xi H_n - H_n{}')$$

が得られるから, これらにそれぞれ (7) 式と (8) 式を用いれば

$$\left(\xi + \frac{d}{d\xi}\right) e^{-\xi^2/2} H_n = 2n\, e^{-\xi^2/2} H_{n-1} \tag{9}$$

$$\left(\xi - \frac{d}{d\xi}\right)\mathrm{e}^{-\xi^2/2}H_n = \mathrm{e}^{-\xi^2/2}H_{n+1} \tag{10}$$

が導かれる.

付録3. 磁場内の荷電粒子

　真空中の電磁場内で運動する質量 m，電荷 q の粒子を考える．電場の強さを $\boldsymbol{E}$，磁場（磁束密度）を $\boldsymbol{B}$ と書くことにすると，この粒子が速度 $\boldsymbol{v}$ で動いているときに電磁場から受ける力は SI 単位系を使うと*

$$\boldsymbol{F} = q\{\boldsymbol{E} + (\boldsymbol{v} \times \boldsymbol{B})\} \tag{1}$$

で与えられる．したがって，ニュートンの運動方程式は

$$\left.\begin{array}{l} m\ddot{x} = qE_x + q(\dot{y}B_z - \dot{z}B_y) \\ m\ddot{y} = qE_y + q(\dot{z}B_x - \dot{x}B_z) \\ m\ddot{z} = qE_z + q(\dot{x}B_y - \dot{y}B_x) \end{array}\right\} \tag{2}$$

と書かれる．

　ところで，電磁場を表すのに $\boldsymbol{E}$ と $\boldsymbol{B}$ を用いる代りに，スカラーポテンシャル $\varPhi$ とベクトルポテンシャル $\boldsymbol{A}$（いずれも $\boldsymbol{r}$ と t の関数）を用いると便利なことが多い．$\boldsymbol{E}, \boldsymbol{B}$ との関係は

$$\boldsymbol{E} = -\operatorname{grad}\varPhi - \frac{\partial \boldsymbol{A}}{\partial t}, \quad \boldsymbol{B} = \operatorname{rot}\boldsymbol{A} \tag{3}$$

で与えられる．これを代入すると (2) 式は

$$\left.\begin{array}{l} m\ddot{x} = -q\dfrac{\partial \varPhi}{\partial x} - q\dfrac{\partial A_x}{\partial t} + q\left\{\dot{y}\left(\dfrac{\partial A_y}{\partial x} - \dfrac{\partial A_x}{\partial y}\right) - \dot{z}\left(\dfrac{\partial A_x}{\partial z} - \dfrac{\partial A_z}{\partial x}\right)\right\} \\[2ex] m\ddot{y} = -q\dfrac{\partial \varPhi}{\partial y} - q\dfrac{\partial A_y}{\partial t} + q\left\{\dot{z}\left(\dfrac{\partial A_z}{\partial y} - \dfrac{\partial A_y}{\partial z}\right) - \dot{x}\left(\dfrac{\partial A_y}{\partial x} - \dfrac{\partial A_x}{\partial y}\right)\right\} \\[2ex] m\ddot{z} = -q\dfrac{\partial \varPhi}{\partial z} - q\dfrac{\partial A_z}{\partial t} + q\left\{\dot{x}\left(\dfrac{\partial A_x}{\partial z} - \dfrac{\partial A_z}{\partial x}\right) - \dot{y}\left(\dfrac{\partial A_z}{\partial y} - \dfrac{\partial A_y}{\partial z}\right)\right\} \end{array}\right\} \tag{4}$$

となる．

　ハミルトニアンをつくるためには，p_x, p_y, p_z を定めねばならず，それにはラグランジアン L を求めねばならない．$H = K + V, L = K - V$ とすぐにゆかないの

---

*　CGS ガウス単位系では $\boldsymbol{B}$ の代りに $\boldsymbol{H}/c$ とすればよい．このときには，$\boldsymbol{H} = \operatorname{rot}\boldsymbol{A}$ なので (4) 式以下の $\boldsymbol{A}$ を $\boldsymbol{A}/c$ で置き換えればよい．

は，力が速度によるものだからである．そこで，逆に

$$\frac{d}{dt}\left(\frac{\partial L}{\partial \dot{x}}\right) - \frac{\partial L}{\partial x} = 0, \quad \cdots$$

から（4）式が出てくるような L を求めてみると，それには

$$L = \frac{m}{2}(\dot{x}^2 + \dot{y}^2 + \dot{z}^2) - q\Phi + q(\dot{x}A_x + \dot{y}A_y + \dot{z}A_z) \tag{5}$$

ととればよいことがわかる．ただし，d/dt は，x, y, z も t の関数であると考えて微分せよ，ということなので

$$\frac{d}{dt}A_x(x, y, z, t) = \frac{\partial A_x}{\partial t} + \frac{dx}{dt}\frac{\partial A_x}{\partial x} + \frac{dy}{dt}\frac{\partial A_x}{\partial y} + \frac{dz}{dt}\frac{\partial A_x}{\partial z}$$

$$(A_y, A_z \text{についても同様})$$

としなければならないことに注意する必要がある．

　ラグランジアンを（5）式と定めれば，運動量は

$$\left.\begin{array}{l}
p_x = \dfrac{\partial L}{\partial \dot{x}} = m\dot{x} + qA_x \\[2mm]
p_y = \dfrac{\partial L}{\partial \dot{y}} = m\dot{y} + qA_y \\[2mm]
p_z = \dfrac{\partial L}{\partial \dot{z}} = m\dot{z} + qA_z
\end{array}\right\} \tag{6}$$

となる．$\boldsymbol{p} \neq m\boldsymbol{v}$ であることが，速度に依存した力の場の特色である．ハミルトニアンは

$$H = p_x\dot{x} + p_y\dot{y} + p_z\dot{z} - L = \frac{m}{2}(\dot{x}^2 + \dot{y}^2 + \dot{z}^2) + q\Phi$$

となるが，$\dot{x}, \dot{y}, \dot{z}$ ではなく，運動量 p_x, p_y, p_z で表さなくてはいけないので，（6）式を使えば

$$H = \frac{1}{2m}\{(p_x - qA_x)^2 + (p_y - qA_y)^2 + (p_z - qA_z)^2\} + q\Phi \tag{7}$$

が得られる．ここで $p_x \to -i\hbar(\partial/\partial x)$ などとすれば，量子力学のハミルトニアンになる．

（I）・（II）巻 総合索引

（ページを示す数字は，ローマン体は「（I）巻」を，イタリック体は「（II）巻」を示す）

著者略歴

小出　昭一郎（こいで　しょういちろう）

1927 年生まれ. 旧制静岡高等学校より東京大学理学部卒業. 東京大学助手, 助教授, 教授, 山梨大学学長を歴任. 東京大学・山梨大学名誉教授. 理学博士. 専攻は分子物理学, 固体物理学.

基礎物理学選書 5A　**量子力学（Ⅰ）（新装版）**

1969 年 4 月 25 日	第 1 版 発 行
1990 年 10 月 5 日	改訂第 30 版発行
2021 年 5 月 25 日	第 50 版 10 刷発行
2022 年 6 月 1 日	新装第 1 版 1 刷発行
2024 年 5 月 20 日	新装第 1 版 3 刷発行

検 印
省 略

定価はカバーに表示してあります.

著 作 者	小 出 昭 一 郎
発 行 者	吉 野 和 浩
発 行 所	東京都千代田区四番町 8-1 電 話 03-3262-9166（代） 郵便番号　102-0081 株式会社　裳 華 房
印 刷 所	株式会社　精 興 社
製 本 所	牧製本印刷株式会社

ISBN 978-4-7853-2142-0

基礎物理学選書2　量子論（新装版）

小出昭一郎 著　A 5 判／212頁／定価 2750円（税込）

　量子力学の筋道をできるだけ正確に理解できるような自習書として書かれた，大変定評のあるロングセラーの教科書・参考書の新装版．内容については，ほぼ改訂時のままとした上で，レイアウトやデザインを見直し，誤植や用語の不統一の修正などを行った．
【主要目次】1. 量子力学の誕生　2. シュレーディンガーの波動方程式　3. 定常状態の波動関数　4. 固有値と期待値　5. 原子・分子と固体　6. 電子と光

基礎物理学選書17　量子力学演習（新装版）

小出昭一郎・水野幸夫 共著　A 5 判／248頁／定価 2970円（税込）

　1978年の刊行以来，多くの支持を集めてきた好評のロングセラーが，より親しみやすいレイアウトと文字づかいで，新装版となって登場．
　意欲をそぐような難問は避け，また結果よりも考え方の筋道が大切という立場から問題をセレクト，段階的に配列し，ていねいすぎるほどの解答を記し，解説を加えた．
【主要目次】1. 前期量子論　2. 波動関数の一般的性質　3. 簡単な系　4. 演算子と行列　5. 近似法

物理学講義　量子力学入門　－その誕生と発展に沿って－

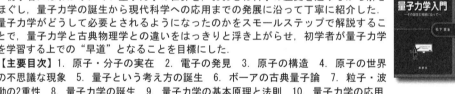

松下　貢 著　A 5 判／292頁／定価 3190円（税込）

　初学者にはわかりにくい量子力学の世界を，おおむね科学の歴史を辿りながら解きほぐし，量子力学の誕生から現代科学への応用までの発展に沿って丁寧に紹介した．量子力学がどうして必要とされるようになったのかをスモールステップで解説することで，量子力学と古典物理学との違いをはっきりと浮き上がらせ，初学者が量子力学を学習する上での"早道"となることを目標にした．
【主要目次】1. 原子・分子の実在　2. 電子の発見　3. 原子の構造　4. 原子の世界の不思議な現象　5. 量子という考え方の誕生　6. ボーアの古典量子論　7. 粒子・波動の2重性　8. 量子力学の誕生　9. 量子力学の基本原理と法則　10. 量子力学の応用

本質から理解する　数学的手法

荒木　修・齋藤智彦 共著　A 5 判／210頁／定価 2530円（税込）

　大学理工系の初学年で学ぶ基礎数学について，「学ぶことにどんな意味があるのか」「何が重要か」「本質は何か」「何の役に立つのか」という問題意識を常に持って考えるためのヒントや解答を記した．話の流れを重視した「読み物」風のスタイルで，直感に訴えるような図や絵を多用した．
【主要目次】1. 基本の「き」　2. テイラー展開　3. 多変数・ベクトル関数の微分　4. 線積分・面積分・体積積分　5. ベクトル場の発散と回転　6. フーリエ級数・変換とラプラス変換　7. 微分方程式　8. 行列と線形代数　9. 群論の初歩

主 要 定 数

光 速 度	$c = 2.99792458 \times 10^8 \, \text{m/s}$
電子の質量	$m_e = 9.1093837 \times 10^{-31} \, \text{kg}$
陽子の質量	$M_p = 1.6726219 \times 10^{-27} \, \text{kg}$
中性子の質量	$M_n = 1.6749286 \times 10^{-27} \, \text{kg}$
電 気 素 量	$e = 1.60217663 \times 10^{-19} \, \text{C}$
プランクの定数	$h = 6.6260702 \times 10^{-34} \, \text{J·s}$
	$\hbar = 1.05457182 \times 10^{-34} \, \text{J·s}$
ボーア半径	$a_0 = 5.29177211 \times 10^{-11} \, \text{m}$
リュードベリ定数	$R_\infty = 1.0973731568 \times 10^7 \, \text{m}^{-1}$
ボーア磁子	$\beta_B = 9.2740101 \times 10^{-24} \, \text{A·m}^2$
ボルツマン定数	$k_B = 1.380649 \times 10^{-23} \, \text{J/K}$
アボガドロ定数	$N_A = 6.0221408 \times 10^{23} \, \text{mol}^{-1}$
原子量規準	$^{12}\text{C} = 12.000$

エネルギー諸単位換算表

	[K]	[cm^{-1}]	[eV]	[J]
1 K =	1	0.69504	0.86174×10^{-4}	1.38066×10^{-23}
1 cm^{-1} =	1.43877	1	1.23984×10^{-4}	1.98645×10^{-23}
1 eV =	1.16044×10^4	0.80655×10^4	1	1.60218×10^{-19}

1 K は $T = 1 \, \text{K}$ に対する $k_B T$ の値.

1 cm^{-1} は波長 1 cm（すなわち 1 cm の中の波数が 1）の光子の $h\nu$.